卓越工程师培养系列

Excellent Engineer Training Series

GD32F4 开发进阶

主　编　钟世达　郭文波

副主编　王荣辉　董　磊

北京航空航天大学出版社

内 容 简 介

GD32F4 蓝莓派开发板(主控芯片为 GD32F470IIH6)配套有 2 本教程,分别是《GD32F4 开发基础》和《GD32F4 开发进阶》。本书是进阶教程,通过 16 个实验分别介绍 GD32F4 蓝莓开发板的 LCD 显示、触摸屏、内部温度与外部温湿度传感器、外部 SDRAM、外部 NAND Flash、内存管理、SD 卡、FatFs 文件系统、中文显示、CAN 通信、以太网通信、USB 通信、录音播放、摄像头、照相机以及 IAP 在线升级的原理与应用。作为拓展,另有 5 个实验分别介绍 RS232 通信、RS485 通信、呼吸灯、电容触摸按键和读/写内部 Flash,可参见本书配套资料包。全书程序代码的编写规范均遵循《C 语言软件设计规范(LY-STD001—2019)》。各实验采用模块化设计,以便应用于实际项目和产品中。

本书配套资料包含 GD32F4 蓝莓派开发板原理图、例程、软件包、PPT 等,读者可通过微信公众号"卓越工程师培养系列"获取。

本书既可以作为高等院校电子信息、自动化等专业微控制器相关课程的教材,也可以作为微控制器系统设计及相关行业工程技术人员的入门培训用书。

图书在版编目(CIP)数据

GD32F4 开发进阶 / 钟世达,郭文波主编. -- 北京:
北京航空航天大学出版社,2023.3
ISBN 978-7-5124-3990-0

Ⅰ. ①G… Ⅱ. ①钟… ②郭… Ⅲ. ①微控制器—系统
开发 Ⅳ. ①TP368.1

中国图家版本馆 CIP 数据核字(2023)第 016183 号

GD32F4 开发进阶
主 编 钟世达 郭文波
副主编 王荣辉 董 磊
策划编辑 董立娟 责任编辑 杨 昕
＊
北京航空航天大学出版社出版发行

北京市海淀区学院路 37 号(邮编 100191) http://www.buaapress.com.cn
发行部电话:(010)82317024 传真:(010)82328026
读者信箱:emsbook@buaacm.com.cn 邮购电话:(010)82316936
涿州市新华印刷有限公司印装 各地书店经销
＊
开本:787×1 092 1/16 印张:22 字数:563 千字
2023 年 3 月第 1 版 2023 年 9 月第 2 次印刷 印数:2 001～3 000 册
ISBN 978-7-5124-3990-0 定价:79.00 元

前　言

本书是一本介绍微控制器程序设计开发的书,对应的硬件平台为 GD32F4 蓝莓派开发板。开发板的主控芯片为 GD32F470IIH6(封装为 BGA－176),由兆易创新科技集团股份有限公司(以下简称"兆易创新")研发并推出。兆易创新的 GD32 MCU 是中国高性能通用微控制器领域的领跑者,主要体现在以下几点:①GD32 MCU 是中国最大的 ARM MCU 产品家族,并已成为中国 32 位通用 MCU 市场产品的主流之选;②兆易创新在中国第一个推出基于 ARM Cortex－M3、Cortex－M4、Cortex－M23 和 Cortex－M33 内核的 MCU 产品系列;③全球首个 RISC－V 内核通用 32 位 MCU 产品出自兆易创新;④在中国 32 位 MCU 厂商排名中,兆易创新连续五年排名本土第一。

从 2021 年开始,兆易创新的 GD32 系列 MCU 在 32 位通用微控制器市场的占有率升至第二位,仅次于意法半导体。

兆易创新致力于打造"MCU 百货商店"规划发展蓝图,以"产品＋生态"的全方位服务为全球市场用户提供更加智能化的嵌入式开发和解决方案。编者希望通过本书,向广大高校师生和工程师介绍优秀的国产 MCU 产品,为推动国产芯片的普及贡献微薄之力。

GD32F4 蓝莓派开发板配套有 2 本教程,分别是《GD32F4 开发基础》和《GD32F4 开发进阶》。本书是进阶教程,通过一系列进阶实验,如 TLI 与 LCD 显示实验、触摸屏实验、内部温度与外部温湿度监测实验、读/写 SDRAM 实验、读/写 NAND Flash 实验、内存管理实验、读/写 SD 卡实验、FatFs 与读/写 SD 卡实验、中文显示实验、CAN 通信实验、以太网通信实验、USB 从机实验、录音播放实验、摄像头实验、照相机实验、IAP 在线升级应用实验,由浅入深地介绍 GD32F470IIH6 的复杂外设及其结构和设计开发过程。作为拓展,另有 5 个实验分别介绍 RS232 通信、RS485 通信、呼吸灯、电容触摸按键和读/写内部 Flash,可参见本书配套资料包。所有实验均包含了实验内容、设计思路、代码解析,每章的最后还安排了一个或若干任务,作为本章实验的延伸和拓展,用于检验读者是否掌握本章知识。

GD32F4 蓝莓派开发板基于兆易创新的 GD32F470IIH6,CPU 内核为 Cortex－M4,最大主频为 240 MHz,内部 Flash 和 SRAM 容量分别为 2 048 KB 和 768 KB,有 140 个 GPIO。开发板通过 12 V 电源适配器供电,板载 GD－Link 和 USB 转串口均基于 Type－C 接口设计,基于 LED、独立按键、触摸按键、蜂鸣器等基础模块可以开展简单实验,基于 USB SLAVE、以太网、触摸屏、摄像头等高级模块可以开展复杂实验;另外,还可以通过 EMA/EMB/EMC 接口,开展基于串口、SPI、I^2C 等通信协议的实验,比如,红外、232、485、OLED、蓝牙、Wi－Fi、传感器等。

本书推荐的参考资料主要包括《GD32F470 数据手册》《GD32F4xx 用户手册》《GD32F4xx 固件库使用指南》《Cortex - M4 器件用户指南》《CortexM3 与 M4 权威指南》。其中，前 3 本为兆易创新的官方资料，有关 GD32 的外设架构及寄存器、操作寄存器的固件库函数等可以查阅这 3 本资料；后 2 本是 ARM 公司的官方资料，与 Cortex - M4 内核相关的 CPU 架构、指令集、NVIC、功耗管理、MPU、FPU 等可以查阅这 2 本资料。限于篇幅，本书只介绍实验原理和应用，并简单介绍一些重要的寄存器和固件库函数，如果想要深入学习 GD32，读者可深入查阅以上 5 本资料。

本书的特点如下：

① 本书配套的所有例程严格按照统一的工程架构设计，每个子模块都按照统一标准设计；代码严格按照《C 语言软件设计规范(LY - STD001—2019)》设计，如排版和注释规范、文件和函数命名规范等。

② 本书配套的所有例程都遵循"高内聚低耦合"的设计原则，有效提高了代码的可重用性及可维护性。

③ "实验内容"引导读者开展实验，并通过代码解析快速理解例程；"本章任务"作为实验的延伸和拓展，通过实战让读者巩固实验中的知识点。

④ 本书配套有丰富的资料包，包括 GD32F4 蓝莓派开发板原理图、例程、软件包、PPT 讲义、参考资料等。

对于初学者，不建议直接学习《GD32F4 开发进阶》，可以先从《GD32F4 开发基础》开始，完成基础教程的学习之后，再开启进阶教程学习。在进入进阶教程学习前，建议先准备一套 GD32F4 蓝莓派开发板，直接从代码入手，将教材和参考资料当作工具书，在理解代码时辅助查阅。只要坚持多实践，并结合教材和参考资料中的知识深入学习，工程能力即可得到大幅提升。另外，在完成书上的"本章任务"之后，如果还需要进一步提升嵌入式设计水平，建议自行设计或采购一些模块，比如指纹识别模块、手势识别模块、电机驱动模块、4G 通信模块等，基于 GD32F4 蓝莓派开发板，开展一些拓展实验或综合实验。

钟世达和董磊策划了本书的编写思路，指导全书的编写，并对全书进行统稿；郭文波和王荣辉在教材编写、例程设计和文字校对中做了大量工作。本书配套的 GD32F4 蓝莓派开发板和例程由深圳市乐育科技有限公司开发。兆易创新科技集团股份有限公司的金光一、徐杰为本书的编写提供了充分的技术支持。北京航空航天大学出版社的策划编辑董立娟为本书的出版做了大量的工作。在此一并致以衷心的感谢！

由于编者水平有限，书中难免有疏漏和不足之处，恳请读者批评指正。读者反馈发现的问题、获取相关资料或遇到实验平台技术问题，可发邮件至邮箱：ExcEngineer@163.com。

编　者

2022 年 11 月

目　　录

第1章　TLI 与 LCD 显示实验

LCD 是一种支持全彩显示的显示设备,GD32F4 蓝莓派开发板上的 LCD 显示模块尺寸为 4.3 英寸(1 in＝2.54 cm),相比于 0.96 英寸的 OLED 显示模块,能够显示更加丰富的内容,比如可以显示彩色文本、图片、波形及 GUI 界面等。此外,LCD 显示模块上还集成了触摸屏,支持多点触控,基于 LCD 显示模块可以呈现出更为直观的实验结果,设计更加丰富的实验。本章将学习 LCD 显示模块的显示原理和使用方法。

1.1　实验内容

本章的主要内容是学习 GD32F4 蓝莓派开发板上的 LCD 显示模块,包括驱动 LCD 的 TLI 外设的工作原理。在掌握驱动 LCD 显示模块显示的原理和方法后,基于 GD32F4 蓝莓派开发板设计一个 TLI 与 LCD 显示实验,在 LCD 显示模块上绘制出 DAC 实验的正弦波。

1.2　实验原理

1.2.1　LCD 显示模块

LCD 是 Liquid Crystal Display 的缩写,即液晶显示器。LCD 按工作原理不同可分为两种:被动矩阵式和主动矩阵式。被动矩阵式通常为 TN－LCD、STN－LCD 和 DSTN－LCD;主动矩阵式通常为 TFT－LCD。GD32F4 蓝莓派开发板上使用的 LCD 为 TFT－LCD,其在液晶显示屏的每个像素上都设置了一个薄膜晶体管(TFT),可有效克服非选通时的串扰,使液晶屏的静态特性与扫描线数无关,极大地提高了图像质量。

GD32F4 蓝莓派开发板上使用的 LCD 显示模块是一款集 4.3 英寸 480×800 分辨率显示屏、电容触摸屏及驱动电路为一体的集成显示屏,可以通过 GD32F470IIH6 微控制器自带的 TFT－LCD 接口 TLI 控制 LCD 显示屏。另外,GD32F470IIH6 微控制器的 TLI 还具有 IPA 图像处理加速器。开发板上的 LCD 显示模块接口电路原理图如图 1－1 所示,GD32F470IIH6 微控制器的引脚与该接口的引脚相连,以实现对 LCD 显示模块的控制。

GD32F4 蓝莓派开发板配套的 LCD 显示模块采用 24 位的 RGB 接口来传输数据,RGB 接口方式使用 4 条控制线(LCD_HSYNC、LCD_VSYNC、LCD_DE 和 LCD_CLK)和 24 条双向数据线,LCD 显示模块接口定义如表 1－1 所列。

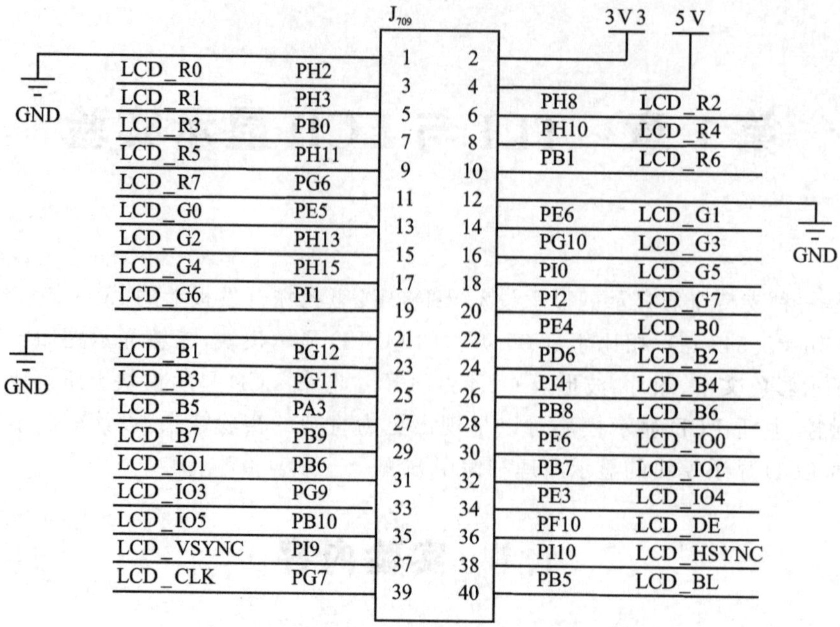

图 1-1 LCD 显示模块接口电路原理图

表 1-1 LCD 显示模块接口定义

序 号	名 称	说 明
1	LCD_HSYNC	水平同步信号线
2	LCD_VSYNC	垂直同步信号线
3	LCD_DE	数据使能线
4	LCD_CLK	像素时钟信号线
5	LCD_R[7:0]	红色数据线（一般为 8 位）
6	LCD_G[7:0]	绿色数据线（一般为 8 位）
7	LCD_B[7:0]	蓝色数据线（一般为 8 位）

  LCD 显示模块的 RGB 接口是一个同步数据接口，传输数据时需要满足一定的时序，如图 1-2 所示为 RGB 接口传输一帧数据的时序。液晶屏显示图像的本质是通过 RGB 接口传输颜色数据，并在如图 1-3 所示的显示面板中按照从左到右、从上到下的顺序逐个描绘像素点。因此，当传输完一行 RGB 颜色数据后，水平同步信号 HSYNC 电平跳变一次，当完成整帧颜色数据传输后垂直同步信号 VSYNC 电平跳变一次，如图 1-2 所示。由于 RGB 颜色数据的传输在行与行之间、帧与帧之间切换时需要有一定的时间间隔，因此实际的时序还需要满足一些时间参数。时间参数如表 1-2 所列。另外，数据使能信号线 DE 描述的是实际传输的数据，当 DE 为高电平时，表示传输的数据有效。

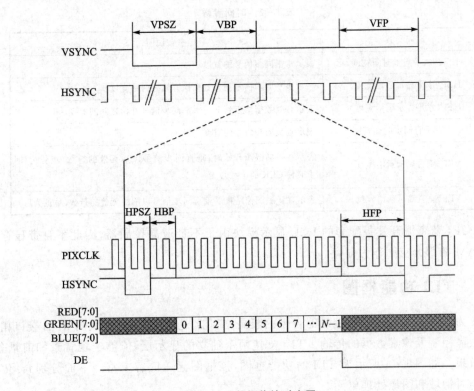

图 1-2　数据传输时序图

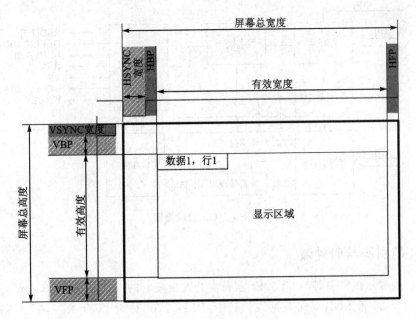

图 1-3　屏幕显示示意图

表 1－2　时间参数

时间参数	参数说明
HPSZ(水平同步时间宽度)	表示水平同步信号的宽度
HBP(水平显示后沿宽度)	表示水平同步信号到有效数据开始之间的宽度
HFP(水平显示前沿宽度)	表示有效数据结束到下一水平同步信号开始之间的宽度
VPSZ(垂直同步时间宽度)	表示垂直同步信号的宽度
VBP(垂直显示后沿宽度)	表示在一帧图像开始时,垂直同步信号以后无效的行数(单位为同步时钟 CLK 的个数)
VFP(垂直显示前沿宽度)	表示在一帧图像结束后垂直同步信号以前的无效的行数(单位为行)

GD32F4 蓝莓派开发板配套的 LCD 显示模块由于不带液晶控制器,因此不自带显存,使用 SDRAM 的部分空间作为显存。

1.2.2　TLI 功能框图

TLI 为 GD32F470IIH6 微控制器自带的液晶控制器,通过与 LCD 模块的 RGB 接口相连,以实现液晶控制及像素数据的传输。TLI 支持两个独立的显示层,能够实现背景和前景分离的显示效果。如图 1－4 所示为 TLI 的功能框图,该框图涵盖内容丰富。下面分别介绍 TLI 的引脚与时钟域和图像处理单元。

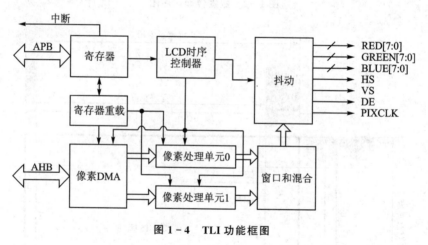

图 1－4　TLI 功能框图

1. TLI 的引脚与时钟域

TLI 提供的显示接口引脚与 GD32F4 蓝莓派开发板配套的 LCD 模块接口一致,分别是 4 条控制信号线以及 24 条 RGB 双向数据线。其中:RED[7:0]对应 LCD_R[7:0]、GREEN[7:0]对应 LCD_G[7:0]、BLUE[7:0]对应 LCD_B[7:0]、HS 对应 LCD_HSYNC、VS 对应 LCD_VSYNC、DE 对应 LCD_DE、PIXCLK 对应 LCD_CLK。

在 TLI 模块中有 3 个时钟域,分别是 AHB 时钟、APB 时钟和 TLI 时钟。其中,寄存器工作在 APB 时钟域,通过 APB 总线访问;像素 DMA 模块工作在 AHB 时钟域,从系统存储器获取像素数据需要使用 AHB 总线;其余模块工作在 TLI 时钟域,TLI 时钟频率由 PLLSAI - R 分频得到,同时能够通过 PIXCLK 引脚进行输出。

2. 图像处理单元

TLI 的图像处理单元包含 6 个部分,分别为像素 DMA 单元、LCD 时序控制器、像素处理单元 0、像素处理单元 1、窗口和混合单元以及抖动单元。下面依次对这 6 个部分进行介绍。

像素 DMA 单元将保存在 SDRAM 中的显存数据传输至像素处理单元缓冲区。由于 LCD 显示模块自身不带显存,因此本实验使用了外置 SDRAM 的部分空间作为显存。SDRAM 挂载到 AHB 总线上后即可由像素 DMA 单元进行读取。

像素处理单元 0 和像素处理单元 1 分别对背景层和前景层的数据进行转换,将缓冲区数据 RGB565 的像素格式转换成 ARGB8888 的格式。ARGB8888 格式要求每通道(Alpha、Red、Green 和 Blue)有 8 位数据,相比 RGB888 格式多了 8 位 Alpha 数据,即透明度控制,这是为了满足像素处理单元的特性而设置的,因为 TLI 可支持多种像素格式。当处理 RGB565 像素格式时,像素格式转换单元会将 Alpha 设置为 255,并且如果通道的位数小于 8,则高位的数据将被复制并填充到低位,如图 1 - 5 所示。例如本实验保存在 SDRAM 中的颜色数据为 RGB565 格式,由像素处理单元处理后即可输出 ARGB8888 的数据。

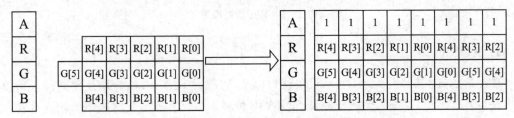

图 1 - 5　从 RGB565 到 ARGB8888 像素格式拓展

窗口和混合单元能够将像素处理单元 0 和像素处理单元 1 输出的两层 ARGB8888 数据混合为单层 RGB888 数据,然后输出到抖动单元中。

抖动单元的主要功能是对大于液晶面板色深的数据进行舍入处理,让显示的图像更加平滑。如使用 18 位的 LCD 显示器时,会将输出的 24 位的 RGB888 数据压缩为 18 位数据进行显示。LCD 时序控制器用于产生 RGB 接口时序,从而将数据输出。

1.2.3　IPA 功能框图

IPA 为 GD32F470IIH6 微控制器自带的图像处理加速器,使用 TLI 控制液晶屏显示时,由于显存中的像素数据容量非常大,因此当需要快速绘制矩形、直线、分层数据混合、图像数据格式转换时,可以选择利用 IPA 外设来进行,IPA 运行方式与 TLI 图像处理单元过程相似,且效率更高。IPA 支持 4 种转换模式:

① 复制某一源图像到目标图像中;
② 复制某一源图像到目标图像中并同时进行特定的格式转换;
③ 将两个不同的源图像进行混合,并将得到的结果进行特定的颜色格式转换;
④ 用特定的颜色填充目标图像区域。

如图 1-6 所示为 IPA 的功能框图,下面分别介绍 IPA 的 AHB 接口、LUT 单元、PCE 单元、混合单元以及 PCC 单元。

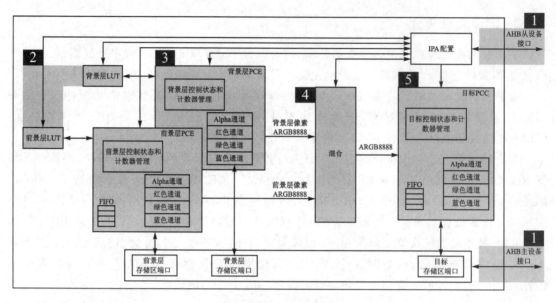

图 1-6　IPA 功能框图

1. AHB 接口

IPA 的 AHB 接口分为 AHB 从设备接口以及 AHB 主设备接口,分别是数据输入和数据输出接口。AHB 总线的数据源一般是 SDRAM,待显示的像素数据一般保存在 SDRAM 的部分空间(用作 LCD 的显存)中,最小大小为一帧像素数据容量。

2. LUT 单元

LUT 是颜色查找表,可在使用非直接像素格式显示时使用。如当待显示的图像数据每个像素使用 8 位数据表示时,能够通过查找提前保存在颜色查找表中的像素颜色数据来扩展实际颜色显示的能力。由于颜色查找表中的颜色数据格式一般为 ARGB8888 或 RGB888,因此在待显示图像大小不变的情况下,利用颜色查找表能够显示色深位数更多的颜色,即使用 8 位的数据表示了一个 24 位或 32 位的颜色。但由于颜色查找表中的颜色数据种类固定,因此实际显示图像的颜色只能局限于颜色查找表中的颜色种类。

3. PCE 单元

PCE 为层像素通道扩展单元,包括前景层和背景层两部分。当层像素数据从 AHB 从设备接口传输进来后,无论原像素数据的格式是什么,都会在 PCE 单元中将像素数据转化成 ARGB8888 格式。并且 PCE 单元的前景层与背景层都具有数据缓冲区 FIFO,能够缓存从 AHB 从设备接口获取的像素数据。

4. 混合单元

混合单元用于将前景层 PCE 与背景层 PCE 输出的数据合成为单层数据输出,经过混合

器后,两层数据合成为一层 ARGB8888 格式的图像。**注意**:TLI 混合单元输出的数据格式为
RGB888。混合计算公式如下:

Alpha 通道值的混合基于下面的公式(A_F 是前景层 Alpha 值,A_B 是背景层 Alpha 值):

$$A_{mix} = \frac{A_F \times A_B}{255}$$

$$A_{blend} = A_F + A_B - A_{mix}$$

红、绿、蓝通道值的混合基于下面的公式(R_F、G_F、B_F 是前景层的红、绿、蓝值;R_B、G_B、B_B
是背景层的红、绿、蓝值):

$$R_{blend} = \frac{R_F \times A_F + R_B \times A_B - R_B \times A_{mix}}{A_{blend}}$$

$$G_{blend} = \frac{G_F \times A_F + G_B \times A_B - G_B \times A_{mix}}{A_{blend}}$$

$$B_{blend} = \frac{B_F \times A_F + B_B \times A_B - B_B \times A_{mix}}{A_{blend}}$$

5. PCC 单元

PCC 为目标像素通道压缩单元,它能够将混合单元转换得到的 ARGB8888 像素图像数据
转换成目标格式,如 RGB888、RGB565、ARGB1555 和 ARGB4444。

1.3　实验代码解析

1.3.1　TLILCD 文件对

1. TLILCD.h 文件

在 TLILCD.h 文件的"宏定义"区,进行了如程序清单 1-1 所示的宏定义。

① 第 2～11 行代码:定义了常用的 16 位颜色值。

② 第 14～15 行代码:定义了屏幕的宽度和高度,即屏幕分辨率。

③ 第 18～26 行代码:分别定义了水平时间参数和垂直时间参数,与 RGB 接口时序的时
间参数对应,在初始化 TLI 时使用。

程序清单 1-1

```
1.    //颜色定义
2.    #define LCD_COLOR_WHITE        (0xFFFF)
3.    #define LCD_COLOR_BLACK        (0x0000)
4.    #define LCD_COLOR_GREY         (0xF7DE)
5.    #define LCD_COLOR_BLUE         (0x001F)
6.    #define LCD_COLOR_BLUE2        (0x051F)
7.    #define LCD_COLOR_RED          (0xF800)
8.    #define LCD_COLOR_MAGENTA      (0xF81F)
```

```
9.   #define LCD_COLOR_GREEN          (0x07E0)
10.  #define LCD_COLOR_CYAN           (0x7FFF)
11.  #define LCD_COLOR_YELLOW         (0xFFE0)
12.
13.  //屏幕宽度和高度定义
14.  #define LCD_PIXEL_WIDTH          ((u32)800)
15.  #define LCD_PIXEL_HEIGHT         ((u32)480)
16.
17.  //LCD参数,行时序按像素点计算,帧时序按照行数计算
18.  #define HORIZONTAL_SYNCHRONOUS_PULSE  48      //行同步
19.  #define HORIZONTAL_BACK_PORCH         88      //显示后沿
20.  #define ACTIVE_WIDTH                  800     //显示区域
21.  #define HORIZONTAL_FRONT_PORCH        40      //显示前沿
22.
23.  #define VERTICAL_SYNCHRONOUS_PULSE    3       //场同步
24.  #define VERTICAL_BACK_PORCH           32      //显示后沿
25.  #define ACTIVE_HEIGHT                 480     //显示区域
26.  #define VERTICAL_FRONT_PORCH          13      //显示前沿
```

在"枚举结构体"区,进行了如程序清单1-2所示的枚举结构体声明。

① 第2~7行代码:声明了枚举类型EnumTLILCDLayer,用于选择LCD显示层。

② 第10~14行代码:声明了枚举类型EnumTLILCDDir,用于选择LCD显示方向。

③ 第17~29行代码:声明了结构体类型StructTLILCDDev,用于确定当前LCD显示的参数和状态,其中__attribute__((aligned(4)))使结构体强制4字节方式对齐。

④ 第32~37行代码:声明了枚举类型EnumTLILCDFont,用于选择显示字体。

⑤ 第40~44行代码:声明了枚举类型EnumTLILCDTextMode,用于选择显示方式,即字体显示是否带有背景色。

程序清单1-2

```
1.   //层枚举
2.   typedef enum
3.   {
4.     LCD_LAYER_BACKGROUND = 0,          //背景层
5.     LCD_LAYER_FOREGROUND,              //前景层
6.     LCD_LAYER_MAX,                     //层总数
7.   }EnumTLILCDLayer;
8.
9.   //LCD方向枚举
10.  typedef enum
11.  {
12.    LCD_SCREEN_HORIZONTAL = 0,         //横屏,默认
13.    LCD_SCREEN_VERTICAL,               //竖屏
14.  }EnumTLILCDDir;
15.
16.  //LCD设备结构体,按4字节对齐方式
17.  typedef struct
```

```
18. {
19.     u32             pWidth;          //LCD 面板的宽度,固定参数,不随显示方向改变,
                                         //如果为 0,则说明没有任何 RGB 屏接入
20.     u32             pHeight;         //LCD 面板的高度,固定参数,不随显示方向改变
21.     EnumTLILCDDir   dir;             //层显示方向
22.     u32             width[LCD_LAYER_MAX];   //层窗口宽度
23.     u32             height[LCD_LAYER_MAX];  //层窗口高度
24.     EnumTLILCDLayer currentLayer;    //当前层
25.     u16 *           frameBuf;        //当前显存首地址(分有前景和背景两个显存)
26.     u32             backFrameAddr;   //背景显存地址
27.     u32             foreFrameAddr;   //前景显存地址
28.     u32             pixelSize;       //一个像素点字节数
29. }StructTLILCDDev __attribute__ ((aligned (4)));
30.
31. //字体枚举
32. typedef enum
33. {
34.     LCD_FONT_12,     //6×12 ASCII 码或 12×12 中文
35.     LCD_FONT_16,     //8×16 ASCII 码或 16×16 中文
36.     LCD_FONT_24,     //12×24 ASCII 码或 24×24 中文
37. }EnumTLILCDFont;
38.
39. //显示方式枚举
40. typedef enum
41. {
42.     LCD_TEXT_NORMAL,   //通用字体(含背景色)
43.     LCD_TEXT_TRANS,    //显示透明字体(无背景色)
44. }EnumTLILCDTextMode;
45.
46. extern StructTLILCDDev g_structTLILCDDev;
```

在“API 函数声明”区,进行了如程序清单 1-3 所示的 API 函数声明。

① 第 2~11 行代码:InitLCD 函数用于初始化 LCD 显示模块;LCDLayerWindowSet 函数用于设置层窗口;LCDLayerEnable、LCDLayerDisable 和 LayerSwitch 函数分别用于使能、失能和转换显示层;LCDTransparencySet 函数用于设置当前层的透明度;LCDDisplayOn 和 LCDDisplayOff 分别用于开启和关闭 LCD 显示;LCDWaitHIdle 和 LCDWaitVIdle 分别用于等待水平同步和垂直同步信号空闲。

② 第 14~24 行代码:LCDDisplayDir 函数用于设置 LCD 显示方向;LCDClear 函数用于清屏;LCDDrawPoint 函数用于在屏幕指定坐标绘制像素点;LCDReadPoint 用于在屏幕指定位置读取像素点数据;LCDFill、LCDFillPixel、LCDColorFill 和 LCDColorFillPixel 函数用于在屏幕指定区域填充颜色/显示图片;LCDDrawLine、LCDDrawRectangle 和 LCDDrawCircle 函数分别用于绘制直线、矩形和圆形。

③ 第 27~28 行代码:LCDShowChar 和 LCDShowString 函数分别用于显示单个字符以及字符串。

④ 第 31～32 行代码：LCDWindowSave 和 LCDWindowFill 函数分别用于窗口的保存与绘制。

⑤ 第 35～38 行代码：RGB565ToRGB888A、RGB565ToRGB888B、RGB888ToRGB565A 和 RGB888ToRGB565B 函数用于进行像素数据格式的转换。

程序清单 1 - 3

```
1.   //硬件相关
2.   void InitLCD(void);
3.   void LCDLayerWindowSet(EnumTLILCDLayer layer, u32 x, u32 y, u32 width, u32 height);
4.   void LCDLayerEnable(EnumTLILCDLayer layer);
5.   void LCDLayerDisable(EnumTLILCDLayer layer);
6.   void LCDLayerSwitch(EnumTLILCDLayer layer);
7.   void LCDTransparencySet(EnumTLILCDLayer layer, u8 trans);
8.   void LCDDisplayOn(void);
9.   void LCDDisplayOff(void);
10.  void LCDWaitHIdle(void);
11.  void LCDWaitVIdle(void);
12.
13.  //LCD 常用 API
14.  void LCDDisplayDir(EnumTLILCDDir dir);
15.  void LCDClear(u32 color);
16.  void LCDDrawPoint(u32 x, u32 y, u32 color);
17.  u32  LCDReadPoint(u32 x, u32 y);
18.  void LCDFill(u32 x, u32 y, u32 width, u32 height, u32 color);
19.  void LCDFillPixel(u32 x0, u32 y0, u32 x1, u32 y1, u32 color);
20.  void LCDColorFill(u32 x, u32 y, u32 width, u32 height, u16 * color);
21.  void LCDColorFillPixel(u32 x0, u32 y0, u32 x1, u32 y1, u16 * color);
22.  void LCDDrawLine(u32 x0, u32 y0, u32 x1, u32 y1, u32 color);
23.  void LCDDrawRectangle(u32 x1, u32 y1, u32 x2, u32 y2, u32 color);
24.  void LCDDrawCircle(u32 x0, u32 y0, u32 r, u32 color);
25.
26.  //字符串显示相关
27.  void LCDShowChar(u32 x, u32 y, EnumTLILCDFont font, EnumTLILCDTextMode mode, u32 textColor,
     u32 backColor, u32 code);
28.  void LCDShowString(u32 x, u32 y, u32 width, u32 height, EnumTLILCDFont font, EnumTLILCDTextMode
     mode, u32 textColor, u32 backColor, char * string);
29.
30.  //窗口保存与绘制
31.  void LCDWindowSave(u32 x, u32 y, u32 width, u32 height, void * saveBuf);
32.  void LCDWindowFill(u32 x, u32 y, u32 width, u32 height, void * imageBuf);
33.
34.  //RGB888 与 RGB565 转换
35.  void RGB565ToRGB888A(u16 rgb565, u8 * r, u8 * g, u8 * b);
36.  u32  RGB565ToRGB888B(u16 rgb565);
37.  u32  RGB888ToRGB565A(u8 r, u8 g, u8 b);
38.  u32  RGB888ToRGB565B(u32 rgb888);
```

2. TLILCD. c 文件

在 TLILCD. c 文件的"包含头文件"区，添加了 ♯include "SDRAM. h"代码，因为 LCD 显

示使用了 SDRAM 作为显存。

在 TLILCD.c 文件的"宏定义"区,进行了如程序清单 1-4 所示的宏定义。

① 第 2 行代码:定义了背景层显存缓冲区首地址。

② 第 5 行代码:定义了前景层显存缓冲区首地址。两个首地址最小间隔为一帧图像数据大小,为了防止内存访问溢出,实际申请的内存空间略大于一帧图像数据大小。一帧 RGB565 图像格式数据的内存大小为 $800 \times 480 \times 2$ 字节。

程序清单 1-4

```
1.    //背景层显存缓冲区首地址
2.    #define BACK_FRAME_START_ADDR SDRAM_DEVICE1_ADDR
3.
4.    //前景层显存缓冲区首地址
5.    #define FORE_FRAME_START_ADDR ((u32)(BACK_FRAME_START_ADDR + (LCD_PIXEL_WIDTH + 1) *
      LCD_PIXEL_HEIGHT * 2))
```

在 TLILCD.c 文件的"内部变量"区,进行了如程序清单 1-5 所示的声明。

① 第 2 和第 5 行代码:在 SDRAM 指定区域定义了两个数组作为背景层和前景层图像显示缓冲区,其中 __attribute__((at(BACK_FRAME_START_ADDR))) 指定了数组定义的首地址。

② 第 8 行代码:声明了 LCD 控制结构体 g_structTLILCDDev。

程序清单 1-5

```
1.    //背景显存
2.    static u16 s_arrBackgroundFrame[(LCD_PIXEL_WIDTH + 1) * LCD_PIXEL_HEIGHT] __attribute__
      ((at(BACK_FRAME_START_ADDR)));
3.
4.    //前景显存
5.    static u16 s_arrForegroundFrame[(LCD_PIXEL_WIDTH + 1) * LCD_PIXEL_HEIGHT] __attribute__
      ((at(FORE_FRAME_START_ADDR)));
6.
7.    //LCD 控制结构体
8.    StructTLILCDDev g_structTLILCDDev;
```

在 TLILCD.c 文件的"API 函数实现区",首先实现了 InitLCD 函数,如程序清单 1-6 所示。

① 第 6 行代码:定义 TLI 结构体 tli_init_struct,用于 TLI 外设参数初始化。

② 第 9 行代码:对"内部变量"区声明的 g_structTLILCDDev 结构体进行初始化。

③ 第 13 行代码:对 TLI 使用到的 24 条数据线、4 条控制信号线以及一个背光控制对应的引脚进行初始化配置。

④ 第 29~40 行代码:对 TLI 外设进行复位后开始配置 TLI 时钟。

⑤ 第 44~65 行代码:对 TLI 的参数进行初始化。**注意:**TLI 信号线的极性需要根据 LCD 模块硬件电路选择高/低有效电平。

⑥ 第 68~93 行代码:对 TLI 显示层进行初始化,并刷新 TLI 相关参数寄存器和开启 TLI 外设。

⑦ 第 96~102 行代码:对 LCD 显示参数进行初始化,准备显示。

程序清单 1-6

```
1.    void InitLCD(void)
2.    {
3.      u32 i;
4.
5.      //TLI 初始化结构体
6.      tli_parameter_struct tli_init_struct;
7.
8.      //初始化 LCD 设备结构体(默认横屏,当前层为背景层)
9.      g_structTLILCDDev.pWidth = LCD_PIXEL_WIDTH;
10.     ...
11.
12.     //使能 RCU 时钟
13.     rcu_periph_clock_enable(RCU_TLI);
14.     ...
15.
16.     //R0
17.     gpio_af_set(GPIOH, GPIO_AF_14, GPIO_PIN_2);
18.     gpio_mode_set(GPIOH, GPIO_MODE_AF, GPIO_PUPD_NONE, GPIO_PIN_2);
19.     gpio_output_options_set(GPIOH, GPIO_OTYPE_PP, GPIO_OSPEED_50MHZ, GPIO_PIN_2);
20.     ...
21.
22.     //LCD_DE
23.     gpio_af_set(GPIOF, GPIO_AF_14, GPIO_PIN_10);
24.     gpio_mode_set(GPIOF, GPIO_MODE_AF, GPIO_PUPD_NONE, GPIO_PIN_10);
25.     gpio_output_options_set(GPIOF, GPIO_OTYPE_PP, GPIO_OSPEED_50MHZ, GPIO_PIN_10);
26.     ...
27.
28.     //复位 TLI
29.     tli_deinit();
30.     tli_struct_para_init(&tli_init_struct);
31.
32.     //配置 TLI 时钟(时钟频率为 1 MHz × 240/4/4 = 15 MHz,数据手册给的典型值是 30 MHz,但 15 MHz
        //刷新率下更稳定)
33.     if(ERROR == rcu_pllsai_config(240, 4, 4)){while(1);}
34.     rcu_tli_clock_div_config(RCU_PLLSAIR_DIV2);
35.     // if(ERROR == rcu_pllsai_config(200, 4, 5)){while(1);}
36.     // rcu_tli_clock_div_config(RCU_PLLSAIR_DIV4);
37.     // if(ERROR == rcu_pllsai_config(50, 4, 5)){while(1);}
38.     // rcu_tli_clock_div_config(RCU_PLLSAIR_DIV4);
39.     rcu_osci_on(RCU_PLLSAI_CK);
40.     if(ERROR == rcu_osci_stab_wait(RCU_PLLSAI_CK)){while(1);}
41.
42.     //TLI 初始化
```

```
43.    //信号极性配置
44.    tli_init_struct.signalpolarity_hs     = TLI_HSYN_ACTLIVE_LOW;  //水平同步脉冲低电平有效
45.    tli_init_struct.signalpolarity_vs     = TLI_VSYN_ACTLIVE_LOW;  //垂直同步脉冲低电平有效
46.    tli_init_struct.signalpolarity_de     = TLI_DE_ACTLIVE_LOW;    //数据使能低电平有效
47.    tli_init_struct.signalpolarity_pixelck = TLI_PIXEL_CLOCK_TLI;  //像素时钟是 TLI 时钟
48.
49.    //显示时序配置
50.    tli_init_struct.synpsz_hpsz = HORIZONTAL_SYNCHRONOUS_PULSE - 1;  //水平同步脉冲宽度
51.    tli_init_struct.synpsz_vpsz = VERTICAL_SYNCHRONOUS_PULSE - 1;    //垂直同步脉冲宽度
52.    tli_init_struct.backpsz_hbpsz = HORIZONTAL_SYNCHRONOUS_PULSE + HORIZONTAL_BACK_PORCH - 1;
                                                                //水平后沿加同步脉冲的宽度
53.    tli_init_struct.backpsz_vbpsz = VERTICAL_SYNCHRONOUS_PULSE + VERTICAL_BACK_PORCH - 1;
                                                                //垂直后沿加同步脉冲的宽度
54.    tli_init_struct.activesz_hasz = HORIZONTAL_SYNCHRONOUS_PULSE + HORIZONTAL_BACK_PORCH +
       ACTIVE_WIDTH - 1;                        //水平有效宽度加后沿像素和水平同步像素宽度
55.    tli_init_struct.activesz_vasz = VERTICAL_SYNCHRONOUS_PULSE + VERTICAL_BACK_PORCH +
       ACTIVE_HEIGHT - 1;                       //垂直有效宽度加后沿像素和垂直同步像素宽度
56.    tli_init_struct.totalsz_htsz = HORIZONTAL_SYNCHRONOUS_PULSE + HORIZONTAL_BACK_PORCH +
       ACTIVE_WIDTH + HORIZONTAL_FRONT_PORCH - 1;              //显示器的水平总宽度
57.    tli_init_struct.totalsz_vtsz = VERTICAL_SYNCHRONOUS_PULSE + VERTICAL_BACK_PORCH +
       ACTIVE_HEIGHT + VERTICAL_FRONT_PORCH - 1;               //显示器的垂直总宽度
58.
59.    //配置 BG 层颜色(黑色)
60.    tli_init_struct.backcolor_red = 0x00;
61.    tli_init_struct.backcolor_green = 0x00;
62.    tli_init_struct.backcolor_blue = 0x00;
63.
64.    //根据参数配置 TLI
65.    tli_init(&tli_init_struct);
66.
67.    //初始化背景层和前景层
68.    LCDLayerWindowSet(LCD_LAYER_BACKGROUND, 0, 0, LCD_PIXEL_WIDTH, LCD_PIXEL_HEIGHT);
69.    LCDLayerWindowSet(LCD_LAYER_FOREGROUND, 0, 0, LCD_PIXEL_WIDTH, LCD_PIXEL_HEIGHT);
70.
71.    //使能背景层
72.    LCDLayerEnable(LCD_LAYER_BACKGROUND);
73.
74.    //禁用前景层
75.    LCDLayerDisable(LCD_LAYER_FOREGROUND);
76.
77.    //设置背景层透明度
78.    LCDTransparencySet(LCD_LAYER_BACKGROUND, 0xFF);
79.
80.    //设置前景层透明度
81.    LCDTransparencySet(LCD_LAYER_FOREGROUND, 0xFF);
```

```
82.
83.    //开启抖动
84.    tli_dither_config(TLI_DITHER_ENABLE);
85.
86.    //关闭抖动
87.    // tli_dither_config(TLI_DITHER_DISABLE);
88.
89.    //立即更新 TLI 寄存器
90.    tli_reload_config(TLI_REQUEST_RELOAD_EN);
91.
92.    //TLI 外设使能
93.    tli_enable();
94.
95.    //切换到背景层
96.    LCDLayerSwitch(LCD_LAYER_BACKGROUND);
97.
98.    //横屏显示
99.    LCDDisplayDir(LCD_SCREEN_HORIZONTAL);
100.
101.   //清屏
102.   LCDClear(LCD_COLOR_BLACK);
103. }
```

在 InitLCD 函数实现区后为 LCDLayerWindowSet 函数的实现代码,如程序清单 1-7 所示。该函数有 5 个输入参数:layer 用于选择当前配置的是背景层还是前景层,x、y 用于设置显示的初始像素点,width 和 height 用于设置窗口的大小。

① 第 4 行代码:定义 TLI 显示层初始化结构体 tli_layer_init_struct,用于配置显示层的参数。注意与 InitLCD 函数中定义的 tli_init_struct 结构体的区分。

② 第 13~27 行代码:对竖屏显示进行坐标转换,因为显示的默认方向为横屏显示。

③ 第 42~114 行代码:对背景层或前景层进行初始化,并使用新的参数更新重载 TLI 寄存器。

程序清单 1-7

```
1.    void LCDLayerWindowSet(EnumTLILCDLayer layer, u32 x, u32 y, u32 width, u32 height)
2.    {
3.        //TLI 显示层初始化结构体
4.        tli_layer_parameter_struct   tli_layer_init_struct;
5.
6.        //临时变量
7.        u32 swap, x0, y0;
8.
9.        //配置默认值
10.       tli_layer_struct_para_init(&tli_layer_init_struct);
11.
12.       //竖屏特殊处理
```

```
13.        if(LCD_SCREEN_VERTICAL == g_structTLILCDDev.dir)
14.        {
15.            //坐标系变换
16.            x0 = x;
17.            y0 = y + height - 1;
18.            y = x0;
19.            x = LCD_PIXEL_WIDTH - 1 - y0;
20.            if(x >= LCD_PIXEL_WIDTH){return;}
21.            if(y >= LCD_PIXEL_HEIGHT){return;}
22.
23.            //交换宽度和高度
24.            swap = width;
25.            width = height;
26.            height = swap;
27.        }
28.
29.        //矫正宽度
30.        if((x + width) > LCD_PIXEL_WIDTH)
31.        {
32.            width = LCD_PIXEL_WIDTH - x;
33.        }
34.
35.        //矫正高度
36.        if((y + height) > LCD_PIXEL_HEIGHT)
37.        {
38.            height = LCD_PIXEL_HEIGHT - y;
39.        }
40.
41.        //背景配置
42.        if(LCD_LAYER_BACKGROUND == layer)
43.        {
44.            tli_layer_init_struct.layer_window_leftpos = (x + HORIZONTAL_SYNCHRONOUS_PULSE +
               HORIZONTAL_BACK_PORCH);                              //窗口左侧位置
45.            tli_layer_init_struct.layer_window_rightpos = (x + width + HORIZONTAL_SYNCHRONOUS_
               PULSE + HORIZONTAL_BACK_PORCH - 1);                  //窗口右侧位置
46.            tli_layer_init_struct.layer_window_toppos = (y + VERTICAL_SYNCHRONOUS_PULSE +
               VERTICAL_BACK_PORCH);                                //窗口顶部位置
47.            tli_layer_init_struct.layer_window_bottompos = (y + height + VERTICAL_SYNCHRONOUS_
               PULSE + VERTICAL_BACK_PORCH - 1);                    //窗口底部位置
48.            tli_layer_init_struct.layer_ppf          = LAYER_PPF_RGB565;   //像素格式
49.            tli_layer_init_struct.layer_sa           = 0xFF;              //恒定 Aplha 值
50.            tli_layer_init_struct.layer_default_blue  = 0xFF;             //默认颜色 B 值
51.            tli_layer_init_struct.layer_default_green = 0xFF;             //默认颜色 G 值
52.            tli_layer_init_struct.layer_default_red   = 0xFF;             //默认颜色 R 值
53.            tli_layer_init_struct.layer_default_alpha = 0xFF;             //默认颜色 Aplha 值,默认显示
```

```
54.         tli_layer_init_struct.layer_acf1 = LAYER_ACF1_PASA;
                                    //归一化的像素 Alpha 乘以归一化的恒定 Alpha
55.         tli_layer_init_struct.layer_acf2 = LAYER_ACF2_PASA;
                                    //归一化的像素 Alpha 乘以归一化的恒定 Alpha
56.         tli_layer_init_struct.layer_frame_bufaddr = (u32)s_arrBackgroundFrame; //缓冲区首地址
57.         tli_layer_init_struct.layer_frame_line_length = ((width * 2) + 3);      //行长度
58.         tli_layer_init_struct.layer_frame_buf_stride_offset = (width * 2);
                                    //步幅偏移,某行起始处到下一行起始处之间的字节数
59.         tli_layer_init_struct.layer_frame_total_line_number = height;        //帧行数
60.         tli_layer_init(LAYER0, &tli_layer_init_struct);   //根据参数初始化背景层
61.         tli_color_key_disable(LAYER0);                //禁用色键
62.         tli_lut_disable(LAYER0);                      //禁用颜色查找表
63.
64.         //保存窗口宽度和高度
65.         if(LCD_SCREEN_HORIZONTAL == g_structTLILCDDev.dir)
66.         {
67.           g_structTLILCDDev.width[LCD_LAYER_BACKGROUND] = width;
68.           g_structTLILCDDev.height[LCD_LAYER_BACKGROUND] = height;
69.         }
70.         else if(LCD_SCREEN_VERTICAL == g_structTLILCDDev.dir)
71.         {
72.           g_structTLILCDDev.width[LCD_LAYER_BACKGROUND] = height;
73.           g_structTLILCDDev.height[LCD_LAYER_BACKGROUND] = width;
74.         }
75.     }
76.
77.     //前景配置
78.     else if(LCD_LAYER_FOREGROUND == layer)
79.     {
80.         tli_layer_init_struct.layer_window_leftpos = (x + HORIZONTAL_SYNCHRONOUS_PULSE +
            HORIZONTAL_BACK_PORCH);                      //窗口左侧位置
81.         tli_layer_init_struct.layer_window_rightpos = (x + width + HORIZONTAL_SYNCHRONOUS_
            PULSE + HORIZONTAL_BACK_PORCH - 1);          //窗口右侧位置
82.         tli_layer_init_struct.layer_window_toppos = (y + VERTICAL_SYNCHRONOUS_PULSE +
            VERTICAL_BACK_PORCH);                        //窗口顶部位置
83.         tli_layer_init_struct.layer_window_bottompos = (y + height + VERTICAL_SYNCHRONOUS_
            PULSE + VERTICAL_BACK_PORCH - 1);            //窗口底部位置
84.         tli_layer_init_struct.layer_ppf = LAYER_PPF_RGB565;     //像素格式
85.         tli_layer_init_struct.layer_sa = 0xFF;                  //恒定 Aplha 值
86.         tli_layer_init_struct.layer_default_blue = 0xFF;        //默认颜色 B 值
87.         tli_layer_init_struct.layer_default_green = 0xFF;       //默认颜色 G 值
88.         tli_layer_init_struct.layer_default_red = 0xFF;         //默认颜色 R 值
89.         tli_layer_init_struct.layer_default_alpha = 0x00;       //默认颜色 Aplha 值,默认不显示
90.         tli_layer_init_struct.layer_acf1 = LAYER_ACF1_PASA;
                                    //归一化的像素 Alpha 乘以归一化的恒定 Alpha
```

```
91.      tli_layer_init_struct.layer_acf2 = LAYER_ACF2_PASA;
                              //归一化的像素 Alpha 乘以归一化的恒定 Alpha
92.      tli_layer_init_struct.layer_frame_bufaddr = (u32)s_arrForegroundFrame;  //缓冲区首地址
93.      tli_layer_init_struct.layer_frame_line_length = ((width * 2) + 3);      //行长度
94.      tli_layer_init_struct.layer_frame_buf_stride_offset = (width * 2);
                              //步幅偏移,某行起始处到下一行起始处之间的字节数
95.      tli_layer_init_struct.layer_frame_total_line_number = height;           //帧行数
96.      tli_layer_init(LAYER1, &tli_layer_init_struct);      //根据参数初始化前景层
97.      tli_color_key_disable(LAYER1);                       //禁用色键
98.      tli_lut_disable(LAYER1);                             //禁用颜色查找表
99.
100.     //保存窗口宽度和高度
101.     if(LCD_SCREEN_HORIZONTAL == g_structTLILCDDev.dir)
102.     {
103.       g_structTLILCDDev.width[LCD_LAYER_FOREGROUND] = width;
104.       g_structTLILCDDev.height[LCD_LAYER_FOREGROUND] = height;
105.     }
106.     else if(LCD_SCREEN_VERTICAL == g_structTLILCDDev.dir)
107.     {
108.       g_structTLILCDDev.width[LCD_LAYER_FOREGROUND] = height;
109.       g_structTLILCDDev.height[LCD_LAYER_FOREGROUND] = width;
110.     }
111.   }
112.
113.   //立即更新 TLI 寄存器
114.   tli_reload_config(TLI_REQUEST_RELOAD_EN);
115. }
```

在 LCDLayerWindowSet 函数实现区后分别为 LCDLayerEnable、LCDLayerDisable、LCDLayerSwitch、LCDTransparencySet、LCDDisplayOn、LCDDisplayOff、LCDWaitHIdle、LCDWaitVIdle 和 LCDDisplayDir 函数的实现代码,这些函数的功能分别为使能/禁用/切换背景或前景层、设置当前层的透明度、开启/关闭 LCD 显示、等待 LCD 传输行/场传输空闲和设置 LCD 显示方向。

在 LCDDisplayDir 函数实现区后为 LCDClear 函数的实现代码,如程序清单 1-8 所示。该函数的输入参数 color 表示清屏使用的颜色。

① 第 4 行代码:定义目标图像参数结构体,使用了 IPA 外设用特定颜色填充目标区域的功能。

② 第 10 行代码:将 RGB565 格式的颜色数据转换成 RGB888。为了减少显存数据占用,本实验使用的颜色格式均为 2 字节的 RGB565。

③ 第 22~32 行代码:对目标图像参数进行配置。

④ 第 39~48 行代码:根据前面设置的参数开启一次 IPA 传输。**注意**:IPA 传输开始后通过 AHB 总线直接修改显存的值,TLI 根据更新后的显存数据在 LCD 屏幕上进行显示。

程序清单 1-8

```
1.   void LCDClear(u32 color)
2.   {
3.       //目标图像参数结构体
4.       ipa_destination_parameter_struct   ipa_destination_init_struct;
5.
6.       //RGB
7.       u8 red，green，blue;
8.
9.       //RGB565 转 RGB888
10.      RGB565ToRGB888A(color, &red, &green, &blue);
11.
12.      //使能 IPA 时钟
13.      rcu_periph_clock_enable(RCU_IPA);
14.
15.      //复位 IPA
16.      ipa_deinit();
17.
18.      //设置转换模式
19.      ipa_pixel_format_convert_mode_set(IPA_FILL_UP_DE);  //颜色填充
20.
21.      //设置目标图像参数
22.      ipa_destination_struct_para_init(&ipa_destination_init_struct);
23.      ipa_destination_init_struct.destination_pf = IPA_DPF_RGB565;  //目标图像格式
24.      ipa_destination_init_struct.destination_memaddr = (u32)g_structTLILCDDev.frameBuf;
                                                         //目标图像存储地址
25.      ipa_destination_init_struct.destination_lineoff = 0;  //行末与下一行开始之间的像素点数
26.      ipa_destination_init_struct.destination_prealpha = 0xFF;    //目标层预定义透明度
27.      ipa_destination_init_struct.destination_prered = red;       //目标层预定义红色值
28.      ipa_destination_init_struct.destination_pregreen = green;   //目标层预定义绿色值
29.      ipa_destination_init_struct.destination_preblue = blue;     //目标层预定义蓝色值
30.      ipa_destination_init_struct.image_width = LCD_PIXEL_WIDTH;  //目标图像宽度
31.      ipa_destination_init_struct.image_height = LCD_PIXEL_HEIGHT; //目标图像高度
32.      ipa_destination_init(&ipa_destination_init_struct);         //根据参数配置目标图像
33.
34.      // ///使能 IPA 内部定时器
35.      // ipa_interval_clock_num_config(0);
36.      // ipa_inter_timer_config(IPA_INTER_TIMER_ENABLE);
37.
38.      //开启传输
39.      ipa_transfer_enable();
40.
41.      //等待传输结束
42.      while(RESET == ipa_interrupt_flag_get(IPA_INT_FLAG_FTF));
43.
```

```
44.    //清除标志位
45.    ipa_interrupt_flag_clear(IPA_INT_FLAG_FTF);
46.
47.    //关闭 IPA
48.    ipa_deinit();
49.  }
```

在 LCDClear 函数实现区后为 LCDDrawPoint 函数的实现代码,如程序清单 1-9 所示。该函数有 3 个输入参数:x、y 用于设置坐标,color 用于设置颜色。

① 第 3~13 行代码:用于防止输入的坐标超出屏幕范围。

② 第 16~25 行代码:分别在横屏状态和竖屏状态下画点。画点的原理为直接修改显存的具体数值。

程序清单 1-9

```
1.   void LCDDrawPoint(u32 x, u32 y, u32 color)
2.   {
3.     u32 width, height;
4.
5.     //获取当前窗口的宽度和高度
6.     width = g_structTLILCDDev.width[g_structTLILCDDev.currentLayer];
7.     height = g_structTLILCDDev.height[g_structTLILCDDev.currentLayer];
8.
9.     //画点范围超出屏幕坐标
10.    if(x >= width || y >= height)
11.    {
12.      return;
13.    }
14.
15.    //横屏
16.    if(LCD_SCREEN_HORIZONTAL == g_structTLILCDDev.dir)
17.    {
18.      g_structTLILCDDev.frameBuf[width * y + x] = color;
19.    }
20.
21.    //竖屏
22.    else
23.    {
24.      g_structTLILCDDev.frameBuf[height * x + (height - 1 - y)] = color;
25.    }
26.  }
```

在 LCDDrawPoint 函数实现区后为 LCDReadPoint 函数的实现代码,如程序清单 1-10 所示。该函数的 2 个输入参数 x、y 为读取的坐标,返回值为当前坐标的颜色值。

① 第 3~13 行代码:用于防止输入的坐标超出屏幕范围。

② 第 16~25 行代码:分别在横屏状态和竖屏状态下读点。读点的原理为返回坐标对应显存的具体数值。

程序清单 1-10

```
1.    u32 LCDReadPoint(u32 x, u32 y)
2.    {
3.      u32 width, height;
4.
5.      //获取当前窗口的宽度和高度
6.      width = g_structTLILCDDev.width[g_structTLILCDDev.currentLayer];
7.      height = g_structTLILCDDev.height[g_structTLILCDDev.currentLayer];
8.
9.      //读点范围超出屏幕坐标,默认返回黑色
10.     if(x >= width || y >= height)
11.     {
12.       return 0;
13.     }
14.
15.     //横屏
16.     if(LCD_SCREEN_HORIZONTAL == g_structTLILCDDev.dir)
17.     {
18.       return g_structTLILCDDev.frameBuf[width * y + x];
19.     }
20.
21.     //竖屏
22.     else
23.     {
24.       return g_structTLILCDDev.frameBuf[height * x + (height - 1 - y)];
25.     }
26.   }
```

在 LCDReadPoint 函数实现区后为 LCDFill 函数的实现代码,如程序清单 1-11 所示。该函数用于单色填充,有 5 个输入参数:x、y 用于设置起始坐标,width、height 用于设置填充宽度和高度,color 用于设置填充的颜色。

① 第 3 行代码:定义了目标图像参数结构体,使用 IPA 外设用特定颜色填充目标区域的功能。

② 第 7 行代码:开始分别读取横屏和竖屏状态下的绘制的宽度、高度与显存的起始地址,并对填充区域进行修正,防止填充区域超出屏幕范围。

③ 第 15~16 行代码:结合第 61~62 行代码,避免了使用 IPA 填充颜色时会多绘制两点的问题。

④ 第 20 行代码:由于第 37~39 行代码中数据类型的要求,这里需要将 RGB565 格式转换成 RGB888 格式。

⑤ 第 45~58 行代码:开启一次 IPA 数据传输。

程序清单 1-11

```
1.    void LCDFill(u32 x, u32 y, u32 width, u32 height, u32 color)
2.    {
3.      ipa_destination_parameter_struct  ipa_destination_init_struct; //目标图像参数结构体
```

```
4.    ...
5.
6.    //横屏，记录宽度、高低以及起始地址
7.    if(LCD_SCREEN_HORIZONTAL == g_structTLILCDDev.dir)
8.    {
9.      phyWidth = g_structTLILCDDev.width[g_structTLILCDDev.currentLayer];
10.     phyHeight = g_structTLILCDDev.height[g_structTLILCDDev.currentLayer];
11.     phyX = x;
12.     phyY = y;
13.    }
14.    ...
15.    color1 = LCDReadPoint(x1, y1);
16.    color2 = LCDReadPoint(x2, y2);
17.    ...
18.
19.    //RGB565 转 RGB888
20.    RGB565ToRGB888A(color, &red, &green, &blue);
21.
22.    //使能 IPA 时钟
23.    rcu_periph_clock_enable(RCU_IPA);
24.
25.    //复位 IPA
26.    ipa_deinit();
27.
28.    //设置转换模式
29.    ipa_pixel_format_convert_mode_set(IPA_FILL_UP_DE);    //颜色填充
30.
31.    //设置目标图像参数
32.    ipa_destination_struct_para_init(&ipa_destination_init_struct);
33.    ipa_destination_init_struct.destination_pf = IPA_DPF_RGB565;      //目标图像格式
34.    ipa_destination_init_struct.destination_memaddr = destStartAddr;   //目标图像存储地址
35.    ipa_destination_init_struct.destination_lineoff  = lineOff;  //行末与下一行开始之间的
                                                                     //像素点数
36.    ipa_destination_init_struct.destination_prealpha = 0xFF;      //目标层预定义透明度
37.    ipa_destination_init_struct.destination_prered   = red;       //目标层预定义红色值
38.    ipa_destination_init_struct.destination_pregreen = green;     //目标层预定义绿色值
39.    ipa_destination_init_struct.destination_preblue  = blue;      //目标层预定义蓝色值
40.    ipa_destination_init_struct.image_width          = width;     //目标图像宽度
41.    ipa_destination_init_struct.image_height         = height;    //目标图像高度
42.    ipa_destination_init(&ipa_destination_init_struct);           //根据参数配置目标图像
43.
44.    //使能 IPA 内部定时器
45.    // ipa_interval_clock_num_config(0);
46.    // ipa_inter_timer_config(IPA_INTER_TIMER_ENABLE);
```

```
47.
48.    //开启传输
49.    ipa_transfer_enable();
50.
51.    //等待传输结束
52.    while(RESET == ipa_interrupt_flag_get(IPA_INT_FLAG_FTF));
53.
54.    //清除标志位
55.    ipa_interrupt_flag_clear(IPA_INT_FLAG_FTF);
56.
57.    //关闭 IPA
58.    ipa_deinit();
59.
60.    //填回像素点
61.    LCDDrawPoint(x1, y1, color1);
62.    LCDDrawPoint(x2, y2, color2);
63.  }
```

在 LCDFill 函数实现区后为 LCDFillPixel 函数的实现代码,如程序清单 1 - 12 所示。该函数用于单色填充,有 5 个输入参数:x0、y0、x1、y1 用于设置起止坐标,color 用于设置填充颜色。

① 第 7～10 行代码:将坐标转换成宽度和高度值,便于 LCDFill 函数的调用。

② 第 13 行代码:调用 LCDFill 函数进行单色填充。

程序清单 1 - 12

```
1.    void LCDFillPixel(u32 x0, u32 y0, u32 x1, u32 y1, u32 color)
2.    {
3.      u32 swap, width, height;
4.      ...
5.
6.      //计算宽度
7.      width = x1 - x0 + 1;
8.
9.      //计算高度
10.     height = y1 - y0 + 1;
11.
12.     //填充
13.     LCDFill(x0, y0, width, height, color);
14.   }
```

在 LCDFillPixel 函数实现区后为 LCDColorFill 函数的实现代码,如程序清单 1 - 13 所示。该函数同样用于 LCD 填充,与 LCDFill 函数的区别在于颜色数据的来源,LCDFill 函数颜色数据为单个,即单色填充。LCDColorFill 函数能够根据填充颜色缓冲区中的颜色数据来填充 LCD。在本实验中主要用于 LCD 图片的显示,该函数有 5 个输入参数:x、y 为起始坐标,width、height 用于确定显示范围,color 为填充颜色缓冲区的首地址。第 15 行代码的功能是使用填充颜色缓冲区的数据替换显存中的数据。

程序清单 1 - 13

```
1.    void LCDColorFill(u32 x, u32 y, u32 width, u32 height, u16 * color)
2.    {
3.      u32 x0, y0, i;
4.
5.      //保存起始坐标
6.      x0 = x;
7.      y0 = y;
8.
9.      //填充
10.     i = 0;
11.     for(y = y0; y < y0 + height; y++ )
12.     {
13.       for(x = x0; x < x0 + width; x++ )
14.       {
15.         LCDDrawPoint(x, y, color[i]);
16.         i++ ;
17.       }
18.     }
19.   }
```

在 LCDColorFill 函数实现区后为 LCDColorFillPixel 函数的实现代码,LCDColorFillPixel 与 LCDColorFill 原理相同,区别在于使用起止坐标确定填充范围。

在 LCDColorFillPixel 函数实现区后分别为 LCDDrawLine、LCDDrawRectangle 和 LCDDrawCircle 函数的实现代码。这些函数的功能分别为绘制直线、绘制矩形和绘制圆形。

在 LCDDrawCircle 函数实现区后为 LCDShowChar 函数的实现代码,如程序清单 1 - 14 所示。该函数用于显示单个字符,有 7 个输入参数:x、y 用于设置显示坐标,font 用于设定字体大小,mode 用于设置文字背景是否透明(默认为 LCD_TEXT_TRANS),textColor 用于设置文字颜色,backColor 用于设置文字背景色(默认为 NULL,当 mode = LCD_TEXT_NORMAL 时有效),code 用于设置当前显示的字符。

① 第 6～21 行代码:用于确定字体大小并根据字体大小设置点阵数据缓冲区大小。

② 第 25～31 行代码:用于获取字符点阵数据。

③ 第 38～52 行代码:根据点阵数据的分布,通过 LCDDrawPoint 函数显示字符。

程序清单 1 - 14

```
1.    void LCDShowChar(u32 x, u32 y, EnumTLILCDFont font, EnumTLILCDTextMode mode, u32 textColor,
      u32 backColor, u32 code)
2.    {
3.      ...
4.
5.      //获取字符高度
6.      switch (font)
7.      {
8.      case LCD_FONT_12: height = 12; break;
9.      case LCD_FONT_16: height = 16; break;
```

```
10.      case LCD_FONT_24: height = 24; break;
11.      default: return;
12.      }
13.
14.      //计算点阵数据字节数
15.      switch (font)
16.      {
17.      case LCD_FONT_12: bufSize = 12; break;
18.      case LCD_FONT_16: bufSize = 16; break;
19.      case LCD_FONT_24: bufSize = 36; break;
20.      default: return;
21.      }
22.
23.
24.      //获取点阵数据
25.      switch (font)
26.      {
27.      case LCD_FONT_12: enBuf = (u8 * )asc2_1206[code - "]; break;
28.      case LCD_FONT_16: enBuf = (u8 * )asc2_1608[code - "]; break;
29.      case LCD_FONT_24: enBuf = (u8 * )asc2_2412[code - "]; break;
30.      default: return;
31.      }
32.      codeBuf = enBuf;
33.
34.      //记录纵坐标起点
35.      y0 = y;
36.
37.      //按照高位在前,从上到下,从左往右扫描顺序显示
38.      for(i = 0; i < bufSize; i++)
39.      {
40.        //获取点阵数据
41.        byte = codeBuf[i];
42.
43.        for(j = 0; j < 8; j++)
44.        {
45.          if(byte & 0x80)
46.          {
47.            LCDDrawPoint(x, y, textColor);
48.          }
49.          else if(LCD_TEXT_NORMAL == mode)
50.          {
51.            LCDDrawPoint(x, y, backColor);
52.          }
53.
54.          byte <<= 1;
```

```
55.          y++;
56.
57.          //超区域了
58.          if(y >= g_structTLILCDDev.height[g_structTLILCDDev.currentLayer])
59.          {
60.            return;
61.          }
62.
63.          if((y - y0)>= height)
64.          {
65.            y = y0;
66.            x++;
67.
68.            //超区域了
69.            if(x >= g_structTLILCDDev.width[g_structTLILCDDev.currentLayer])
70.            {
71.              return;
72.            }
73.
74.            //字节切到下一字节
75.            break;
76.          }
77.      }
78.    }
79.  }
```

在 LCDShowChar 函数实现区后为 LCDShowString 函数的实现代码,如程序清单 1 - 15 所示。该函数用于显示字符串,有 9 个输入参数:x、y 用于设置显示坐标,width、height 用于设定显示区域,font 用于设定字体大小,mode 用于设置文字背景是否透明(默认为 LCD_ TEXT_TRANS),textColor 用于设置文字颜色,backColor 用于设置文字背景色(默认为 NULL,当 mode = LCD_TEXT_NORMAL 时有效),string 用于设置当前显示的字符串。

① 第 6～12 行代码:用于选择字体大小。

② 第 15～66 行代码:根据输入的 string 使用 LCDShowChar 函数进行显示。

程序清单 1 - 15

```
1.    void LCDShowString ( u32  x,  u32  y,  u32  width,  u32  height,  EnumTLILCDFont  font,
      EnumTLILCDTextMode mode, u32 textColor, u32 backColor, char * string)
2.    {
3.      ...
4.
5.      //计算字符宽度,中文宽度是 ASCII 码的两倍
6.      switch (font)
7.      {
8.      case LCD_FONT_12: cWidth = 6; break;
9.      case LCD_FONT_16: cWidth = 8; break;
10.     case LCD_FONT_24: cWidth = 12; break;
```

```
11.        default: return;
12.      }
13.
14.      //循环显示所有字符
15.      i = 0;
16.      while(0 != string[i])
17.      {
18.        if((u8)string[i] < 0x80) //ASCII 码
19.        {
20.          //显示当前字符
21.          LCDShowChar(x, y, font, mode, textColor, backColor, string[i]);
22.
23.          //更新 x、y 坐标
24.          if((x + cWidth) > x1)
25.          {
26.            x = x0;
27.            y = y + height;
28.
29.            //纵坐标也超出范围,则写入结束
30.            if(y > y1)
31.            {
32.              return;
33.            }
34.          }
35.          else
36.          {
37.            x = x + cWidth;
38.          }
39.
40.          //切换到下一个字符
41.          i = i + 1;
42.        }
43.        else
44.        {
45.          //获取汉字内码
46.          code = (string[i] << 8) | string[i + 1];
47.
48.          //显示当前字符
49.          LCDShowChar(x, y, font, mode, textColor, backColor, code);
50.
51.          //更新 x、y 坐标
52.          if((x + cWidth * 2) > x1)
53.          {
54.            x = x0;
55.            y = y + height;
```

```
56.
57.        //纵坐标也超出范围,则写入结束
58.        if(y > y1)
59.        {
60.          return;
61.        }
62.      }
63.      else
64.      {
65.        x = x + cWidth * 2;
66.      }
67.
68.      //切换到下一个字符
69.      i = i + 2;
70.    }
71.  }
72. }
```

在 LCDShowString 函数实现区后为 LCDWindowSave 函数的实现代码,如程序清单 1 - 16 所示。该函数用于保存 LCD 内指定区域的图像,有 5 个输入参数:x、y 用于设置显示坐标,width、height 用于设置显示区域,saveBuf 为图像保存的地址。

① 第 3~4 行代码:定义了前景层图像参数结构体与目标图像参数结构体,使用 IPA 复制源图像到目标图像的功能。

② 第 8 行代码:分别读取横屏和竖屏状态下的绘制的宽度、高度与显存的起始地址,并对填充区域进行修正,防止填充区域超出屏幕范围。

③ 第 24 行代码:配置前景层图像结构体与目标图像结构体参数。

④ 第 35~44 行代码:开启一次 IPA 传输。

程序清单 1 - 16

```
1.  void LCDWindowSave(u32 x, u32 y, u32 width, u32 height, void * saveBuf)
2.  {
3.    ipa_foreground_parameter_struct  ipa_fg_init_struct;           //前景图像参数结构体
4.    ipa_destination_parameter_struct ipa_destination_init_struct;  //目标图像参数结构体
5.    ...
6.
7.    //横屏,记录宽度、高低以及起始地址
8.    if(LCD_SCREEN_HORIZONTAL == g_structTLILCDDev.dir)
9.    ...
10.
11.    //计算前景图像起始地址
12.    foreStartAddr = (u32)g_structTLILCDDev.frameBuf + g_structTLILCDDev.pixelSize *
    (phyWidth * phyY + phyX);
13.
14.    //计算前景行偏移
15.    lineOff = phyWidth - width;
```

```
16.
17.     //使能 IPA 时钟
18.     rcu_periph_clock_enable(RCU_IPA);
19.
20.     //复位 IPA
21.     ipa_deinit();
22.
23.     //设置转换模式
24.     ipa_pixel_format_convert_mode_set(IPA_FGTODE);//复制某一源图像到目标图像中
25.
26.     //设置前景图像参数
27.     ipa_foreground_struct_para_init(&ipa_fg_init_struct);
28.     ...
29.
30.     //使能 IPA 内部定时器
31.     // ipa_interval_clock_num_config(0);
32.     // ipa_inter_timer_config(IPA_INTER_TIMER_ENABLE);
33.
34.     //开启传输
35.     ipa_transfer_enable();
36.
37.     //等待传输结束
38.     while(RESET == ipa_interrupt_flag_get(IPA_INT_FLAG_FTF));
39.
40.     //清除标志位
41.     ipa_interrupt_flag_clear(IPA_INT_FLAG_FTF);
42.
43.     //关闭 IPA
44.     ipa_deinit();
45.   }
```

在 LCDWindowSave 函数实现区后为 LCDWindowFill 函数的实现代码,如程序清单 1-17 所示。该函数用于在指定区域内绘制图像,有 5 个输入参数:x、y 用于设置显示坐标,width、height 用于设置显示区域,imageBuf 为图像所在地址。

① 第 3~4 行代码:定义了前景层图像参数结构体与目标图像参数结构体,使用 IPA 复制源图像到目标图像的功能。

② 第 8 行代码:分别读取横屏和竖屏状态下的绘制的宽度、高度与显存的起始地址,并对填充区域进行修正,防止填充区域超出屏幕范围。

③ 第 27 行代码:为配置前景层图像结构体与目标图像结构体参数。

④ 第 35~44 行代码:开启一次 IPA 传输。

程序清单 1-17

```
1.    void LCDWindowFill(u32 x, u32 y, u32 width, u32 height, void * imageBuf)
2.    {
3.      ipa_foreground_parameter_struct ipa_fg_init_struct;            //前景图像参数结构体
4.      ipa_destination_parameter_struct ipa_destination_init_struct;//目标图像参数结构体
5.      ...
6.
```

```
7.    //横屏,记录宽度、高低以及起始地址
8.    if(LCD_SCREEN_HORIZONTAL == g_structTLILCDDev.dir)
9.    ...
10.
11.   //计算目标图像起始地址
12.   destStartAddr = (u32)g_structTLILCDDev.frameBuf + g_structTLILCDDev.pixelSize *
      (phyWidth * phyY + phyX);
13.
14.   //计算目标行偏移
15.   lineOff = phyWidth - width;
16.
17.   //使能 IPA 时钟
18.   rcu_periph_clock_enable(RCU_IPA);
19.
20.   //复位 IPA
21.   ipa_deinit();
22.
23.   //设置转换模式
24.   ipa_pixel_format_convert_mode_set(IPA_FGTODE);//复制某一源图像到目标图像中
25.
26.   //设置前景图像参数
27.   ipa_foreground_struct_para_init(&ipa_fg_init_struct);
28.   ...
29.
30.   //使能 IPA 内部定时器
31.   // ipa_interval_clock_num_config(0);
32.   // ipa_inter_timer_config(IPA_INTER_TIMER_ENABLE);
33.
34.   //开启传输
35.   ipa_transfer_enable();
36.
37.   //等待传输结束
38.   while(RESET == ipa_interrupt_flag_get(IPA_INT_FLAG_FTF));
39.
40.   //清除标志位
41.   ipa_interrupt_flag_clear(IPA_INT_FLAG_FTF);
42.
43.   //关闭 IPA
44.   ipa_deinit();
45.   }
```

在 LCDWindowFill 函数实现区后分别为 RGB565ToRGB888A、RGB565ToRGB888B 和 RGB888ToRGB565A 函数的实现代码,这 3 个函数的功能为将原像素数据格式转换成对应目标像素数据格式。

1.3.2 Main.c 文件

main 函数的实现代码如程序清单 1 - 18 所示，先调用 LCDDisplayDir 函数将 LCD 设置为横屏显示，然后调用 DisPlayBackgroudJPEG 函数将 LCD 背景设置为预先解码好的图片，最后调用 InitGraphWidgetStruct 和 CreateGraphWidget 函数创建波形控件。

程序清单 1 - 18

```
1.    int main(void)
2.    {
3.        InitHardware();              //初始化硬件相关函数
4.        InitSoftware();              //初始化软件相关函数
5.
6.        //LCD 测试
7.        LCDDisplayDir(LCD_SCREEN_HORIZONTAL);
8.        LCDClear(LCD_COLOR_WHITE);
9.        LCDShowString(30, 40, 210, 16, LCD_FONT_16, LCD_TEXT_TRANS,LCD_COLOR_BLUE, NULL, "Hello! GD32^_^");
10.
11.       //显示背景图片
12.       DisPlayBackgroudJPEG();
13.
14.       //创建波形控件
15.       InitGraphWidgetStruct(&s_structGraph);
16.       CreateGraphWidget(10, 150, 780, 200, &s_structGraph);
17.       s_structGraph.startDraw = 1;
18.
19.       while(1)
20.       {
21.         Proc1msTask();            //1 ms 处理任务
22.         Proc2msTask();            //2 ms 处理任务
23.         Proc1SecTask();           //1 s 处理任务
24.       }
25.    }
```

Proc1msTask 函数的实现代码如程序清单 1 - 19 所示，第 11～12 行代码用于从 PC2 引脚获取从 PA5 引脚发送的正弦波信号并进行数据处理，再由波形控件将正弦波信号显示到 LCD 屏幕上指定区域。

程序清单 1 - 19

```
1.    static  void  Proc1msTask(void)
2.    {
3.      static u8 s_iCnt = 0;
4.      int wave;
5.      if(Get1msFlag())
6.      {
7.        s_iCnt ++ ;
8.        if(s_iCnt >= 5)
```

```
9.        {
10.          s_iCnt = 0;
11.          wave = GetADC() * (s_structGraph.y1 - s_structGraph.y0) / 4095;
12.          GraphWidgetAddData(&s_structGraph, wave);
13.        }
14.      Clr1msFlag();
15.    }
16.  }
```

1.3.3 实验结果

用杜邦线将 GD32F4 蓝莓派开发板上的 PC2 引脚与 PA5 引脚连接,然后通过 Keil μVision5 软件将 .axf 文件下载到开发板,下载完成后,可以观察到 LCD 屏上显示如图 1-7 所示的正弦波曲线,表示实验成功。

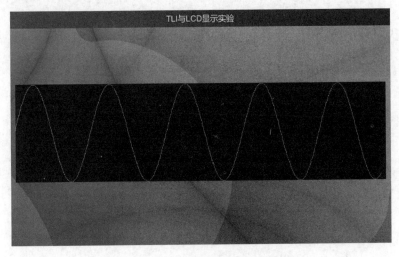

图 1-7 TLI 与 LCD 显示实验 GUI 界面

本章任务

任务 1:

在本章实验中,通过 GD32F4 蓝莓派开发板上的 LCD 显示模块实现了显示正弦波波形的功能。尝试通过 LCD 的 API 函数,在 LCD 局部区域内画一个矩形框,并且在矩形框中间显示"Hello! GD32 ^_^",如图 1-8 所示。

任务 2:

尝试自行编写画虚线函数,并利用 LCD 驱动中的其他 API 函数,在 LCD 上绘制一个正方体,如图 1-9 所示。

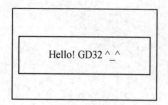

Hello! GD32 ^_^

图 1-8　本章任务 1 显示效果图

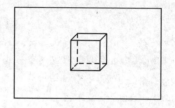

图 1-9　本章任务 2 显示效果图

本章习题

1. 简述 LCD 的分类,并查阅资料了解不同类型 LCD 之间的区别。

2. RGB565 和 ARGB8888 格式的区别是什么? 如何将 RGB565 转化为 ARGB8888 格式?

3. 简述 LCD 的驱动流程。

4. 简述 TLI 和 IPA 的关系。

5. 简述显存缓冲区首地址的计算方法。

第 2 章 触摸屏实验

触摸屏在日常生活中应用广泛,例如在手机、平板电脑等电子设备上都有使用,触摸屏能够减少机械按键的使用,提高设备的便携性和交互性。本章将学习 GD32F4 蓝莓派开发板上的触摸屏原理,并基于触摸屏实现模拟手写板的功能。

2.1 实验内容

本章的主要内容是学习 GD32F4 蓝莓派开发板上的触摸屏模块原理图,了解触摸屏检测原理和 GT1151Q 芯片的工作原理。最后基于开发板上的触摸屏设计一个可同时支持 5 点触控的手写板,当手指在屏幕上划动时,能够实时显示划动轨迹并通过 GUI 控件将手指触控的坐标显示在屏幕上,且当多点触控时,每条轨迹都将通过不同的颜色表示。

2.2 实验原理

2.2.1 触摸屏分类

触摸屏可分为电阻式触摸屏和电容式触摸屏,两种触摸屏的应用范围与其特点有关。电阻式触摸屏具有精确度高、成本低和稳定性好等优点,但其缺点是表面易划破、透光性不好,且不支持多点触控,通常只应用在一些需要精确控制或对使用环境要求较高的情况下,如工厂车间的工控设备等。与电阻式触摸屏不同,电容式触摸屏支持多点触控、透光性好,且无需校准,广泛应用于智能手机、平板电脑等便携式电子设备中。

电容式触摸屏按照工作原理不同,可分为表面电容式触摸屏和投射式触摸屏。表面电容式触摸屏一般不透光,常用于非显示领域,如笔记本电脑的触控板。投射式触摸屏能够透光,多用于显示领域,GD32F4 蓝莓派开发板上的 LCD 显示模块配套的触摸屏即为投射式触摸屏,因此本章主要基于投射式触摸屏的工作原理进行介绍。

2.2.2 投射式触摸屏工作原理

1.触摸屏的组成结构

投射式触摸屏在结构上主要由 3 部分组成,如图 2-1 所示,从上到下分别为保护玻璃、ITO 面板和基板。触摸屏的顶部是保护玻璃,为手指直接接触的地方,具有保护内部结构的作用。中间的 ITO 面板是触摸屏的核心部件,ITO 是氧化铟锡的缩写,它是一种同时具有导电性和透光性的材料。底部的基板在支撑以上结构的同时与 ITO 面板连接,一起构成触摸检测电路。另外,基板上还带有与触摸屏控制芯片连接的接口,ITO 面板检测到的电平变化能够转换成数据发送到触摸屏控制芯片中进行处理。

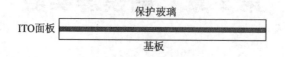

图 2-1　投射式触摸屏的结构

2. 检测手指坐标的原理

触摸屏按照检测原理可以分为交互电容型和自我电容型两种,交互电容型投射式触摸屏的 ITO 面板具有特殊结构,为横纵两列菱形交错排列的网状结构(为了区分明显,示意图为黑白双色,实际的 ITO 面板为透明结构),如图 2-2 所示。交互电容型投射式触摸屏的 ITO 面板的 XY 轴两组电极之间彼此结合组成电容,如图 2-2(d)所示。X 轴和 Y 轴的通道数决定了电容触摸屏的精度和分辨率,XY 轴之间的电容位置决定了 XY 的坐标。这一点和自我电容型触摸屏不同,自我电容型触摸屏虽然也有 XY 轴两组电极,但是彼此之间是与地构成的电容,因此两者检测手指坐标的原理也不同。GD32F4 蓝莓派开发板上板载的触摸屏属于交互电容型投射式触摸屏。

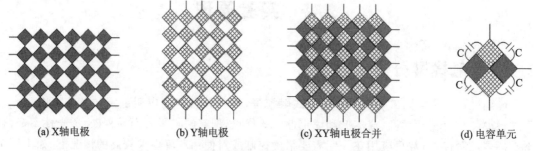

(a) X轴电极　　　　(b) Y轴电极　　　　(c) XY轴电极合并　　　　(d) 电容单元

图 2-2　ITO 面板结构

交互电容型投射式触摸屏的 ITO 面板 XY 轴之间的电容位置代表了触摸屏的实际坐标,控制芯片通过检测电容的充电时间来确定是否有手指按下。和电容按键原理类似,ITO 面板成型出厂后的阻容特性是固定的,因此 XY 电极之间的电容量和充电时间也是固定的。当用手指触碰屏幕时,XY 电极间的电容量会改变。检测触点坐标时,第 1 条 X 轴的电极发出激励信号,所有 Y 轴的电极同时接收到信号,触摸屏控制芯片通过检测交互电容的充电时间可检测出各条 Y 轴与第 1 条 X 轴相交的交互电容的大小。接着各条 X 轴依次发出激励信号,Y 轴重复上述步骤,即可得到整个触摸屏二维平面的所有电容大小。根据得到的触摸屏电容量变化的二维数据表,可以得知每个触摸点的坐标。

2.2.3　GT1151Q 芯片

触摸屏控制芯片的作用为检测 ITO 面板电极之间电容的变化,从而得到手指按压的具体坐标,同时将这些坐标和状态信息进行编码,并保存在芯片内部相应的寄存器内,供微控制器读取和调用。开发板配套触摸屏使用的控制芯片型号为 GT1151Q,触摸扫描频率为 120 Hz,检测通道有 16 个驱动通道和 29 个感应通道,这两种通道分别对应 ITO 面板的 X 轴和 Y 轴电极数,数字越大表示检测坐标的精度越高。GT1151Q 最高支持 10 点触控,如图 2-3 所示为 GT1151Q 芯片的引脚图。

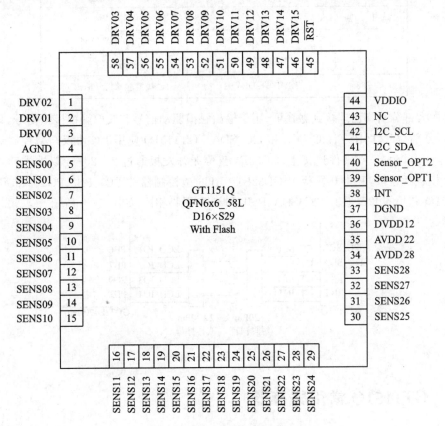

图 2-3　GT1151Q 芯片引脚图

GT1151Q 芯片共有 58 个引脚,引脚功能描述如表 2-1 所列。

表 2-1　GT1151Q 芯片引脚功能描述

引脚号	名　称	功能描述
1～3	DRV02～DRV00	触摸驱动信号输出
4	AGND	模拟地
5～33	SENS00～SENS28	触摸模拟信号输入
34	AVDD28	模拟电压输入
35	AVDD22	LDO 输出
36	DVDD12	LDO 输出
37	DGND	数字地
38	INT	中断信号
39、40	Sensor_OPT1、Sensor_OPT2	模组识别口

续表 2 – 1

引脚号	名　称	功能描述
41	I2C_SDA	I^2C 数据信号
42	I2C_SCL	I^2C 时钟信号
43	NC	
44	VDDIO	GPIO 电平控制
45	$\overline{RST}$	系统复位脚
46～58	DRV15～DRV03	触摸驱动信号输出

芯片的大部分引脚已连接到触摸屏,用于输出触摸驱动信号和获取触摸模拟信号,只有 4 个引脚引出,分别为 INT、$\overline{RST}$、I2C_SCL 和 I2C_SDA。GT1151Q 使用 I^2C 协议与微控制器进行通信,器件地址为 0x14。在硬件连接上,GD32F4 蓝莓派开发板通过 2×20Pin 双排排针和排母与LCD 显示模块板连接,其中开发板上 GD32F470IIH6 微控制器的 PB6、PB7、PG9、PE3 引脚分别与 GT1151Q 芯片的 I2C_SCL、I2C_SDA、$\overline{RST}$ 和 INT 引脚相连,如图 2 – 4 所示。

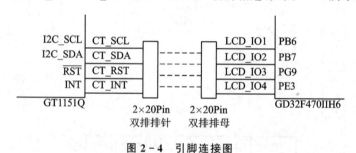

图 2 – 4　引脚连接图

2.2.4　GT1151Q 常用寄存器

下面简要介绍基于 GT1151Q 芯片进行程序开发时常用到的几个寄存器。

1. 控制寄存器(0x8040)

通过向 GT1151Q 中的控制寄存器写入不同的值,可以实现相应的操作。具体功能如表 2 – 2 所列。

表 2 – 2　控制寄存器

地　址	名　称	Bit7	Bit6	Bit5	Bit4	Bit3	Bit2	Bit1	Bit0
0x8040	Command	0x00:读坐标状态;0x01、0x02:差值原始值; 0x03:基准更新(内部测试);0x04:基准校验(内部测试);0x05:关屏; 0x06:进入充电模式;0x07:退出充电模式;0x08:进入手势唤醒模式; 0x0b:手模式(不支持弱信号);0x0c:自动模式(自动切换手和手套); 0x31:保存自定义手势模板;0x35:清空触控 IC 中保存的手势模板信息; 0x36:删除某个手势模板;0x37:查询手势模板信息; 0xaa:ESD 保护机制使用,由驱动定时写入 aa 并定时读取检查							

2. 配置寄存器(0x8050～0x813E)

GT1151Q 共有 239 个配置寄存器,如表 2 - 3 所列,用于设置和保存配置,通常芯片在出厂时已配置完成,实验中不需要进行修改。如果需要配置相应的参数,需要注意以下 4 个寄存器:①0x8050 寄存器用于指示配置文件的版本号,程序写入的版本号必须高于 GT1151Q 本地保存的版本号,才可以更新配置。②0x813C 和 0x813D 寄存器用于存储累加和校验。③0x813E 用于确定是否已更新配置。

表 2 - 3　配置寄存器

地　址	名　　称	Bit7	Bit6	Bit5	Bit4	Bit3	Bit2	Bit1	Bit0
0x8050	Config_Version	Bit7 为是否固化标记(0:普通;1:固化),Bit0～Bit6 为对应的版本号							
0x8051～0x813B		配置内容							
0x813C	Config_Chksum_H	配置信息 16 位累加和校验(大端模式:高位存入低地址)							
0x813D	Config_Chksum_L								
0x813E	Config_Fresh	配置已更新标记(主控在此写入 1)							

3. 产品 ID 寄存器(0x8140)

产品 ID 寄存器共有 4 个,本实验只用到其中一个,如表 2 - 4 所列,直接使用 I²C 总线读取该寄存器即可获得 ASCII 编码的 ID 值。

表 2 - 4　产品 ID 寄存器

地　址	读/写	Bit7	Bit6	Bit5	Bit4	Bit3	Bit2	Bit1	Bit0
0x8140	读	产品 ID(首字节,ASCII 码)							

4. 状态寄存器(0x814E)

状态寄存器用于保存手指触摸状态,即触点数目,如表 2 - 5 所列,状态寄存器需要关注 Bit7 和 Bit0～Bit3,Bit7 为标志位,当有手指按下时该位为 1(**注意:此位不会自动清零**)。Bit0～Bit3 用于保存有效触点的个数,范围是 0～10,表示触控点的数目。

表 2 - 5　状态寄存器

地　址	读/写	Bit7	Bit6	Bit5	Bit4	Bit3	Bit2	Bit1	Bit0
0x814E	可读可写	缓冲区状态	Large Detect	保留	Have Key	触点数目			

5. 坐标寄存器(0x8150、0x8158、0x8160、0x8168、0x8170 等)

坐标寄存器用于保存触点的坐标数据,GT1151Q 芯片共有 60 个坐标寄存器,每个点的坐标数据分别由 6 个寄存器保存,最多可同时支持 10 个触点的坐标数据的保存。X 和 Y 坐标分别由 2 个寄存器保存各自的坐标值,其余 2 个寄存器用于计算 XY 坐标的数据大小。下面以点 1 为例介绍数据存储的基本原理。如表 2-6 所列,地址 0x8150 和 0x8151 中存储的是点 1 的 X 坐标值,数据量为 16 位,分为高 8 位和低 8 位存储。Y 坐标值同理,地址 0x8154 和 0x8155 中存储的是点 1 的数据大小。

表 2-6 坐标寄存器

地 址	读/写	Bit7	Bit6	Bit5	Bit4	Bit3	Bit2	Bit1	Bit0
0x8150	读	点 1 的 X 坐标数据(低字节)							
0x8151	读	点 1 的 X 坐标数据(高字节)							
0x8152	读	点 1 的 Y 坐标数据(低字节)							
0x8153	读	点 1 的 Y 坐标数据(高字节)							
0x8154	读	点 1 数据大小(低字节)							
0x8155	读	点 1 数据大小(高字节)							

2.3 实验代码解析

2.3.1 GT1151Q 文件对

1. GT1151Q.h 文件

在 GT1151Q.h 文件的"宏定义"区,定义了 8 个常量,如程序清单 2-1 所示。
① 第 1~9 行代码:本实验使用到的 GT1151Q 芯片的相关寄存器。
② 第 12 行代码:GT1151Q 芯片的设备地址。

程序清单 2-1

```
1.   #define GT1151Q_CTRL_REG    0x8040      //GT1151Q 控制寄存器
2.   …
3.
4.   #define GT1151Q_GSTID_REG   0x814E      //GT1151Q 当前检测到的触摸情况
5.   #define GT1151Q_TP1_REG     0x8150      //第 1 个触摸点的数据地址
6.   #define GT1151Q_TP2_REG     0x8158      //第 2 个触摸点的数据地址
7.   #define GT1151Q_TP3_REG     0x8160      //第 3 个触摸点的数据地址
8.   #define GT1151Q_TP4_REG     0x8168      //第 4 个触摸点的数据地址
9.   #define GT1151Q_TP5_REG     0x8170      //第 5 个触摸点的数据地址
10.
11.  //I²C 设备地址(含最低位)
12.  #define GT1151Q_DEVICE_ADDR 0x28
```

在"API 函数声明"区,声明了 2 个 API 函数,如程序清单 2-2 所示。InitGT1151Q 函数用于初始化 GT1151Q 芯片。ScanGT1151Q 函数用于扫描触摸点数。

程序清单 2-2

```
void InitGT1151Q(void);                    //初始化 GT1151Q 触摸屏驱动模块
void ScanGT1151Q(StructTouchDev * dev);    //触屏扫描
```

2. GT1151Q. c 文件

在 GT1151Q. c 文件的"内部变量"区,声明了 1 个 I^{2}C 结构体,如程序清单 2－3 所示。

程序清单 2－3

```
static StructIICCommonDev s_structIICDev; //I²C 通信设备结构体
```

在"内部函数声明"区,声明了 1 个内部函数,如程序清单 2－4 所示,ConfigGT1151QGPIO 函数用于初始化连接到 GT1151Q 芯片的 GPIO。

程序清单 2－4

```
static  void  ConfigGT1151QGPIO(void);  //配置 GT1151Q 的 GPIO
```

在"内部函数实现"区,首先实现了 ConfigGT1151QGPIO 函数,如程序清单 2－5 所示。该函数通过调用 GPIO 相关库函数配置连接到 GT1151Q 芯片的部分 GPIO,即 PB6、PB7 和 PG9。

程序清单 2－5

```
1.    static void ConfigGT1151QGPIO(void)
2.    {
3.        //使能 RCU 相关时钟
4.        rcu_periph_clock_enable(RCU_GPIOB);   //使能 GPIOB 的时钟
5.
6.        //SCL
7.        gpio_mode_set(GPIOB, GPIO_MODE_OUTPUT, GPIO_PUPD_PULLUP, GPIO_PIN_6);        //上拉输出
8.        gpio_output_options_set(GPIOB, GPIO_OTYPE_PP, GPIO_OSPEED_MAX,GPIO_PIN_6); //推挽输出
9.        gpio_bit_set(GPIOB, GPIO_PIN_6);                                            //拉高 SCL
10.
11.       //SDA
12.       gpio_mode_set(GPIOB, GPIO_MODE_OUTPUT, GPIO_PUPD_PULLUP, GPIO_PIN_7);        //上拉输出
13.       gpio_output_options_set(GPIOB, GPIO_OTYPE_PP, GPIO_OSPEED_MAX,GPIO_PIN_7); //推挽输出
14.       gpio_bit_set(GPIOB, GPIO_PIN_7);                                            //拉高 SDA
15.
16.       //RST,低电平有效
17.       gpio_mode_set(GPIOG, GPIO_MODE_OUTPUT, GPIO_PUPD_PULLUP, GPIO_PIN_9);        //上拉输出
18.       gpio_output_options_set(GPIOG, GPIO_OTYPE_PP, GPIO_OSPEED_MAX,GPIO_PIN_9); //推挽输出
19.       gpio_bit_reset(GPIOG, GPIO_PIN_9);                            //将 RST 默认状态设置为拉低
20.    }
```

在 ConfigGT1151QGPIO 函数实现区后为 ConfigGT1151QAddr 函数的实现代码,该函数用于配置 GT1151Q 的设备地址。

在 ConfigGT1151QAddr 函数实现区后为 ConfigSDAMode、SetSCL、SetSDA、GetSDA 和 Delay 函数的实现代码。这些内部函数对应 IICCommon. h 文件中 StructIICCommonDev 结构体定义的函数指针。ConfigSDAMode 函数用于配置 SDA 模式为输入或输出,SetSCL 函数用于控制 I^{2}C 时钟信号线 SCL,SetSDA 函数用于控制 I^{2}C 数据信号线 SDA,GetSDA 函数用于获取 SDA 输入电平,Delay 函数用于 I^{2}C 时序的延时。下面以 ConfigSDAMode 函数为例进行介绍,如程序清单 2－6 所示。ConfigSDAMode 函数仅有一个输入参数 mode,根据 mode

的值配置 SDA 数据线为输入或输出。

程序清单 2 - 6

```
1.   static void ConfigSDAMode(u8 mode)
2.   {
3.     rcu_periph_clock_enable(RCU_GPIOB);    //使能 GPIOB 的时钟
4.
5.     //配置成输出
6.     if(IIC_COMMON_OUTPUT == mode)
7.     {
8.       gpio_mode_set(GPIOB, GPIO_MODE_OUTPUT, GPIO_PUPD_PULLUP, GPIO_PIN_7);          //上拉输出
9.       gpio_output_options_set(GPIOB, GPIO_OTYPE_PP, GPIO_OSPEED_MAX,GPIO_PIN_7);  //推挽输出
10.    }
11.
12.    //配置成输入
13.    else if(IIC_COMMON_INPUT == mode)
14.    {
15.      gpio_mode_set(GPIOB, GPIO_MODE_INPUT, GPIO_PUPD_PULLUP, GPIO_PIN_7);          //上拉输入
16.    }
17.  }
```

在"API 函数实现"区,首先实现的是 InitGT1151Q 函数,如程序清单 2 - 7 所示。

① 第 6 行代码:通过 ConfigGT1151QGPIO 函数配置所要使用的 GPIO。

② 第 12～17 行代码:初始化 I^2C 结构体。

③ 第 23～31 行代码:读取芯片 ID 并通过串口打印。

程序清单 2 - 7

```
1.   void InitGT1151Q(void)
2.   {
3.     u8 id[5];
4.
5.     //配置 GT1151Q 的 GPIO
6.     ConfigGT1151QGPIO();
7.
8.     //配置 GT1151Q 的设备地址为 0x28/0x29
9.     ConfigGT1151QAddr();
10.
11.    //配置 I²C
12.    s_structIICDev.deviceID     = GT1151Q_DEVICE_ADDR;      //设备 ID
13.    s_structIICDev.SetSCL       = SetSCL;                    //设置 SCL 电平值
14.    s_structIICDev.SetSDA       = SetSDA;                    //设置 SDA 电平值
15.    s_structIICDev.GetSDA       = GetSDA;                    //获取 SDA 输入电平
16.    s_structIICDev.ConfigSDAMode = ConfigSDAMode;           //配置 SDA 输入/输出方向
17.    s_structIICDev.Delay        = Delay;                     //延时函数
18.
19.    //等待 GT1151Q 工作稳定
```

```
20.        DelayNms(100);
21.
22.        //读取产品 ID
23.        if(0 != IICCommonReadBytesEx(&s_structIICDev, GT1151Q_PID_REG, id, 4, IIC_COMMON_NACK))
24.        {
25.          printf("InitGT1151Q: Fail to get id\r\n");
26.          return;
27.        }
28.
29.        //打印产品 ID
30.        id[4] = 0;
31.        printf("Touch ID: %s\r\n", id);
32.    }
```

在 InitGT1151Q 函数实现区后为 ScanGT1151Q 函数的实现代码,如程序清单 2 - 8 所示。该函数以触摸屏设备结构体 StructTouchDev 为输入参数,用于记录触摸点数和坐标点数据。

① 第 10 行代码:使用 IICCommonReadBytesEx 函数读取 GT1151Q 芯片的状态寄存器,并将读到的点的个数保存在结构体中。

② 第 21 行代码:使用 for 循环获取 5 个点的坐标值。

③ 第 24~42 行代码:若检测到手指按下,则通过 IICCommonReadBytesEx 函数循环读取坐标寄存器的坐标值,并保存在结构体中。

④ 第 45~51 行代码:若状态寄存器检测到没有手指按下,则将结构体赋值为默认的无效值。

程序清单 2 - 8

```
1.     void ScanGT1151Q(StructTouchDev * dev)
2.     {
3.         static u16 s_arrRegAddr[5] = {GT1151Q_TP1_REG, GT1151Q_TP2_REG, GT1151Q_TP3_REG, GT1151Q_TP4_
           REG, GT1151Q_TP5_REG};
4.         u8  regValue;
5.         u8  buf[6];
6.         u8  i;
7.         u16 swap;
8.
9.         //读取状态寄存器
10.        IICCommonReadBytesEx(&s_structIICDev, GT1151Q_GSTID_REG, &regValue, 1, IIC_COMMON_NACK);
11.        regValue = regValue & 0x0F;
12.
13.        //记录触摸点个数
14.        dev ->pointNum = regValue;
15.
16.        //清除状态寄存器
17.        regValue = 0;
18.        IICCommonWriteBytesEx(&s_structIICDev, GT1151Q_GSTID_REG, &regValue, 1);
```

```
19.
20.    //循环获取 5 个触摸点数据
21.    for(i = 0; i < 5; i++)
22.    {
23.      //检测到触点
24.      if(dev->pointNum >= (i + 1))
25.      {
26.        IICCommonReadBytesEx(&s_structIICDev, s_arrRegAddr[i], buf, 6, IIC_COMMON_NACK);
27.        dev->point[i].x    = (buf[1] << 8) | buf[0];
28.        dev->point[i].y    = (buf[3] << 8) | buf[2];
29.        dev->point[i].size = (buf[5] << 8) | buf[4];
30.
31.        //横屏坐标转换
32.        if(1 == s_structLCDDev.dir)
33.        {
34.          swap               = dev->point[i].x;
35.          dev->point[i].x = dev->point[i].y;
36.          dev->point[i].y = swap;
37.          dev->point[i].x = 800 - dev->point[i].x;
38.        }
39.
40.        //标记触摸点按下
41.        dev->pointFlag[i] = 1;
42.      }
43.
44.      //未检测到触点
45.      else
46.      {
47.        dev->pointFlag[i] = 0;         //未检测到
48.        dev->point[i].x    = 0xFFFF;   //无效值
49.        dev->point[i].y    = 0xFFFF;   //无效值
50.      }
51.    }
52.  }
```

2.3.2 Touch 文件对

1. Touch.h 文件

在 Touch.h 文件的"宏定义"区,定义常量 POINT_NUM_MAX 为触摸点的最大数量,如程序清单 2-9 所示。

程序清单 2-9

```
#define POINT_NUM_MAX 5 //触摸点最大数量
```

在"枚举结构体"区,声明了 2 个结构体,如程序清单 2-10 所示。

① 第 2～7 行代码:声明了 StructTouchPoint 结构体,用于存储触摸点的坐标数据。

② 第 10～15 行代码:声明了 StructTouchDev 结构体,用于存储触摸点数和触摸状态。

程序清单 2-10

```
1.   //坐标点
2.   typedef struct
3.   {
4.     u16 x;      //横坐标,0xFFFF 表示无效值
5.     u16 y;      //纵坐标,0xFFFF 表示无效值
6.     u16 size;  //触点大小
7.   }StructTouchPoint;

9.   //触摸屏设备结构体
10.  typedef struct
11.  {
12.    u8      pointNum;                    //触摸点数,最多支持 POINT_NUM_MAX 个触摸点
13.    u8      pointFlag[POINT_NUM_MAX];   //触摸点按下标志位,1:触摸点按下,0:未检测到触摸点按下
14.    StructTouchPoint point[POINT_NUM_MAX];   //坐标点数据
15.  }StructTouchDev;
```

在"API 函数声明"区,声明了 3 个 API 函数,如程序清单 2-11 所示,InitTouch 函数用于初始化触摸屏检测驱动模块,ScanTouch 函数用于进行触屏扫描,GetTouchDev 函数用于获取触摸设备的结构体。

程序清单 2-11

```
void InitTouch(void);            //初始化触摸屏检测驱动模块
u8   ScanTouch(void);            //触屏扫描
StructTouchDev * GetTouchDev(void);  //获取触摸设备的结构体
```

2. Touch.c 文件

在 Touch.c 文件的"宏定义"区,定义了 1 个常量 DIFFERENCE_MAX,如程序清单 2-12 所示,表示坐标点之间差值的最大值,用于准确判断触点个数。

程序清单 2-12

```
#define DIFFERENCE_MAX 75      //坐标点之间差值最大值
```

在"内部变量"区,声明了 1 个触摸设备结构体,如程序清单 2-13 所示。

程序清单 2-13

```
static StructTouchDev s_structTouchDev;
```

在"内部函数声明"区,声明了 1 个内部函数,如程序清单 2-14 所示,Abs 函数用于计算两数之差的绝对值。

程序清单 2-14

```
static u16 Abs(u16 a, u16 b);  //计算两数之差绝对值
```

在"内部函数实现"区,为 Abs 函数的实现代码,如程序清单 2-15 所示。

程序清单 2 – 15

```
1.    static u16 Abs(u16 a, u16 b)
2.    {
3.      if(a > b)
4.      {
5.        return (a - b);
6.      }
7.      else
8.      {
9.        return (b - a);
10.     }
11.   }
```

在"API 函数实现"区,首先实现了 InitTouch 函数,如程序清单 2 – 16 所示,该函数用于初始化触摸设备。

① 第 6 行代码:通过调用 InitGT1151Q 函数来初始化触摸控制芯片 GT1151Q。

② 第 9～16 行代码:对触摸设备结构体 s_structTouchDev 的参数进行初始化操作。

程序清单 2 – 16

```
1.    void InitTouch(void)
2.    {
3.      u8 i;
4.
5.      //初始化 GT1151Q 触摸屏驱动模块
6.      InitGT1151Q();
7.
8.      //初始化 s_structTouchDev 结构体
9.      s_structTouchDev.pointNum = 0;
10.     for(i = 0; i < POINT_NUM_MAX; i++)
11.     {
12.       s_structTouchDev.pointFlag[i] = 0;
13.       s_structTouchDev.point[i].x = 0xFFFF;
14.       s_structTouchDev.point[i].y = 0xFFFF;
15.       s_structTouchDev.point[i].size = 0;
16.     }
17.   }
```

在 InitTouch 函数实现区后为 ScanTouch 函数的实现代码,如程序清单 2 – 17 所示,该函数用于扫描触摸屏。

① 第 10～13 行代码:清空标志位,使设备恢复初始状态。

② 第 16 行代码:通过 ScanGT1151Q 函数获取当前触摸屏的检测结果,包括触摸点数和每个点的坐标,并将结果更新到结构体 s_structNewDev 中。

③ 第 22～109 行代码:进行两次判断,判断触点是新触点还是未触碰状态。根据前面的宏定义 DIFFERENCE_MAX 来判断,当两个触点之间的距离小于 DIFFERENCE_MAX 时,则视为同一个点,否则为新触点。

④ 第 111 行代码:将当前扫描的触点个数作为返回值返回。

```
1.    u8 ScanTouch(void)
2.    {
3.        static StructTouchDev s_structNewDev;          //当前触摸屏扫描结果
4.        u8 i, j;                                        //循环变量
5.        u16 x0, y0, x1, y1;                             //坐标变量
6.        u8 hasSimilarity;                               //查找到相似点标志位,0:无相似点,1:有相似点
7.        u8 hasClearFlag[POINT_NUM_MAX];                 //已清除标志位
8.
9.        //清空 hasClearFlag
10.       for(i = 0; i < POINT_NUM_MAX; i++)
11.       {
12.           hasClearFlag[i] = 0;
13.       }
14.
15.       //获取当前触摸屏检测结果
16.       ScanGT1151Q(&s_structNewDev);
17.
18.       //更新触摸点个数
19.       s_structTouchDev.pointNum = s_structNewDev.pointNum;
20.
21.       //第一遍,查看 s_structNewDev 中有没有 s_structTouchDev 的相似点,若有则更新该点,否则标记
          //s_structTouchDev 该点未触碰
22.       for(i = 0; i < POINT_NUM_MAX; i++)
23.       {
24.           if(1 == s_structTouchDev.pointFlag[i])
25.           {
26.               //默认未查找到相似点
27.               hasSimilarity = 0;
28.               for(j = 0; j < POINT_NUM_MAX; j++)
29.               {
30.                   if(1 == s_structNewDev.pointFlag[j])
31.                   {
32.                       x0 = s_structTouchDev.point[i].x;
33.                       y0 = s_structTouchDev.point[i].y;
34.                       x1 = s_structNewDev.point[j].x;
35.                       y1 = s_structNewDev.point[j].y;
36.
37.                       //查找到相似点
38.                       if((Abs(x0, x1) <= DIFFERENCE_MAX) && (Abs(y0, y1) <= DIFFERENCE_MAX))
39.                       {
40.                           //标记查找到相似点
41.                           hasSimilarity = 1;
42.
43.                           //保存测量结果
```

```
44.                s_structTouchDev.point[i].x = s_structNewDev.point[j].x;
45.                s_structTouchDev.point[i].y = s_structNewDev.point[j].y;
46.                s_structTouchDev.point[i].size = s_structNewDev.point[j].size;
47.                s_structTouchDev.pointFlag[i]   = 1;
48.
49.                //跳出循环
50.                break;
51.              }
52.            }
53.          }
54.
55.          //未在 s_structNewDev 中发现当前 s_structTouchDev 相似点,则标记当前点未触碰
56.          if(0 == hasSimilarity)
57.          {
58.            //标记当前点未触碰
59.            s_structTouchDev.pointFlag[i] = 0;
60.
61.            //标记该点清零过
62.            hasClearFlag[i] = 1;
63.          }
64.        }
65.      }
66.
67.      //第二遍,查看 s_structTouchDev 中有无 s_structNewDev 相似点,若没有则表示这是一个新触点,
          //将新触点保存到 s_structTouchDev 中
68.      for(i = 0; i < POINT_NUM_MAX; i++)
69.      {
70.        if(1 == s_structNewDev.pointFlag[i])
71.        {
72.          //默认未找到相似点
73.          hasSimilarity = 0;
74.          for(j = 0; j < POINT_NUM_MAX; j++)
75.          {
76.            if(1 == s_structTouchDev.pointFlag[j])
77.            {
78.              x0 = s_structNewDev.point[i].x;
79.              y0 = s_structNewDev.point[i].y;
80.              x1 = s_structTouchDev.point[j].x;
81.              y1 = s_structTouchDev.point[j].y;
82.
83.              //查找到相似点
84.              if((Abs(x0, x1) <= DIFFERENCE_MAX) && (Abs(y0, y1) <= DIFFERENCE_MAX))
85.              {
86.                hasSimilarity = 1;
87.                break;
```

```
88.                    }
89.                 }
90.             }
91.
92.             //若未发现相似点,则表明这是新触点,将新触点保存到 s_structTouchDev 中
93.             if(0 == hasSimilarity)
94.             {
95.                 //查找空的位置并填入
96.                 for(j = 0; j < POINT_NUM_MAX; j++)
97.                 {
98.                     if((0 == s_structTouchDev.pointFlag[j]) && (0 == hasClearFlag[j]))
99.                     {
100.                        s_structTouchDev.point[j].x = s_structNewDev.point[i].x;
101.                        s_structTouchDev.point[j].y = s_structNewDev.point[i].y;
102.                        s_structTouchDev.point[j].size = s_structNewDev.point[i].size;
103.                        s_structTouchDev.pointFlag[j] = 1;
104.                        break;
105.                    }
106.                }
107.            }
108.        }
109.    }
110.
111.    return s_structTouchDev.pointNum;
112. }
```

在 ScanTouch 函数实现区后为 GetTouchDev 函数的实现代码,如程序清单 2-18 所示,该函数用于获取触摸按键设备结构体地址。

程序清单 2-18

```
1.   StructTouchDev * GetTouchDev(void)
2.   {
3.     return &s_structTouchDev;
4.   }
```

2.3.3　Canvas 文件对

1. Canvas.h 文件

在 Canvas.h 文件的"API 函数声明"区,声明了 2 个 API 函数,如程序清单 2-19 所示,InitCanvas 函数用于初始化画布,CanvasTask 函数用于创建画布任务。

程序清单 2-19

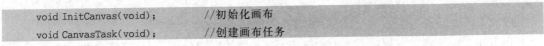

```
void InitCanvas(void);          //初始化画布
void CanvasTask(void);          //创建画布任务
```

2. Canvas.c 文件

在 Canvas.c 文件的"内部变量"区,声明了 3 个内部静态变量,如程序清单 2 - 20 所示,s_arrLineColor 用于控制线条颜色,s_arrText 用于显示文本,s_pTouchDev 用于保存触点数目和触点坐标信息。

程序清单 2 - 20

```
1.  //线条颜色
2.  static const u16 s_arrLineColor[5] = {LCD_COLOR_YELLOW, LCD_COLOR_GREEN, LCD_COLOR_BLUE,
    LCD_COLOR_CYAN, LCD_COLOR_RED};
3.  static StructTextWidget s_arrText[5];          //text 控件,显示坐标信息
4.  static StructTouchDev * s_pTouchDev;           //触摸屏扫描结果
```

在"内部函数声明"区,声明了 3 个内部静态函数,如程序清单 2 - 21 所示,DrawPoint 函数用于绘制实心圆,DrawLine 函数用于绘制直线,DisplayBackground 函数用于显示背景图片。

程序清单 2 - 21

```
static void DrawPoint(u16 x0,u16 y0, u16 r, u16 color);          //绘制实心圆
static void DrawLine(u16 x0, u16 y0, u16 x1, u16 y1, u16 size, u16 color);  //绘制直线
static void DisplayBackground(void);                            //绘制背景
```

在"API 函数实现"区,首先实现了 InitCanvas 函数,如程序清单 2 - 22 所示。

① 第 4~5 行代码:通过 LCDDisplayDir 和 LCDClear 函数设置 LCD 的显示方式。

② 第 8 行代码:通过背景绘制函数 DisplayBackground 显示蓝色背景图片。

③ 第 11 行代码:通过 CreateText 函数绘制面板中的文本控件,用于显示触点的坐标。

④ 第 14 行代码:通过 GetTouchDev 函数获取触摸屏扫描设备结构体地址,从而获取触点数目和触点坐标。

程序清单 2 - 22

```
1.   void InitCanvas(void)
2.   {
3.     //LCD 横屏显示
4.     LCDDisplayDir(LCD_SCREEN_HORIZONTAL);
5.     LCDClear(LCD_COLOR_WHITE);
6.
7.     //绘制背景
8.     DisplayBackground();
9.
10.    //创建 text 控件
11.    CreateText();
12.
13.    //获取触摸屏扫描设备结构体地址
14.    s_pTouchDev = GetTouchDev();
15.  }
```

在 InitCanvas 函数实现区后为 CanvasTask 函数的实现代码,如程序清单 2 - 23 所示。

① 第 11 行代码:for 循环用于循环检测触点,并在屏幕上画线。

② 第 14 行代码:判断是否有手指按下,若有则将触点的坐标数据通过第 20 行代码的 setText 函数显示在坐标显示区。

③ 第 42~81 行代码:通过 DrawPoint 画点函数画出触摸到的第一个点,当触点坐标变化的时候,通过画线函数 DrawLine 将前后两个坐标点进行连接。随着手指划动,触点坐标不断变化,重复上述过程即可完成画轨迹操作。

程序清单 2-23

```
1.    void CanvasTask(void)
2.    {
3.        static char              s_arrString[20]    = {0};              //字符串转换缓冲区
4.        static u8                s_arrFirstFlag[5] = {1, 1, 1, 1, 1};  //标记线条是否已经开始绘制
5.        static StructTouchPoint s_arrLastPoints[5];                    //上一个点的坐标
6.
7.        u8   i;
8.        u16 x0, y0, x1, y1, size, color;
9.
10.       //循环绘制 5 根线
11.       for(i = 0; i < 5; i++)
12.       {
13.           //检测到按下
14.           if(1 == s_pTouchDev->pointFlag[i])
15.           {
16.               //字符串转换
17.               sprintf(s_arrString, "%d, %d", s_pTouchDev->point[i].x, s_pTouchDev->point[i].y);
18.
19.               //更新到 text 显示
20.               s_arrText[i].setText(&s_arrText[i], s_arrString);
21.
22.               //获得起点终点坐标、颜色和触点大小
23.               x0     = s_arrLastPoints[i].x;
24.               y0     = s_arrLastPoints[i].y;
25.               x1     = s_pTouchDev->point[i].x;
26.               y1     = s_pTouchDev->point[i].y;
27.               color = s_arrLineColor[i];
28.               size  = s_pTouchDev->point[i].size;
29.
30.               //触点太大,需要缩小处理
31.               size = size / 5;
32.               if(0 == size)
33.               {
34.                   size = 1;
35.               }
36.               else if(size > 15)
37.               {
38.                   size = 15;
39.               }
40.
41.               //线条第一个点用画点方式
```

```
42.          if(1 == s_arrFirstFlag[i])
43.          {
44.              //标记线条已经开始绘制
45.              s_arrFirstFlag[i] = 0;
46.
47.              //画点
48.              if(y0 > (90 + size))
49.              {
50.                  DrawPoint(x0, y0, size, color);
51.              }
52.
53.              //越界
54.              else
55.              {
56.                  //标记该线条未开始绘制
57.                  s_arrFirstFlag[i] = 1;
58.              }
59.          }
60.
61.          //后边的用画线方式
62.          else
63.          {
64.              //画线
65.              if((y0 > (90 + size)) && (y1 > (90 + size)))
66.              {
67.                  DrawLine(x0, y0, x1, y1, size, color);
68.              }
69.
70.              //越界
71.              else
72.              {
73.                  //标记该线条未开始绘制
74.                  s_arrFirstFlag[i] = 1;
75.              }
76.          }
77.
78.          //保存当前位置,为画线做准备
79.          s_arrLastPoints[i].x = s_pTouchDev->point[i].x;
80.          s_arrLastPoints[i].y = s_pTouchDev->point[i].y;
81.      }
82.      else
83.      {
84.          //未检测到触点则清空显示
85.          s_arrText[i].setText(&s_arrText[i], "");
86.
87.          //标记该线条未开始绘制
88.          s_arrFirstFlag[i] = 1;
89.      }
90.  }
91. }
```

2.3.4　Main.c 文件

Proc1msTask 函数的实现代码如程序清单 2-24 所示,调用了 ScanTouch 和 CanvasTask 函数,实现每 20 ms 扫描一次触摸屏。

程序清单 2-24

```
1.   static  void  Proc1msTask(void)
2.   {
3.     static u8 s_iCnt = 0;
4.     if(Get1msFlag())
5.     {
6.       s_iCnt ++ ;
7.       if(s_iCnt >= 20)
8.       {
9.         ScanTouch();        //触摸屏扫描
10.        CanvasTask();       //画布任务
11.        s_iCnt = 0;
12.      }
13.      Clr1msFlag();
14.    }
15.  }
```

2.3.5　实验结果

下载程序并进行复位,可以看到 GD32F4 蓝莓派开发板的 LCD 屏上显示如图 2-5 所示的 GUI 界面,表示实验成功。此时可以使用手指在触摸屏上划动来绘制线条,并且支持多点触控,当使用多根手指同时触摸时线条的颜色会发生改变,同时,在界面上方会显示每个触摸点的具体坐标值。

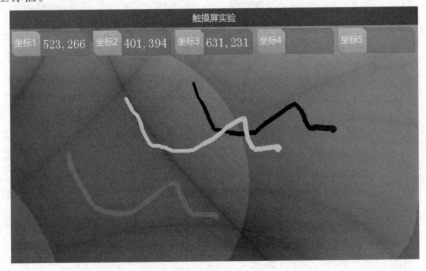

图 2-5　实验效果

本章任务

在本章实验中,通过 GD32F4 蓝莓派开发板上的 LCD 和触摸屏模块实现了手写板的功能。尝试通过 LCD 和触摸屏的 API 函数,实现在屏幕上的局部矩形区域内显示蓝色,将该区域模拟为触摸按键,当触摸按键未被按下时显示蓝色,按下时变为绿色。

本章习题

1. 简述触摸屏检测坐标的原理。
2. 简述电容式触摸屏的分类及应用场景。
3. IICCommon. c 文件与 GT1151Q. c 文件内的 I^2C 驱动函数是如何联系起来的?
4. LCD 显示的触点坐标范围是多少? 坐标原点在哪里?

第3章 内部温度与外部温湿度监测实验

温湿度作为最基本的环境因素,对日常生产和生活影响极大。各个行业对环境的温度和湿度都有一定的要求,尤其是在有高精度要求的仪器设备领域。在日常生活中,环境的温湿度更是影响着我们的方方面面,而有效的测量正是控制温湿度的关键。本章将基于 GD32F4 蓝莓派开发板实现对 CPU 内部温度和环境温湿度的监测。

3.1 实验内容

本章的主要内容是学习微控制器内部温度传感器和外部温湿度传感器 SHT20,了解 GD32F4 蓝莓派开发板上的 SHT20 电路,掌握 SHT20 与微控制器的通信方式以及外部温湿度的获取方法,最后基于开发板设计一个内部温度与外部温湿度监测实验,并将温湿度值显示在 LCD 屏上。

3.2 实验原理

3.2.1 内部温度模块

GD32F4 蓝莓派开发板上的 GD32F470IIH6 微控制器有一个内部温度传感器,可用于测量 CPU 周围的温度,根据《GD32F4xx 用户手册》中的 14.4.13 小节介绍,微控制器内部温度传感器的输出电压随温度呈线性变化,因此通过 ADC 将传感器的输出电压转换为数字量并经过计算后即可获取传感器测量到的温度值。由于温度变化曲线存在偏移,因此,该传感器更适合检测温度的变化而不是用于精确地测量温度值。

GD32F470IIH6 微控制器的内部温度传感器电压输出通道与 ADC0 的通道 16 相连,可通过将 ADC_SYNCCTL 寄存器的 TSVREN 位置 1 来使能该传感器,当不需要使用时,可对该位置 0 或复位使传感器处于掉电模式。

内部温度传感器使用过程如下:

① 配置温度传感器 ADC 通道的转换序列及采样时间。

② 将 ADC_SYNCCTL 寄存器的 TSVREN 位置 1 以使能传感器。

③ 将 ADC_CTL1 寄存器的 ADCON 位置 1,以开启 ADC。

④ 读取温度传感器 ADC 通道的值后,根据下面的公式计算出实际温度值:

$$T = [(V_{25} - V_T)/\text{Avg\_Slope}] + 25\ ℃$$

式中,V_{25} 为温度传感器在 25 ℃时的电压;Avg_Slope 为温度与传感器电压曲线的均值斜率。

GD32F470IIH6 微控制器的 $V_{25}=1.45$ V,Avg_Slope$=4.1$ mV/℃。

3.2.2 温湿度传感器 SHT20

SHT20 为温湿度传感器,该传感器配有 4C 代 CMOSens 芯片。除了配有电容式相对湿度传感器和能隙温度传感器外,该芯片还含有一个放大器、ADC、OTP 内存和数字处理单元。

SHT20 芯片在建议的工作范围内的性能较稳定,当长期暴露在该范围以外的条件时,信号会产生暂时性偏移,当恢复建议的工作条件后会触发校正状态并缓慢恢复。在不同温度下湿度测量的最大误差在 8% 以下。

3.2.3 SHT20 传感器电路

GD32F4 蓝莓派开发板上的 SHT20 电路原理图如图 3-1 所示,其中,传感器 SHT20 的 SCL、SDA 引脚分别与可被复用为 I^2C 接口功能的 PB6、PB7 引脚连接,在 VDD 和 VSS 引脚之间连接了 100 nF 的去耦电容,其功能为去除电源的高频噪声,并为该集成电路储能。

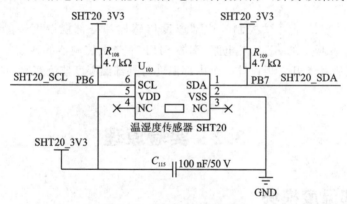

图 3-1 SHT20 电路原理图

3.2.4 SHT20 通信

由 SHT20 电路原理图可知,SHT20 传感器通过 I^2C 协议与微控制器进行数据通信。SHT20 有一个基本命令集,其中共有 7 条命令,如表 3-1 所列。

表 3-1 SHT20 基本命令集

命令代码	命令释义
1110 0011	触发温度测量(主机模式)
1110 0101	触发湿度测量(主机模式)
1111 0011	触发温度测量(从机模式)
1111 0101	触发湿度测量(从机模式)
1110 0110	写用户寄存器
1110 0111	读用户寄存器
1111 1110	软复位

以发送软复位命令为例,根据 I^2C 协议,微控制器首先将 7 位从机地址(100 0000)及 1 位写命令组合成 8 位数据"0x80",并通过 SDA 发送,等待 SHT20 应答后,发送对应的 8 位命令并得到应答信号,即可完成软复位命令的发送,如图 3-2 所示。

图 3-2　软复位命令发送

SHT20 传感器仅有一个 8 位用户寄存器,该寄存器中各个位的说明及默认值如表 3-2 所列。

表 3-2　用户寄存器

二进制位	说　明			默认值
7,0	测量分辨率			00
		RH	T	
	00	12 bit	14 bit	
	01	8 bit	12 bit	
	10	10 bit	13 bit	
	11	11 bit	11 bit	
6	电池状态 0:VDD>2.25 V 1:VDD<2.25 V			0
5,4,3	预留			
2	启动片上寄存器			0
1	关闭 OTP 重载			1

3.2.5　外部温湿度计算

如表 3-1 所列,发送响应代码即可触发相应的温湿度测量,发送命令并接收 SHT20 传感器返回的数据后,通过以下公式计算即可获取相应的温湿度值。

$$温度\ T = -46.85\ ℃ + 175.72 \times S_T/2^{16}$$

式中,S_T 为获取到的温度数据,T 的单位为℃。

$$湿度\ RH = -6 + 125 \times S_{RH}/2^{16}$$

式中,S_{RH} 为获取到的湿度数据,RH 的单位为%RH。

如表 3-2 所列,温湿度数据最大精度为 14 bit,因此获取的 2 字节数据中的最后两位(bit1 和 bit0)不包含在温湿度数据中,bit1 用于表示测量的类型(0 表示温度,1 表示湿度),

bit0 当前没有赋值,在进行相应计算时,应先将这两位清零。

3.3 实验代码解析

3.3.1 ADC 文件对

1. ADC.h 文件

在 ADC.h 文件的"API 函数声明"区,声明了 2 个 API 函数,如程序清单 3-1 所示。InitADC 函数用于初始化 ADC 模块,GetInTempADC 函数用于获取 CPU 温度的 ADC 转换结果。

程序清单 3-1

```
void InitADC(void);              //初始化 ADC 模块
u16  GetInTempADC(void);         //获取 CPU 温度的 ADC 转换结果
```

2. ADC.c 文件

在 ADC.c 文件的"内部函数声明"区,声明了内部函数 ConfigADC0,该函数用于配置对应的内部温度传感器 ADC 通道及内部参考电压 ADC 通道。

在"内部函数实现"区,为 ConfigADC0 函数的实现代码,如程序清单 3-2 所示,该函数完成了对内部温度传感器及内部参考电压通道相应的配置,并使能 ADC0 及 ADC0 校准。

程序清单 3-2

```
1.    static void ConfigADC0(void)
2.    {
3.        //配置 ADC 时钟
4.        adc_clock_config(ADC_ADCCK_PCLK2_DIV6);
5.
6.        //使能 RCU 相关时钟
7.        rcu_periph_clock_enable(RCU_ADC0);
8.
9.        //所有 ADC 独立工作
10.       adc_sync_mode_config(ADC_SYNC_MODE_INDEPENDENT);
11.
12.       //配置 ADC0
13.       adc_deinit();                                                    //复位 ADC0
14.       adc_special_function_config(ADC0, ADC_SCAN_MODE, DISABLE);        //禁用 ADC 扫描
15.       adc_special_function_config(ADC0, ADC_CONTINUOUS_MODE, DISABLE);  //禁用连续采样
16.       adc_dma_mode_disable(ADC0);                                      //禁用 DMA
17.       adc_resolution_config(ADC0, ADC_RESOLUTION_12B);                 //规则组配置,12 位分辨率
18.       adc_data_alignment_config(ADC0, ADC_DATAALIGN_RIGHT);            //右对齐
19.       adc_channel_length_config(ADC0, ADC_REGULAR_CHANNEL, 1);         //规则组长度为 1,即 ADC 通道
                                                                          //数量为 1
20.       adc_software_trigger_enable(ADC0, ADC_REGULAR_CHANNEL);          //规则组使用软件触发
```

```
21.
22.   //ADC0 过采样配置,左移 4 位后 ADC 分辨率扩展到 16 位,连续采样 256 次后求和(过采样要 3 ms)
23.   adc_oversample_mode_config(ADC0, ADC_OVERSAMPLING_ALL_CONVERT, ADC_OVERSAMPLING_SHIFT_
      4B, ADC_OVERSAMPLING_RATIO_MUL256);
24.   adc_oversample_mode_enable(ADC0);
25.
26.   //使能内部温度传感器及内部参考电压通道
27.   adc_channel_16_to_18(ADC_TEMP_VREF_CHANNEL_SWITCH, ENABLE);
28.
29.   //设置内部温度传感器通道采样顺序
30.   adc_regular_channel_config(ADC0, 0, ADC_CHANNEL_16, ADC_SAMPLETIME_480);
31.
32.   //ADC0 使能
33.   adc_enable(ADC0);
34.
35.   //延时等待 10 ms
36.   DelayNms(10);
37.
38.   //使能 ADC0 校准
39.   adc_calibration_enable(ADC0);
40.   }
```

在"API 函数实现"区,首先实现 InitADC 函数,如程序清单 3 - 3 所示,该函数通过调用 ConfigADC0 函数完成对 ADC0 的初始化。

程序清单 3 - 3

```
1.    void InitADC(void)
2.    {
3.      ConfigADC0();  //ADC0
4.    }
```

在 InitADC 函数实现区后为 GetInTempADC 函数的实现代码,如程序清单 3 - 4 所示, GetInTempADC 函数触发 ADC 后,将得到的 ADC 值作为返回值。

程序清单 3 - 4

```
1.    u16 GetInTempADC(void)
2.    {
3.      u16 adc;
4.
5.      //规则组软件触发
6.      adc_software_trigger_enable(ADC0, ADC_REGULAR_CHANNEL);
7.
8.      //等待 ADC 转换完成
9.      while(! adc_flag_get(ADC0, ADC_FLAG_EOC));
10.
11.     //获取规则组 ADC 转换结果
12.     adc = adc_regular_data_read(ADC0);
13.
```

```
14.      return adc;
15.  }
```

3.3.2 InTemp 文件对

1. InTemp.h 文件

在 InTemp.h 文件的"API 函数声明"区,声明了 2 个 API 函数,如程序清单 3 - 5 所示。InitInTemp 函数用于初始化 CPU 内部温度驱动模块,GetInTemp 函数用于获取 CPU 内部温度。

程序清单 3 - 5

```
void InitInTemp(void);              //初始化 CPU 内部温度驱动模块
double GetInTemp(void);             //获取 CPU 内部温度
```

2. InTemp.c 文件

在 InTemp.c 文件的"包含头文件"区,包含了 ADC.h 等头文件,由于内部温度传感器的电压输出与 ADC 通道相连接,为了调用在 ADC.h 文件中声明的函数以获取相应的电压值,在 InTemp.c 文件中需要包含 ADC.h 头文件。

在"API 函数实现"区,首先实现了 InitInTemp 函数,由于不需要进行多余的初始化,因此该函数的函数体为空。

在 InitInTemp 函数实现区后为 GetInTemp 函数的实现代码,如程序清单 3 - 6 所示,GetInTemp 函数通过 GetInTempADC 函数获取内部温度传感器电压值后,根据 3.2.1 小节的公式计算得到对应的温度值,并将其作为返回值返回。

程序清单 3 - 6

```
1.   double GetInTemp(void)
2.   {
3.       u16 adc;              //ADC 值
4.       double volt;          //电压转换结果
5.       double temp;          //CPU 内部温度
6.
7.       //获取 CPU 内部温度传感器 ADC 转换结果
8.       adc = GetInTempADC();
9.
10.      //计算得到对应的电压值
11.      volt = 3.3 * adc / 65536.0;
12.
13.      //转换为温度值
14.      temp = (1.45 - volt) / 0.0041 + 25.0;
15.
16.      //返回温度值
17.      return temp;
18.  }
```

3.3.3　SHT20 文件对

1. SHT20.h 文件

在 SHT20.h 文件的"API 函数声明"区，声明了 3 个 API 函数，如程序清单 3-7 所示。InitSHT20 函数用于初始化外部温湿度驱动模块，GetSHT20Temp 函数用于获取 SHT20 温度测量结果，GetSHT20RH 函数用于获取 SHT20 湿度测量结果。

程序清单 3-7

```
void    InitSHT20(void);            //初始化外部温湿度驱动模块
double GetSHT20Temp(void);          //获取 SHT20 温度测量结果
double GetSHT20RH(void);            //获取 SHT20 湿度测量结果
```

2. SHT20.c 文件

在 SHT20.c 文件的"内部函数声明"区，声明了 6 个内部函数，如程序清单 3-8 所示。ConfigSCLGPIO 函数用于配置 SCL 的 GPIO，ConfigSDAMode 函数用于配置 SDA 输入/输出，SetSCL 函数用于控制时钟信号线 SCL，SetSDA 函数用于控制数据信号线 SDA，GetSDA 函数用于获取 SDA 输入电平，Delay 函数用于完成延时。

程序清单 3-8

```
1.    static void   ConfigSCLGPIO(void);       //配置 SCL 的 GPIO
2.    static void   ConfigSDAMode(u8 mode);    //配置 SDA 输入/输出
3.    static void   SetSCL(u8 state);          //控制时钟信号线 SCL
4.    static void   SetSDA(u8 state);          //控制数据信号线 SDA
5.    static u8     GetSDA(void);              //获取 SDA 输入电平
6.    static void   Delay(u8 time);            //延时函数
```

在"内部函数实现"区，实现了内部函数声明的 6 个内部函数，6 个内部函数的作用是为 I^2C 通信提供接口，通过设置相应引脚的高低电平来完成模拟 I^2C 通信。

在"API 函数实现"区，首先实现 InitSHT20 函数，如程序清单 3-9 所示，该函数通过调用相应函数配置 I^2C 引脚后，再通过对结构体 s_structIICDev 赋值完成对 SHT20 传感器驱动的配置。

程序清单 3-9

```
1.     void InitSHT20(void)
2.     {
3.        //配置 I²C 引脚
4.        ConfigSCLGPIO();                          //配置 SCL 的 GPIO
5.        ConfigSDAMode(IIC_COMMON_INPUT);          //配置 SDA 为输入模式
6.
7.        //配置 I²C 设备
8.        s_structIICDev.deviceID     = 0x80;
9.        s_structIICDev.SetSCL       = SetSCL;
10.       s_structIICDev.SetSDA       = SetSDA;
11.       s_structIICDev.GetSDA       = GetSDA;
```

```
12.    s_structIICDev.ConfigSDAMode    = ConfigSDAMode;
13.    s_structIICDev.Delay            = Delay;
14.
15.    //模块上电后需要至少 15 ms 才能进入空闲状态
16.    DelayNms(100);
17.  }
```

在 InitSHT20 函数实现区后为 GetSHT20Temp 函数的实现代码,如程序清单 3 - 10 所示。

① 第 6~37 行代码:根据 I^2C 协议,向 SHT20 传感器发送起始信号、写地址信息后,再发送 0xF3 触发温度测量,最后结束传输,等待测量完成后发送读取命令。

② 第 40~60 行代码:获取高低 2 字节的数据后进行校验,校验正确则清除后两位状态位并计算对应的温度值,将其作为返回值返回。

程序清单 3 - 10

```
1.   double GetSHT20Temp(void)
2.   {
3.     u16 byte = 0; //从 I²C 中接收到的字节
4.
5.     //发送起始信号
6.     IICCommonStart(&s_structIICDev);
7.
8.     //发送写地址信息
9.     if(1 == IICCommonSendOneByte(&s_structIICDev, 0x80))
10.    {
11.      printf("SHT20: Fail to send write addr while get temp\r\n");
12.      return 0;
13.    }
14.
15.    //发送读取温度命令,使用"no hold master"模式
16.    if(1 == IICCommonSendOneByte(&s_structIICDev, 0xF3))
17.    {
18.      printf("SHT20: Fail to send cmd while get temp\r\n");
19.      return 0;
20.    }
21.
22.    //结束传输
23.    IICCommonEnd(&s_structIICDev);
24.
25.    //等待温度测量完成,在 14 bit 格式下最多需要 85 ms
26.    DelayNms(100);
27.
28.    //发送读取测量结果命令
29.    IICCommonStart(&s_structIICDev);
30.    while(1 == IICCommonSendOneByte(&s_structIICDev, 0x81))
31.    {
32.      printf("SHT20: Fail to read date while get temp\r\n");
33.      printf("SHT20: Try again\r\n");
34.      IICCommonEnd(&s_structIICDev);
35.      DelayNms(100);
```

```
36.        IICCommonStart(&s_structIICDev);
37.    }
38.
39.    //读取温度高字节原始数据
40.    byte = 0;
41.    byte = byte | IICCommonReadOneByte(&s_structIICDev, IIC_COMMON_ACK);
42.
43.    //读取温度低字节原始数据
44.    byte = (byte << 8) | IICCommonReadOneByte(&s_structIICDev, IIC_COMMON_ACK);
45.
46.    //结束接收温度数据
47.    IICCommonEnd(&s_structIICDev);
48.
49.    //校验是否为温度数据
50.    if(byte & (1 << 1))
51.    {
52.        printf("SHT20: this is not a temp data\r\n");
53.        return 0;
54.    }
55.    else
56.    {
57.        //计算温度值
58.        byte = byte & 0xFFFC;
59.        return (-46.85 + 175.72 * ((double)byte) / 65536.0);
60.    }
61. }
```

在 GetSHT20Temp 函数实现区后为 GetSHT20RH 函数的实现代码，GetSHT20RH 函数的函数体与 GetSHT20Temp 函数相似，仅将发送代码更改为 0xF5 以触发湿度测量。

3.3.4 TempHumidityTop 文件对

1. TempHumidityTop.h 文件

在 TempHumidityTop.h 文件的"API 函数声明"区，声明了 2 个 API 函数，如程序清单 3-11 所示。InitTempHumidityTop 函数用于初始化相应的顶层模块，TempHumidityTopTask 函数用于执行顶层模块任务。

程序清单 3-11

```
void InitTempHumidityTop(void);     //初始化内部温度与外部温湿度监测实验顶层模块
void TempHumidityTopTask(void);     //内部温度与外部温湿度监测实验顶层模块任务
```

2. TempHumidityTop.c 文件

在 TempHumidityTop.c 文件的"包含头文件"区，包含了 InTemp.h 和 SHT20.h 等头文件，由于 TempHumidityTop.c 文件需要获取内部温度及外部温湿度的数据，因此需要包含上述的头文件。

在"API 函数实现"区，首先实现 InitTempHumidityTop 函数，如程序清单 3-12 所示。InitTempHumidityTop 函数将温度显示范围设置为 0～100 ℃，并通过 InitGUI 函数初始化

GUI 界面设计。

程序清单 3-12

```
1.   void InitTempHumidityTop(void)
2.   {
3.     //温度范围 0～100 ℃
4.     s_structGUIDev.ShowFlag = 0;
5.
6.     //初始化 GUI 界面设计
7.     InitGUI(&s_structGUIDev);
8.   }
```

在 InitTempHumidityTop 函数实现区后为 TempHumidityTopTask 函数的实现代码,如程序清单 3-13 所示,TempHumidityTopTask 函数通过 GetInTemp、GetSHT20Temp 函数等获取内部温度及外部温湿度后将其显示于 GUI 界面上。

程序清单 3-13

```
1.   void TempHumidityTopTask(void)
2.   {
3.     double inTemp, exTemp, exHumidity;
4.
5.     //获取 CPU 内部温度测量结果
6.     inTemp = GetInTemp();
7.     printf("CPU 内部温度值:%.1f℃ \r\n", inTemp);
8.
9.     //获取外部温湿度测量结果
10.    exTemp = GetSHT20Temp();
11.    exHumidity = GetSHT20RH();
12.    printf("外部温湿度:%.1f℃ , %0.f% % RH\r\n", exTemp, exHumidity);
13.
14.    //设置温湿度显示
15.    s_structGUIDev.setInTemp(inTemp);
16.    s_structGUIDev.setExtemp(exTemp);
17.    s_structGUIDev.setHumidity(exHumidity);
18.
19.    //GUI 任务
20.    GUITask();
21.  }
```

3.3.5 Main.c 文件

Proc1SecTask 函数的实现代码如程序清单 3-14 所示,调用了 TempHumidityTopTask 函数,实现每秒进行一次顶层模块任务,监测温湿度并将其显示。

程序清单 3-14

```
1.   static  void  Proc1SecTask(void)
2.   {
3.     if(Get1SecFlag())          //判断 1 s 标志位状态
4.     {
5.       //printf("Proc1SecTask: wave time:%lld\r\n", s_iWaveTime);
6.       TempHumidityTopTask();
```

```
7.        Clr1SecFlag();  //清除 1 s 标志位
8.    }
9.  }
```

3.3.6　实验结果

下载程序并进行复位，可以观察到开发板上的 LCD 显示如图 3-3 所示的 GUI 界面。

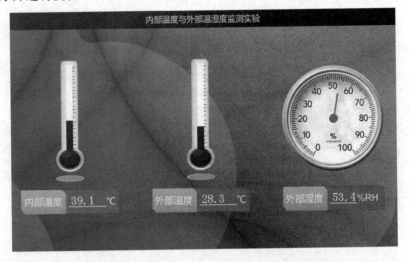

图 3-3　内部温度与外部温湿度监测实验 GUI 界面

此时，串口助手每秒打印一次内部温度及外部温湿度，如图 3-4 所示。

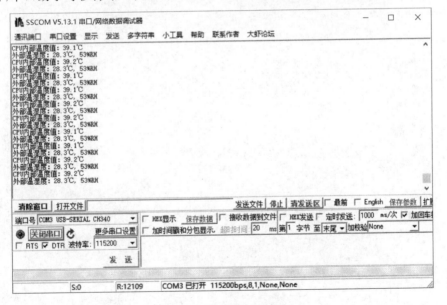

图 3-4　串口助手打印结果

本章任务

在本章实验中,实现了对 CPU 内部温度和环境温湿度的监测。以本章实验例程为基础,利用 GD32F4 蓝莓派开发板实现温度报警功能,当 CPU 温度超过预设界限(例如 30 ℃)时,在 LCD 屏上显示"Warning!",同时蜂鸣器鸣叫进行报警。

本章习题

1. 简述内部温度传感器的使用方法。
2. 简述 SHT20 传感器的命令集中有哪些命令?这些命令如何发送?
3. 简述 SHT20 传感器寄存器各个位的作用。

第4章 读/写 SDRAM 实验

存储器用于存储数据,是电子设备中不可或缺的组成部分。不同的存储器具有不同的特性,本章将对电子设备中重要的一类存储器 SDRAM 进行介绍,并基于 GD32F4 蓝莓派开发板实现读/写 SDRAM 芯片。

4.1 实验内容

本章的主要内容是学习 GD32F4 蓝莓派开发板上的 SDRAM 芯片,包括芯片的内部结构和相应的控制命令,掌握 SDRAM 的结构和读/写方法,最后基于开发板设计一个读/写 SDRAM 实验,通过 LCD 屏上的 GUI 界面,实现读/写 SDRAM 芯片。

4.2 实验原理

4.2.1 存储器分类

存储器按照存储介质特性可分为易失性存储器(RAM)和非易失性存储器(ROM 和 Flash)两大类。

ROM(Read – Only Memory):只读存储器,掉电时可以保存数据。

RAM(Random Access Memory):随机存取存储器,可读可写,但是掉电会丢失数据。

Flash:又称闪存,结合了 ROM 和 RAM 的长处,不仅具备电子可擦除可编程(EEPROM)的性能,还具有断电后不会丢失数据、可以快速读取数据的优点。

根据存储单元的工作原理,RAM 可以分为两类:静态 RAM(Static RAM/SRAM),SRAM 的读/写速度非常快,是目前读/写最快的存储设备之一,但其价格也非常昂贵,常用在 CPU 的一级缓冲和二级缓冲中;动态 RAM(Dynamic RAM/DRAM),其特点是每隔一段时间要刷新充电一次,否则内部的数据会消失,但相比于 SRAM,同体积下容量更大且更便宜。

SDRAM(Synchronous DRAM)是一种具有同步接口的 DRAM,相比于普通的 DRAM,SDRAM 通过时钟接口使处理器与 RAM 同步工作,并且由于其特殊的多存储单元结构,当 CPU 从一个存储单元访问数据时,另一个存储单元进行刷新,通过存储空间的切换,可以成倍提高数据的读取效率。

GD32F470IIH6 微控制器具有 2 048 KB 的内部 Flash,768 KB 的内部 SRAM。另外,开发板上还集成了容量为 256 Mb 的外部 SDRAM 芯片以及其他种类的存储芯片。

4.2.2　MT48LC16M16A2P‐6A IT:G 芯片

GD32F4 蓝莓派开发板上板载的 SDRAM 芯片型号为 MT48LC16M16A2P‐6A IT:G，电路图如图 4‐1 所示，微控制器通过外部存储器控制器 EXMC 来控制该芯片。

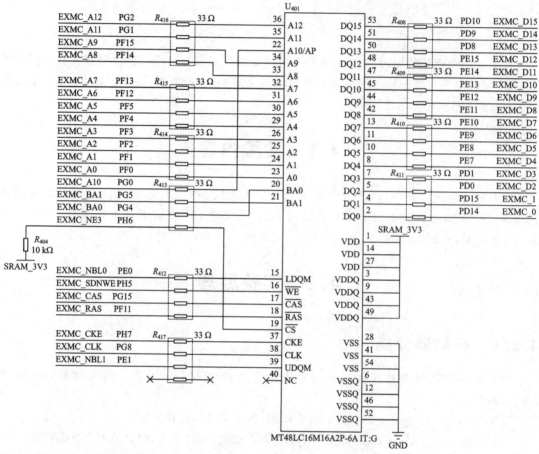

图 4‐1　芯片引脚图

SDRAM 芯片各个引脚的描述如表 4‐1 所列，其中 CLK 为时钟输入引脚，SDRAM 芯片在时钟上升沿时进行信号采样；CKE 为高电平有效的时钟使能引脚，高电平时接收外部时钟进行工作，低电平时 SDRAM 提供内部时钟并进入自刷新模式；$\overline{RAS}$ 和 $\overline{CAS}$ 引脚用于设置地址输入引脚上的数据为行地址或列地址；LDQM 和 UDQM 引脚用于设置数据有效部分，LDQM 对应 DQ[7:0]，UDQM 对应 DQ[15:8]；BA0 和 BA1 引脚用于设置进行数据访问的存储空间。

表 4‐1　芯片引脚描述

引脚名	引脚描述
CLK	时钟输入引脚，上升沿采样信号
CKE	时钟使能引脚
$\overline{RAS}$	低电平有效的行地址选通引脚

续表 4 - 1

引脚名	引脚描述
$\overline{CAS}$	低电平有效的列地址选通引脚
$\overline{WE}$	低电平有效的写使能引脚
$\overline{CS}$	片选引脚
LDQM、UDQM	高、低字节控制引脚
BA0、BA1	Bank 选择引脚
A0~A12	地址输入引脚
DQ0~DQ15	数据输入/输出引脚

4.2.3　SDRAM 芯片内部结构

SDRAM 内部结构如图 4 - 2 所示。

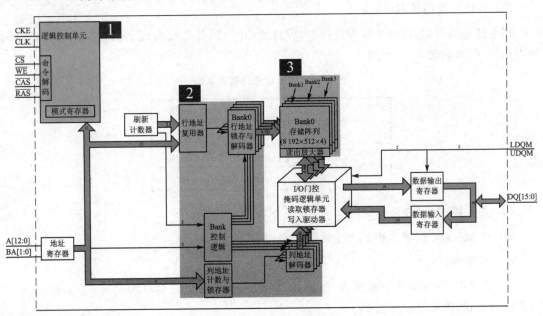

图 4 - 2　SDRAM 内部结构

1. 逻辑控制单元

SDRAM 芯片通过内部的逻辑控制单元控制整个芯片的运行,而逻辑控制单元的相应参数则由模式寄存器提供,处理器通过向 SDRAM 芯片发送相应的数据,触发命令解码并向模式寄存器写入相应的值,即可控制 SDRAM 芯片的运行。模式寄存器如图 4 - 3 所示,下面对模式寄存器的各个位进行介绍。

(1) 突发长度([2:0])

突发长度决定了 READ 和 WRITE 命令可以访问的最大列位置数,即发送 1 次命令可读/写的最大数据长度。

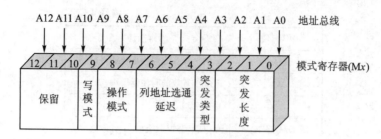

图 4-3 模式寄存器

(2) 突发类型([3])

突发类型决定了数据访问的顺序,0 为顺序访问,即逐个数据进行访问;1 为乱序访问,即根据突发长度及地址线 A2~A0 的值按照不同顺序进行数据访问。根据突发长度和突发类型的组合,数据的访问方式具体描述可参见文档《SDRAM_MT48LC16M16A2P-6AIT_G》(位于本书配套资料包"09.参考资料\04.读写 SDRAM 实验参考资料"文件夹下)。

(3) 列地址选通延迟([6:4])

列地址选通延迟,即列地址发送(同时发送读命令)后等待数据线上的数据有效所需的时钟周期数,取值如表 4-2 所列。

表 4-2 列地址选通延迟取值

M6	M5	M4	延迟周期
0	1	0	2
0	1	1	3
其余值			保留

(4) 操作模式([8:7])

M7 和 M8 为 0 时操作模式为正常操作模式,其余组合保留。

(5) 写模式([9])

M9 为 0 时,写模式为突发模式,根据 M[2:0] 的长度进行数据写入。M9 为 1 时,写模式为单位写模式,即突发长度为 1。

2. 地址控制单元

地址控制单元用于控制数据访问的地址,包括 Bank 控制逻辑单元、行列地址解码器及计数器等。

3. 存储单元

SDRAM 的存储单元称为 Bank,如图 4-4 所示,Bank 是以阵列形式排列的存储空间集合,通过行地址和列地址即可确定唯一的存储空间,存储空间的大小为数据总线的位宽,因此 SDRAM 的总存储容量为 Bank 数×行数×列数×存储空间大小。如图 4-2 所示,GD32F4 蓝莓派开发板板载的 SDRAM 芯片具有 4 个 Bank,通过 BA0 和 BA1 引脚来选择数据访问的 Bank。

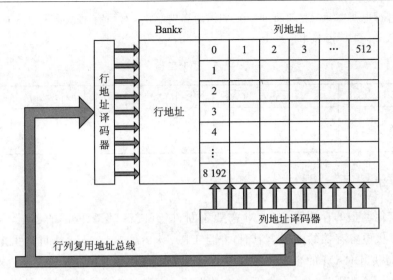

图 4 - 4　Bank 结构

4.2.4　SDRAM 控制指令

1. 激　活

激活指令用于设置访问数据的 Bank 以及行地址,因此在读/写 SDRAM 前需要发送该指令,激活指令相应的引脚电平如表 4 - 3 所列。

表 4 - 3　激活指令

引脚名	CLK	CKE	$\overline{CS}$	$\overline{RAS}$	$\overline{CAS}$	$\overline{WE}$	A0~A12	BA0、BA1
电　平	↑	1	0	0	1	1	行地址	Bank 地址

2. 读/写

读/写指令用于激活后设置访问数据的列地址及读/写动作,读/写指令相应的引脚电平如表 4 - 4 所列。

表 4 - 4　读/写指令

引脚名	CLK	CKE	$\overline{CS}$	$\overline{RAS}$	$\overline{CAS}$	$\overline{WE}$	A0~A12	BA0、BA1
电　平	↑	1	0	1	0	1:读; 0:写	列地址	Bank 地址

3. 预充电

预充电指令用于关闭 Bank 中打开的行地址。由于访问 Bank 中存储空间的数据需要先将该存储空间的行列地址锁存到相应的译码器中,因此,当需要对同一个 Bank 的其他行的存储空间进行操作时,需要关闭现有行并重新发送行列地址,这种操作被称为"预充电"。预充电指令相应的引脚电平如表 4-5 所列,当 A10 为高电平时,对所有 Bank 进行预充电,否则仅对当前选中的 Bank 进行预充电。

表 4-5　预充电指令

引脚名	CLK	CKE	$\overline{CS}$	$\overline{RAS}$	$\overline{CAS}$	$\overline{WE}$	A0～A9,A11,A12	A10	BA0、BA1
电　平	↑	1	0	0	1	0	1/0	1:全部 Bank; 0:选中的 Bank	Bank 地址

4. 刷　新

相比于其他类型的存储器,DRAM 需要不断进行刷新以保留内部的数据,这是因为用于暂存信息的栅极电容存储的电荷会泄漏,并且 DRAM 不像 SRAM 一样可以由电源经负载管补充电荷,这也是 DRAM 的容量比 SRAM 大,价格又低的原因。由于当前存储体中电容的数据有效保存期标准上限是 64 ms,并且每次数据读取会破坏内存中的电荷,因此,一般每 64 ms 或每次读操作后会对 SDRAM 进行一次刷新,SDRAM 的刷新模式分自刷新和自动刷新两种。

自刷新:将 CKE 引脚置低电平进入自刷新模式,该模式一般用于低功耗下数据保持,此时 SDRAM 禁止除 CKE 外的输入。

自动刷新:只有 4 个 Bank 都进入空闲状态,且 SDRAM 未处于低功耗时才能进行自动刷新。每次自动刷新仅刷新存储单元的一行,并且内部刷新地址计数器自动加 1。微控制器通过 EXMC 定时自动发送自动刷新命令完成刷新。

4.2.5　EXMC 配置

SDRAM 芯片的内存大小为 256 Mb,即 32 MB,根据图 4-5 所示的 EXMC 地址划分,可分配为读/写 SDRAM 芯片的地址范围为 0xC000 0000～0xDFFF FFFF。本实验将 SDRAM 芯片的存储空间配置为 SDRAM Device1,即读/写 SDRAM 芯片的起始地址为 0xD000 0000。根据图 4-6 所示的地址划分,此时需将 AHB 地址总线的 HADDR[28] 配置为"1"以选中 SDRAM Device1 区域。

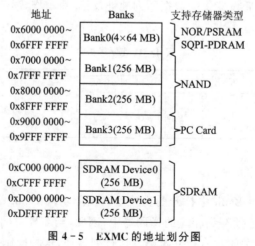

图 4-5　EXMC 的地址划分图

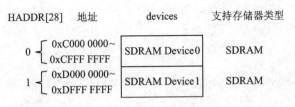

图 4 - 6　SDRAM 地址划分

通过 EXMC 配置 SDRAM 的具体步骤可参考例程中 SDRAM.c 文件的 ConfigSDRAM 函数。

4.3　实验代码解析

4.3.1　SDRAM 文件对

1. SDRAM.h 文件

在 SDRAM.h 文件的"宏定义"区,定义了关于 SDRAM 地址的两个宏定义,如程序清单 4-1 所示。

程序清单 4-1

#define SDRAM_DEVICE0_ADDR	((uint32_t)0xC0000000)
#define SDRAM_DEVICE1_ADDR	((uint32_t)0xD0000000)

在 SDRAM.h 文件的"API 函数声明"区,声明了 API 函数 InitSDRAM,该函数用于初始化 SDRAM 模块。

2. SDRAM.c 文件

在 SDRAM.c 文件的"宏定义"区,定义了 SDRAM 芯片模式寄存器各个参数的可能值,如程序清单 4-2 所示。

程序清单 4-2

1.　//突发长度定义	
2.　#define SDRAM_MODEREG_BURST_LENGTH_1	((uint16_t)0x0000)
3.　#define SDRAM_MODEREG_BURST_LENGTH_2	((uint16_t)0x0001)
4.　#define SDRAM_MODEREG_BURST_LENGTH_4	((uint16_t)0x0002)
5.　#define SDRAM_MODEREG_BURST_LENGTH_8	((uint16_t)0x0003)
6.　#define SDRAM_MODEREG_BURST_FULL_PAGE	((uint16_t)0x0007)
7.	
8.　//突发传输方式定义	
9.　#define SDRAM_MODEREG_BURST_TYPE_SEQUENTIAL	((uint16_t)0x0000)
10.　#define SDRAM_MODEREG_BURST_TYPE_INTERLEAVED	((uint16_t)0x0008)
11.	
12.　//CAS 潜伏期定义	

```
13.    #define SDRAM_MODEREG_CAS_LATENCY_2              ((uint16_t)0x0020)
14.    #define SDRAM_MODEREG_CAS_LATENCY_3              ((uint16_t)0x0030)
15.
16.    //突发方式写定义
17.    #define SDRAM_MODEREG_WRITEBURST_MODE_PROGRAMMED ((uint16_t)0x0000)
18.    #define SDRAM_MODEREG_WRITEBURST_MODE_SINGLE     ((uint16_t)0x0200)
19.
20.    //操作方式定义
21.    #define SDRAM_MODEREG_OPERATING_MODE_STANDARD    ((uint16_t)0x0000)
22.
23.    //超时退出定义
24.    #define SDRAM_TIMEOUT                            ((uint32_t)0x0000FFFF).
```

在"内部函数声明"区,声明了内部函数 ConfigSDRAM,该函数用于配置 EXMC 控制 SDRAM 的相关参数。

在"内部函数实现"区,实现了 ConfigSDRAM 函数,如程序清单 4 - 3 所示。该函数首先定义配置 SDRAM 参数的相应结构体,使能 EXMC 及相应 GPIO 的时钟,并配置 GPIO,然后进行 SDRAM 芯片的参数设置及 EXMC 有关的初始化,包括读/写 SDRAM 的时序、进行预充电和刷新、模式寄存器写入等。

程序清单 4 - 3

```
1.    static void ConfigSDRAM(uint32_t sdramDevice)
2.    {
3.      exmc_sdram_parameter_struct         sdram_init_struct;          //SDRAM 配置结构体
4.      exmc_sdram_timing_parameter_struct  sdram_timing_init_struct;   //SDRAM 时序结构体
5.      exmc_sdram_command_parameter_struct sdram_command_init_struct;  //SDRAM 通用配置结构体
6.
7.      uint32_t command_content = 0, bank_select;
8.      uint32_t timeout = SDRAM_TIMEOUT;
9.
10.     //使能 RCU
11.     rcu_periph_clock_enable(RCU_EXMC);
12.     ...
13.
14.     //A0
15.     gpio_af_set(GPIOF, GPIO_AF_12, GPIO_PIN_0);
16.     ...
17.
18.     //选择 Bank
19.     if(EXMC_SDRAM_DEVICE0 == sdramDevice)
20.     {
21.       bank_select = EXMC_SDRAM_DEVICE0_SELECT;
22.     }
23.     else
24.     {
25.       bank_select = EXMC_SDRAM_DEVICE1_SELECT;
```

```
26.    }
27.
28.    //延时等待 10 ms,等待 SDRAM 就绪
29.    DelayNms(10);
30.
31.    //配置时序寄存器(以 SDRAM 时钟周期单元为单位)
32.    sdram_timing_init_struct.load_mode_register_delay = 2;
       //LMRD(TMRD):加载模式寄存器延迟(加载模式寄存器命令和激活或刷新命令之间的延迟)
33.    ...
34.
35.    //配置 SDRAM 控制寄存器
36.    sdram_init_struct.sdram_device = sdramDevice;                //SDRAM 设备
37.    ...
38.
39.    //根据参数配置 SDRAM 控制器
40.    exmc_sdram_init(&sdram_init_struct);
41.
42.    //时钟使能
43.    sdram_command_init_struct.command              = EXMC_SDRAM_CLOCK_ENABLE;
44.    sdram_command_init_struct.bank_select          = bank_select;
45.    sdram_command_init_struct.auto_refresh_number  = EXMC_SDRAM_AUTO_REFLESH_1_SDCLK;
46.    sdram_command_init_struct.mode_register_content = 0;
47.    timeout = SDRAM_TIMEOUT;
48.    while((exmc_flag_get(sdramDevice, EXMC_SDRAM_FLAG_NREADY) != RESET) && (timeout > 0))
49.    {
50.       timeout-- ;
51.    }
52.    exmc_sdram_command_config(&sdram_command_init_struct);
53.    DelayNms(10);
54.
55.    //所有存储区预充电
56.    sdram_command_init_struct.command              = EXMC_SDRAM_PRECHARGE_ALL;
57.    sdram_command_init_struct.bank_select          = bank_select;
58.    sdram_command_init_struct.auto_refresh_number  = EXMC_SDRAM_AUTO_REFLESH_1_SDCLK;
59.    sdram_command_init_struct.mode_register_content = 0;
60.    timeout = SDRAM_TIMEOUT;
61.    while((exmc_flag_get(sdramDevice, EXMC_SDRAM_FLAG_NREADY) != RESET) && (timeout > 0))
62.    {
63.       timeout-- ;
64.    }
65.    exmc_sdram_command_config(&sdram_command_init_struct);
66.
67.    //连续 8 次刷新操作
68.    sdram_command_init_struct.command              = EXMC_SDRAM_AUTO_REFRESH;
69.    sdram_command_init_struct.bank_select          = bank_select;
```

```
70.     sdram_command_init_struct.auto_refresh_number    = EXMC_SDRAM_AUTO_REFLESH_8_SDCLK;
71.     sdram_command_init_struct.mode_register_content = 0;
72.     timeout = SDRAM_TIMEOUT;
73.     while((exmc_flag_get(sdramDevice, EXMC_SDRAM_FLAG_NREADY) ! = RESET) && (timeout > 0))
74.     {
75.        timeout -- ;
76.     }
77.     exmc_sdram_command_config(&sdram_command_init_struct);
78.
79.     //加载模式寄存器
80.     command_content = (uint32_t)SDRAM_MODEREG_BURST_LENGTH_2          |    //突发长度
81.                               SDRAM_MODEREG_BURST_TYPE_SEQUENTIAL    |    //突发传输方式
82.                               SDRAM_MODEREG_CAS_LATENCY_2            |    //CAS 潜伏期
83.                               SDRAM_MODEREG_OPERATING_MODE_STANDARD  |    //操作方式
84.                               SDRAM_MODEREG_WRITEBURST_MODE_SINGLE;       //写突发模式
85.     sdram_command_init_struct.command               = EXMC_SDRAM_LOAD_MODE_REGISTER;
86.     sdram_command_init_struct.bank_select            = bank_select;
87.     sdram_command_init_struct.auto_refresh_number    = EXMC_SDRAM_AUTO_REFLESH_1_SDCLK;
88.     sdram_command_init_struct.mode_register_content = command_content;
89.     timeout = SDRAM_TIMEOUT;
90.     while((exmc_flag_get(sdramDevice, EXMC_SDRAM_FLAG_NREADY) ! = RESET) && (timeout > 0))
91.     {
92.        timeout -- ;
93.     }
94.     exmc_sdram_command_config(&sdram_command_init_struct);
95.
96.     //设置自动刷新间隔寄存器
97.     //64 ms, 8 192 - cycle refresh, 64 ms/8 192 = 7.81 μs
98.     //SDCLK_Freq = SYS_Freq/2
99.     //(7.81 μs * SDCLK_Freq) - 20
100.     exmc_sdram_refresh_count_set(604);   //80M
101.
102.     //等待 SDRAM 控制器就绪
103.     timeout = SDRAM_TIMEOUT;
104.     while((exmc_flag_get(sdramDevice, EXMC_SDRAM_FLAG_NREADY) ! = RESET) && (timeout > 0))
105.     {
106.        timeout -- ;
107.     }
108.  }
```

在"API 函数实现"区，实现 InitSDRAM 函数，该函数通过调用上述的内部函数 ConfigSDRAM 初始化 EXMC 的 Device1。

4.3.2 ReadwriteSDRAM 文件对

1. ReadWriteSDRAM.h 文件

在 ReadWriteSDRAM.h 文件的"API 函数声明"区，声明了 2 个 API 函数，如程序清单 4 - 4

所示。InitReadWriteSDRAM 函数用于初始化读/写 SDRAM 模块,ReadWriteSDRAMTask 函数用于完成读/写 SDRAM 模块任务。

程序清单 4 - 4

```
void InitReadWriteSDRAM(void);              //初始化读/写 SDRAM 模块
void ReadWriteSDRAMTask(void);              //读/写 SDRAM 模块任务
```

2. ReadwriteSDRAM. c 文件

在 ReadwriteSDRAM. c 文件的"宏定义"区,定义了读/写 SDRAM 芯片的起始地址,SDRAM 缓冲区的大小为 2 KB,字符串显示的最大长度为 64 字节,如程序清单 4 - 5 所示。

程序清单 4 - 5

```
#define SDRAM_BASE_ADDR SDRAM_DEVICE0_ADDR      //SDRAM 起始地址
#define SDRAM_BUFFER_SIZE     (2 * 1024)        //SDRAM 缓冲区大小,2 KB
#define MAX_STRING_LEN        (64)              //显示字符最大长度
```

在"内部变量"区,声明了内部变量 s_structGUIDev、s_arrSDRAM[SDRAM_BUFFER_SIZE]、s_arrStringBuff[MAX_STRING_LEN],如程序清单 4 - 6 所示。s_structGUIDev 是 GUI 的结构体,用于连接 GUI 与底层驱动;数组 s_arrSDRAM 作为 SDRAM 的数据缓冲区;s_arrStringBuff 数组为字符串转换缓冲区,最多转换 64 个字符。

程序清单 4 - 6

```
static StructGUIDev s_structGUIDev;                              //GUI 设备结构体
static u8    s_arrSDRAM[SDRAM_BUFFER_SIZE] __attribute__((at((u32)0xD1000000)));
                                                                 //外部 SDRAM 缓冲区
static char s_arrStringBuff[MAX_STRING_LEN];                     //字符串转换缓冲区
```

在"内部函数声明"区,声明了 4 个内部函数,如程序清单 4 - 7 所示。ReadByte 函数用于获取相应地址上的 1 字节数据,WriteByte 函数用于向特定地址写入 1 字节数据,ReadSDRAM 函数用于获取相应地址上一定长度的数据,WriteSDRAM 函数用于向相应地址写入一定长度的数据。

程序清单 4 - 7

```
1.    static u8   ReadByte(u32 addr);            //读取特定地址数据(1 字节)
2.    static void WriteByte(u32 addr, u8 data);  //往特定地址内写入 1 字节数据
3.    static void ReadSDRAM(u32 addr, u32 len);  //按字节读取 SDRAM
4.    static void WriteSDRAM(u32 addr, u8 data); //按字节写入 SDRAM
```

在"内部函数实现"区,首先实现的是 ReadByte 函数,如程序清单 4 - 8 所示。该函数将参数 addr 作为指针,将其指向的数据作为返回值返回。

程序清单 4 - 8

```
1.    static u8 ReadByte(u32 addr)
2.    {
3.      return * (u8 * )addr;
4.    }
```

在 ReadByte 函数实现区后为 WriteByte 函数的实现代码,如程序清单 4 - 9 所示,该函数将参数 addr 作为指针,向其指向的地址赋值,完成数据的写入。

程序清单 4-9

```
1.    static void WriteByte(u32 addr, u8 data)
2.    {
3.      *(u8 *)addr = data;
4.    }
```

在 WriteByte 函数实现区后为 ReadSDRAM 函数的实现代码,如程序清单 4-10 所示。该函数由 GUI 调用,用于读取指定地址内的一段数据并更新到终端显示。

程序清单 4-10

```
1.    static void ReadSDRAM(u32 addr, u32 len)
2.    {
3.      u32 i;      //循环变量
4.      u8   data; //读取到的数据
5.
6.      //输出读取信息到终端和串口
7.      sprintf(s_arrStringBuff, "Read: 0x%08X - 0x%02X\r\n", addr, len);
8.      s_structGUIDev.showLine(s_arrStringBuff);
9.      printf("%s", s_arrStringBuff);
10.
11.     //读取数据,并打印到终端和串口上
12.     for(i = 0; i < len; i++)
13.     {
14.       //读取
15.       data = ReadByte(addr + i);
16.
17.       //输出
18.       sprintf(s_arrStringBuff, "0x%08X: 0x%02X\r\n", addr + i, data);
19.       s_structGUIDev.showLine(s_arrStringBuff);
20.       printf("%s", s_arrStringBuff);
21.     }
22.   }
```

在 ReadSDRAM 函数实现区后为 WriteSDRAM 函数的实现代码,如程序清单 4-11 所示。WriteSDRAM 函数由 GUI 调用,用于向指定地址写入 1 字节数据并更新到终端显示。

程序清单 4-11

```
1.    static void WriteSDRAM(u32 addr, u8 data)
2.    {
3.      //将数据写入外部 SDRAM
4.      if((addr >= s_structGUIDev.SDRAMBeginAddr) && (addr <= s_structGUIDev.SDRAMEndAddr))
5.      {
6.        //输出信息到终端和串口
7.        sprintf(s_arrStringBuff, "Write: 0x%08X - 0x%02X\r\n", addr, data);
8.        s_structGUIDev.showLine(s_arrStringBuff);
9.        printf("%s", s_arrStringBuff);
10.
11.       //写入外部 SDRAM
```

```
12.         WriteByte(addr, data);
13.     }
14.     else
15.     {
16.         //无效地址
17.         s_structGUIDev.showLine("Write: Invalid address\r\n");
18.         printf("Write: Invalid address\r\n");
19.     }
20.  }
```

在"API 函数实现"区,首先实现 InitReadWriteSDRAM 函数,如程序清单 4 - 12 所示。

① 第 6～9 行代码:计算并将 SDRAM 读/写地址范围保存在 s_structGUIDev 中。

② 第 12～18 行代码:将 SDRAM 读/写函数赋给读/写回调函数并初始化 GUI,此时,微控制器可根据 GUI 的操作,调用相应的回调函数读/写 SDRAM。

③ 第 21～29 行代码:初始化 SDRAM 缓冲区并在终端上显示相应信息。

程序清单 4 - 12

```
1.   void InitReadWriteSDRAM(void)
2.   {
3.     u32 i;
4.
5.     //获取外部 SDRAM 缓冲区首地址
6.     s_structGUIDev.SDRAMBeginAddr = (u32)s_arrSDRAM;
7.
8.     //获取外部 SDRAM 缓冲区结束地址
9.     s_structGUIDev.SDRAMEndAddr = s_structGUIDev.SDRAMBeginAddr + sizeof(s_arrSDRAM) /
       sizeof(u8) - sizeof(u8);
10.
11.    //设置写入回调函数
12.    s_structGUIDev.writeCallback = WriteSDRAM;
13.
14.    //设置读取回调函数
15.    s_structGUIDev.readCallback = ReadSDRAM;
16.
17.    //初始化 GUI 界面设计
18.    InitGUI(&s_structGUIDev);
19.
20.    //初始化外部 SDRAM 缓冲区
21.    for(i = 0; i < sizeof(s_arrSDRAM) / sizeof(u8); i++)
22.    {
23.      s_arrSDRAM[i] = 0;
24.    }
25.
26.    //打印地址范围到终端和串口
27.    sprintf(s_arrStringBuff, "Addr: 0x%08X - 0x%08X\r\n", s_structGUIDev.SDRAMBeginAddr,
       s_structGUIDev.SDRAMEndAddr);
```

```
28.      s_structGUIDev.showLine(s_arrStringBuff);
29.      printf(" % s", s_arrStringBuff);
30.    }
```

在 InitReadWriteSDRAM 函数实现区后为 ReadWriteSDRAMTask 函数的实现代码,如程序清单 4 - 13 所示。ReadWriteSDRAMTask 函数每隔 40 ms 被调用一次以完成相应的 GUI 任务。

程序清单 4 - 13

```
1.    void ReadWriteSDRAMTask(void)
2.    {
3.      GUITask(); //GUI 任务
4.    }
```

4.3.3 Main. c 文件

在 Proc2msTask 函数中,每 40 ms 调用 ReadWriteSDRAMTask 函数执行一次读/写 SDRAM 任务,如程序清单 4 - 14 所示。

程序清单 4 - 14

```
1.    static   void   Proc2msTask(void)
2.    {
3.      static u8 s_iCnt = 0;
4.      if(Get2msFlag())          //判断 2 ms 标志位状态
5.      {
6.        LEDFlicker(250);        //调用闪烁函数
7.
8.        s_iCnt ++ ;
9.        if(s_iCnt >= 20)
10.       {
11.         s_iCnt = 0;
12.         ReadWriteSDRAMTask();
13.       }
14.
15.       Clr2msFlag();           //清除 2 ms 标志位
16.     }
17.   }
```

4.3.4 实验结果

下载程序并进行复位,可以观察到开发板上的 LCD 显示如图 4 - 7 所示的 GUI 界面。

单击“写入地址”一栏并输入“D1000000”,单击“写入数据”一栏并输入“99”,单击 WRITE 按钮,此时 LCD 显示如图 4 - 8 所示,串口助手输出与 LCD 显示相同,表示数据写入成功。

单击“读取地址”一栏同样输入“D1000000”,单击“读取长度”一栏并输入“1”,即读取 1 字节,单击 READ 按钮,此时 LCD 显示如图 4 - 9 所示,串口助手输出与 LCD 显示相同,表示数据读取成功。

图 4 - 7 LCD 显示

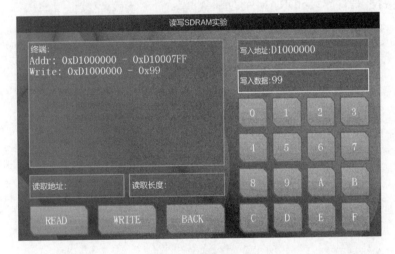

图 4 - 8 写 SDRAM

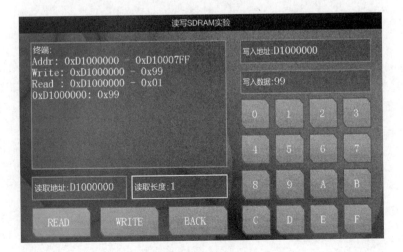

图 4 - 9 读 SDRAM

本章任务

读/写整个 SDRAM,验证 SDRAM 是否有损坏。具体要求为:先向 SDRAM 中全部写 1 (0xFF),然后读取整个 SDRAM 进行验证,将验证结果通过串口助手输出;再全部写 0 (0x00),同样通过读取进行验证。在 LCD 上显示 SDRAM 检测结果(SDRAM 正常或 SDRAM 异常)。

本章习题

1. 简述存储器的分类。
2. 简述 DRAM、SRAM、SDRAM 的区别。
3. 简述微控制器读/写 SDRAM 的过程。

第 5 章 读/写 NAND Flash 实验

GD32F470IIH6 微控制器内部 Flash 容量为 2 048 KB,在存储某些文件时易出现空间不足的情况,因此 GD32F4 蓝莓派开发板板载了 2 个外部 Flash 芯片,分别为 2 MB 的 NOR Flash 芯片 GD25Q16ESIG 和 128 MB 的 NAND Flash 芯片 HY27UF081G2A。本章主要介绍外部 NAND Flash 芯片的操作原理和流程。

5.1 实验内容

本章主要介绍 NAND Flash 芯片的原理和用法,包括 NAND Flash 简介、ECC 校验的原理和 FTL 算法的作用等;其次介绍外部 NAND Flash 的读/写操作;最后基于 GD32F4 蓝莓派开发板设计一个读/写 NAND Flash 实验,通过操作 LCD 屏上的 GUI 界面,演示 NAND Flash 的读/写操作。

5.2 实验原理

5.2.1 Flash 简介

Flash 又称为闪存,属于掉电不易失的存储器(ROM)。Flash 与 EEPROM 都是可重复擦写的存储器,但 Flash 容量一般比 EEPROM 大。GD32F4xx 系列微控制器内部集成了 Flash,用来存储用户烧录的代码和芯片的启动代码等需要关闭电源后依然保存的数据。

根据存储单元电路的不同,Flash 可以分为 NOR Flash 和 NAND Flash。两种 Flash 的对比如表 5-1 所列,根据地址线和数据线是否复用可判断 Flash 的种类。NOR Flash 的数据线和地址线分开,可以实现和 RAM 一样的随机寻址功能。NAND Flash 数据线和地址线复用,不能利用地址线随机寻址,读取时只能按页读取。

由于 NAND Flash 引脚上可复用,因此读取速度比 NOR Flash 慢,但是擦除和写入速度更快,并且由于 NAND Flash 内部电路简单、数据密度大、体积小、成本低,因此大容量的 Flash 都是 NAND 型的,而小容量(例如 2~12 MB)的 Flash 大多为 NOR 型的。

在使用寿命上,NAND Flash 的可擦除次数是 NOR Flash 的数倍。另外,NAND Flash 可以标记坏块,从而使软件跳过坏块,而 NOR Flash 一旦损坏则无法再使用。

表 5 - 1　NAND Flash 与 NOR Flash 的对比

特　性	NAND Flash	NOR Flash
地址线和数据线	复用	分开
单位容量成本	低	高
介质	连续存储	随机存储
擦除方式	按扇区擦除	按扇区擦除
读操作	以块为单位读	以字节为单位读
读速	较低	较高
写速	较高	较低
坏块	较多	较少
集成度	较高	较低

　　NAND Flash 具有容量大、写入快、成本低和集成度高等特点,适合存储大量需要掉电保存的数据。

5.2.2　HY27UF081G2A 芯片简介

　　HY27UF081G2A 芯片为 Hynix(海力士)公司生产的容量为 128 MB 的 NAND Flash 芯片,其 128 MB 存储空间由 1 024 个 Block 组成,每个 Block 由 64 个 Page 组成,每个 Page 由 2 KB 的存储空间和 64 B 的空闲区域组成。64 B 的空闲区域是基于 NAND Flash 的硬件特性(数据在读/写时相对容易出现错误)而设立的。这种为了保证数据的正确性而产生的检测和纠错机制被称为 EDC(Error Detection Code),而空闲区域用于放置数据的校验值以供 EDC 机制进行检测纠错。

　　HY27UF081G2A 芯片通过 EXMC(外部存储器控制器)接口与 GD32F470IIH6 微控制器的 AHB 总线接口相连,具体电路原理图如图 5 - 1 所示。

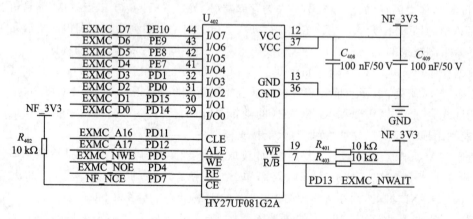

图 5 - 1　接口连接电路原理图

　　HY27UF081G2A 芯片的各个引脚描述如表 5 - 2 所列,其中 R/B 引脚用于检测芯片状态,当该引脚为高电平时,可进行读/写等操作;当该引脚为低电平时,芯片正在运行,此时不可对其进行操作。

表 5 - 2　HY27UF081G2A 芯片的引脚描述

引脚名	引脚描述
I/O0~I/O7	数据输入/输出
CLE	命令锁存使能,高电平有效,表示写入的是命令
ALE	地址锁存使能,高电平有效,表示写入的是地址
$\overline{CE}$	芯片使能,低电平有效,用于选中 NAND 芯片
$\overline{RE}$	读使能,低电平有效,用于读取数据
$\overline{WE}$	写使能,低电平有效,用于写入数据
$\overline{WP}$	写保护,低电平有效
R/$\overline{B}$	就绪/忙,用于判断编程/擦除操作是否完成
VDD	电源,电压范围 2.7~3.6 V
GND	地

5.2.3　ECC 算法

NAND Flash 串行组织的存储结构,在数据读取时,读出放大器所检测的信号强度会被削弱,降低了信号的准确性,导致读数出错,因此通常采用 ECC 算法进行数据检测及校准。

ECC(Error Checking and Correction)是一种错误检测和校准的算法。NAND Flash 数据产生错误时一般只有 1 bit 出错,而 ECC 能纠正 1 bit 错误和检测 2 bit 的错误,并且计算速度快,但缺点是无法纠正 1 bit 以上的错误,且不确保能检测全部 2 bit 以上的错误。

ECC 算法的基本原理如下:假设对 2 048 字节的数据进行校验,那么将这些数据视为 2 048 行、8 列的矩阵,即每行表示 1 字节数据,矩阵的每个元素表示 1 位(bit),如图 5 - 2 所示。校验过程分为行校验和列校验(下面将 bit$n$ 中的 n 称为索引值)。

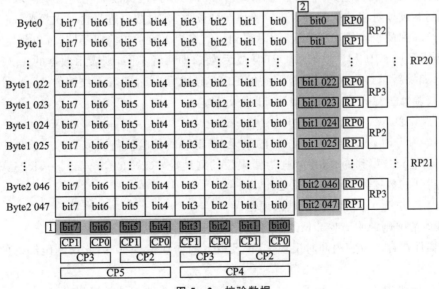

图 5 - 2　校验数据

列校验：首先将矩阵每个列进行异或，得到如图 5-2 所示 1 号阴影区域的 8 位数据。其次每次取出 4 位并进行异或，重复进行 6 次，将得到的 6 位数据称为 CP0～CP5：

CP0＝bit0^bit2^bit4^bit8（每取 1 位隔 1 位，索引值对应二进制的 bit0 为 0 的位）

CP1＝bit1^bit3^bit5^bit7（每隔 1 位取 1 位，索引值对应二进制的 bit0 为 1 的位）

CP2＝bit0^bit1^bit4^bit5（每取 2 位隔 2 位，索引值对应二进制的 bit1 为 0 的位）

CP3＝bit2^bit3^bit6^bit7（每隔 2 位取 2 位，索引值对应二进制的 bit1 为 1 的位）

CP4＝bit0^bit1^bit2^bit3（每取 4 位隔 4 位，索引值对应二进制的 bit2 为 0 的位）

CP5＝bit4^bit5^bit6^bit7（每隔 4 位取 4 位，索引值对应二进制的 bit2 为 1 的位）

列校验最终得到的校验值即为上述 6 位数据。

行校验：首先将矩阵每个行进行异或，得到如图 5-2 所示 2 号阴影区域的 2 048 位数据。其次每次取出 1 024 位并进行异或，重复进行 22 次，将得到的数据称为 RP0～RP21：

RP0＝bit0^bit2^bit4^…^bit2 046（每取 1 位隔 1 位，索引值对应二进制的 bit0 为 0 的位）

RP1＝bit1^bit3^bit5^…^bit2 047（每隔 1 位取 1 位，索引值对应二进制的 bit0 为 1 的位）

RP2＝bit0^bit1^bit4^bit5^…^bit2 044^bit2 045（每取 2 位隔 2 位，索引值对应二进制的 bit1 为 0 的位）

RP3＝bit2^bit3^bit6^bit7^…^bit2 046^bit2 047（每隔 2 位取 2 位，索引值对应二进制的 bit1 为 1 的位）

……

RP20＝bit0^bit1^…^bit1 022^bit1 023（每取 1 024 位隔 1 024 位，索引值对应二进制的 bit11 为 0 的位）

RP21＝bit1 024^bit1 025^…^bit2 046^bit2 047（每隔 1 024 位取 1 024 位，索引值对应二进制的 bit11 为 1 的位）

行校验最终得到的校验值即为上述 22 位数据。

综上所述，通过汉明码编码的 ECC 校验，n 字节的数据对应的校验值为 $2\log_2 n$（n 的大小）＋6 位。校验值在对应数据写入 NAND Flash 时一同写入，被保存到空闲区域的[16:19]中。微控制器读取对应数据时将对应校验值一同读取，并对数据进行再一次校验，将新得到的校验值与读取到的校验值进行异或，此时得到的结果为 1 表示校验码不同，可以判定产生了错误：如果新得到的 CP1 和读取到的 CP1 异或后为 1，即两者不同，则表示数据的 1、3、5、7 列中存在错误；如果新得到的 RP20 和读取到的 RP20 异或后为 1，则表示数据的 0～1 023 行中存在错误。校验值进行异或得到的结果有以下几种：

① 全为 0 表示数据无错误。

② 一半为 1 时，表示出现了 1 bit 的错误，新得到的校验值与读取到的校验值中的 CP5、CP3、CP1 进行异或得到的 3 bit 数据为错误位的列地址，RP($2\log_2 n-1$)、…、RP5、RP3、RP1 进行异或得到的数据为错误位的行地址。

③ 只有 1 位为 1 表示空闲区域出现错误。

④ 其他情况则说明至少 2 bit 数据错误。

一般器件在存储范围内同时出现 2 bit 及以上的错误很少见，因此汉明码编码的 ECC 校验基本上够用。

EXMC 模块中的 Bank1 和 Bank2 都包含带有 ECC 算法的硬件模块，通过寄存器 EXMC_

NPCTLx 中的 ECCSZ 来选择 ECC 计算的页面大小,可选项有 256、512、1 024、2 048、4 096 和 8 192 字节,该寄存器中各个位的具体描述可参见《GD32F4xx 用户手册》中的 25.4.2 小节。本章实验将 ECC 块大小配置为 2 048 字节。

当 NAND Flash 块使能时,ECC 模块就会检测 D[15:0]、EXMC_NCE 和 EXMC_NWE 信号。当已经完成 ECCSZ 大小字节的读/写操作时,软件必须读出 EXMC_NECCx 中的结果值。如果需要再次开始 ECC 计算,则软件需要先将 EXMC_NECCx 中的 ECCEN 清零来清除 EXMC_NPCTLx 中的值,再将 ECCEN 置 1 来重新启动 ECC 计算。

5.2.4　FTL 原理

在生产和使用过程中,NAND Flash 都有可能产生坏块,并且每个块的擦除次数有限,超过一定次数后将无法擦除,即产生了坏块。坏块的存在使得 NAND Flash 物理地址不连续,而微控制器访问存储单元时要求地址连续,否则无法通过地址直接读/写存储单元,因此一般添加闪存转换层 FTL(Flash Translation Layer)完成对 NAND Flash 的操作,FTL 的功能如下:

1. 标记坏块

当通过读/写数据或 ECC 校验检测出坏块时,需要将其标记以不再对该区域进行读/写操作。坏块的标记一般是将空闲区域的第 1 字节写入非 0xFF 的值来表示。

2. 地址映射管理

FTL 将逻辑地址映射到 NAND Flash 中可读/写的物理地址,并创建相应的映射表,当处理器对相应的逻辑地址读/写数据时,实际上是通过 FTL 读/写 NAND Flash 中对应的物理地址的,如图 5-3 所示。由于坏块导致的物理地址不连续,逻辑地址对应的物理地址不固定,逻辑地址 1 可能对应物理地址 5,逻辑地址 3 可能对应物理地址 2,本章实验将映射表存储于数组 lut 中,该数组为在 FTL.c 文件声明的结构体 StructFTLDev 的成员变量。

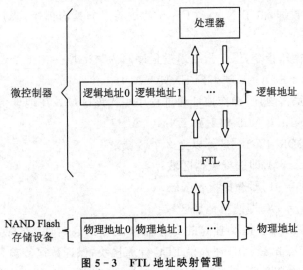

图 5-3　FTL 地址映射管理

3. 坏块管理和磨损均衡

坏块管理：当坏块产生后，用空闲并且可读/写的块替代坏块在映射表中的位置，保证每个逻辑地址都映射到可读/写的物理地址。

磨损均衡：向某个已写入值的块重新写入数据时，向其他块写入并使其替代原本已写入值的块在映射表中的位置，这是由于每个块的擦除及编程次数有限，因此为了防止部分物理存储块访问次数过多而提前损坏，尽量使全部块尽可能地同时达到磨损阈值。

5.2.5 HY27UF081G2A 芯片通信方式

与"读/写 SDRAM 实验"介绍的 SDRAM 芯片相同，微控制器通过 EXMC 与外部 NAND Flash 芯片进行通信，区别是二者使用的区域不同，如图 4-5 所示，其可分配的地址范围为 0x7000 0000～0x8FFF FFFF，即支持 NAND Flash 类型的为 Bank1、Bank2 区域。本实验将 Bank1 配置为 HY27UF081G2A 芯片的读/写区域。

Bank1 包含 3 个区域：数据区域、指令区域和地址区域，如图 5-4 所示。

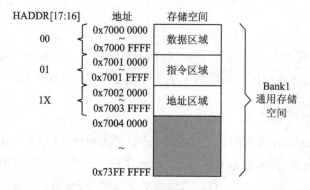

图 5-4 Bank1 通用存储空间划分

下面介绍各区域的功能：

数据区域：储存数据，由于 NAND Flash 会自动累加其内部操作地址，故在读/写时不需要软件修改操作地址。

指令区域：储存操作指令，操作指令通过程序写入该区域。在指令传输过程中，EXMC 会使能指令锁存信号（CLE），CLE 映射到 EXMC_A[16]。

地址区域：储存操作地址，操作地址通过程序写入该区域。在地址传输过程中，EXMC 会使能地址锁存信号（ALE），ALE 映射到 EXMC_A[17]。

AHB 通过 HADDR[17:16] 选择以上 3 个区域来进行操作：

HADDR[17:16]＝00，即选择数据区域；

HADDR[17:16]＝01，即选择指令区域；

HADDR[17:16]＝1X，即选择地址区域。

对于每个 Bank，EXMC 提供独立的寄存器来配置访问时序，支持 8 位、16 位的 NAND Flash，对于 NAND Flash，EXMC 还提供 ECC 计算模块，保证数据传输和保存的鲁棒性（鲁棒性是指外部环境较差时仍能保持其功能稳定、正常地发挥）。本实验使用的 NAND Flash 为

8 位的芯片。EXMC 与 NAND Flash 的接口信号描述如表 5 – 3 所列。

表 5 – 3　EXMC 与 NAND Flash 的接口信号描述

EXMC 引脚	传输方向	功能描述
EXMC_A[17]	输出	NAND Flash 地址锁存(ALE)
EXMC_A[16]	输出	NAND Flash 指令锁存(CLE)
EXMC_D[7:0]/EXMC_D[15:0]	输入/输出	8 位复用,双向地址/数据总线
		16 位复用,双向地址/数据总线
EXMC_NCE[x]	输出	片选,$x=1,2$
EXMC_NOE[NRE]	输出	输出使能
EXMC_NWE	输出	写使能
EXMC_NWAIT/EXMC_INT[x]	输入	NAND Flash 就绪/忙输入信号 EXMC,$x=1,2$

5.2.6　NAND Flash 的读/写操作

1. 读操作步骤

①选中芯片;②调用 FTL 算法将用户输入的逻辑地址映射到实际物理地址;③校验需读取的数据及地址是否合法;④发送读指令 0x00;⑤发出列地址(分 2 次,从低到高);⑥发出页(行)地址(分 3 次);⑦发出读结束指令 0x30;⑧等待 RnB;⑨将数据读取到缓冲区;⑩更新并保存 ECC 计数值,从空闲区域的指定位置中读出之前写入的 ECC,然后进行对比;⑪校验并尝试修复数据;⑫读取结束,取消片选。

2. 擦除操作步骤

①选中芯片;②清除 RnB;③发出块自动擦除启动指令 0x60;④发出页(行)地址(分 3 次);⑤发出擦除指令 0xD0;⑥等待 RnB;⑦读取擦除结果;⑧擦除成功,取消片选。

3. 写操作步骤

①选中芯片;②清除 RnB;③发出写指令 0x80;④发出列地址(分 2 次,从低到高);⑤发出页(行)地址(分 3 次);⑥从缓冲区写入数据;⑦更新 ECC 计数值并保存到空闲区域;⑧发出写入结束指令 0x10;⑨等待 RnB;⑩读取写入结果;⑪写入成功,取消片选。

5.3　实验代码解析

5.3.1　FTL 文件对

1. FTL. h 文件

在 FTL. h 文件的"宏定义"区,进行了无效地址和扇区大小的定义,如程序清单 5 – 1

所示。

程序清单 5 - 1

```
#define INVALID_ADDR    (0xFFFFFFFF)      //无效地址
#define FTL_SECTOR_SIZE (2048)            //扇区大小,对应 1 页数据
```

在"API 函数声明"区,声明了 FTL.c 驱动文件中各个操作的函数,如程序清单 5 - 2 所示,包括初始化 FTL 算法和标记坏块等函数。

程序清单 5 - 2

```
1.  u32  InitFTL(void);                                  //初始化 FTL 层算法
2.  void FTLBadBlockMark(u32 blockNum);                  //标记某一个块为坏块
3.  u32  FTLCheckBlockFlag(u32 blockNum);                //检查坏块标志位
4.  u32  FTLSetBlockUseFlag(u32 blockNum);               //标记某一个块已经使用
5.  u32  FTLLogicNumToPhysicalNum(u32 logicNum);         //逻辑块号转换为物理块号
6.  u32  CreateLUT(void);                                //重新创建 LUT 表
7.  u32  FTLFormat(void);                                //格式化 NAND 重建 LUT 表
8.  u32  FTLFineUnuseBlock(u32 startBlock, u32 oddEven); //查找未使用的块
9.  u32  FTLWriteSectors(u8 * pBuffer, u32 sectorNo, u32 sectorSize, u32 sectorCount); //写扇区
10. u32  FTLReadSectors(u8 * pBuffer, u32 sectorNo, u32 sectorSize, u32 sectorCount);  //读扇区
```

2. FTL.c 文件

在 FTL.c 文件的"枚举结构体"区,声明了 FTL 结构体 StructFTLDev。该结构体包含了 FTL 算法需要用到的各个参数,如程序清单 5 - 3 所示。

程序清单 5 - 3

```
1.  //FTL 控制结构体
2.  typedef struct
3.  {
4.    u32  pageTotalSize;                //页总大小,main 区和空闲区域总和
5.    u32  pageMainSize;                 //页 main 区大小
6.    u32  pageSpareSize;                //页空闲区域大小
7.    u32  blockPageNum;                 //块包含页数量
8.    u32  planeBlockNum;                //plane 包含 Block 数量
9.    u32  blockTotalNum;                //总的块数量
10.   u32  goodBlockNum;                 //好块数量
11.   u32  validBlockNum;                //有效块数量(供文件系统使用的好块数量)
12.   u32  lut[NAND_BLOCK_COUNT];        //LUT 表,用作逻辑块-物理块转换
13.   u32  sectorPerPage;                //每一页中含有多少个扇区
14. }StructFTLDev;
```

在"内部变量"区,声明了 FTL 结构体变量 s_structFTLDev,如程序清单 5 - 4 所示。

程序清单 5 - 4

```
static StructFTLDev s_structFTLDev;
```

在"API 函数实现"区,首先实现了 InitFTL 函数,如程序清单 5 - 5 所示。

① 第 4～17 行代码:初始化 FTL 设备结构体。

② 第 20～23 行代码:通过 InitNandFlash 函数初始化 NAND Flash。

③ 第 26～35 行代码：通过 CreateLUT 函数生成 LUT 表，并根据生成结果显示相应的信息并返回相应的返回值。

程序清单 5-5

```
1.    u32 InitFTL(void)
2.    {
3.        //初始化 FTL 设备结构体
4.        s_structFTLDev.pageTotalSize = NAND_PAGE_TOTAL_SIZE;
5.        s_structFTLDev.pageMainSize  = NAND_PAGE_SIZE;
6.        s_structFTLDev.pageSpareSize = NAND_SPARE_AREA_SIZE;
7.        s_structFTLDev.blockPageNum  = NAND_BLOCK_SIZE;
8.        s_structFTLDev.planeBlockNum = NAND_ZONE_SIZE;
9.        s_structFTLDev.blockTotalNum = NAND_BLOCK_COUNT;
10.
11.       //校验扇区大小，要保证扇区大小为 1 页数据
12.       if(s_structFTLDev.pageMainSize != FTL_SECTOR_SIZE)
13.       {
14.           printf("InitFTL: error sector size\r\n");
15.           while(1);
16.       }
17.       s_structFTLDev.sectorPerPage = s_structFTLDev.pageMainSize / FTL_SECTOR_SIZE;
18.
19.       //初始化 NAND Flash
20.       if(InitNandFlash())
21.       {
22.           return 1;
23.       }
24.
25.       //创建 LUT 表
26.       if(0 != CreateLUT())
27.       {
28.           //生成 LUT 表失败，需要重新初始化 NAND Flash
29.           printf("InitFTL: format nand flash...\r\n");
30.           if(FTLFormat())
31.           {
32.               printf("InitFTL: format failed! \r\n");
33.               return 2;
34.           }
35.       }
36.
37.       //创建 LUT 表成功，输出 NAND Flash 块信息
38.       printf("\r\n");
39.       printf("InitFTL: total block num: % d\r\n", s_structFTLDev.blockTotalNum);
40.       printf("InitFTL: good block num: % d\r\n", s_structFTLDev.goodBlockNum);
41.       printf("InitFTL: valid block num: % d\r\n", s_structFTLDev.validBlockNum);
42.       printf("\r\n");
43.
44.       //初始化成功
45.       return 0;
46.   }
```

在 InitFTL 函数实现区之后为 FTLBadBlockMark 函数的实现代码,如程序清单 5 - 6 所示,该函数将坏块前两页的空闲区域赋值为 0xAAAAAAAA 以将其标记为坏块,其中第二页作为备份防止检测错误。

程序清单 5 - 6

```
1.    void FTLBadBlockMark(u32 blockNum)
2.    {
3.        //坏块标记 mark,任意值都 OK,只要不是 0XFF
4.        //这里写前 4 字节,方便 FTL_FindUnusedBlock 函数检查坏块(不检查备份区,以提高速度)
5.        u32 mark = 0xAAAAAAAA;
6.
7.        //在第一个 page 的 spare 区,第 1 字节做坏块标记(前 4 字节都写)
8.        NandWriteSpare(blockNum, 0, 0, (u8 *)&mark, 4);
9.
10.       //在第二个 page 的 spare 区,第 1 字节做坏块标记(备份用,前 4 字节都写)
11.       NandWriteSpare(blockNum, 1, 0, (u8 *)&mark, 4);
12.   }
```

在 FTLBadBlockMark 函数实现区之后为 FTLCheckBlockFlag 函数的实现代码,该函数通过检测块前两页的空闲区域的第 1 字节是否为 0xFF 以判断该块是否为坏块。

在 FTLCheckBlockFlag 函数实现区之后为 FTLSetBlockUseFlag 函数的实现代码,该函数将块第 1 页的空闲区域的第 2 字节设置为 0xCC 以标记该块已被使用。

在 FTLSetBlockUseFlag 函数实现区之后为 FTLLogicNumToPhysicalNum 函数的实现代码,如程序清单 5 - 7 所示,若该函数检测到合法逻辑块号参数则返回相应的物理块号,否则返回 INVALID_ADDR。

程序清单 5 - 7

```
1.    u32 FTLLogicNumToPhysicalNum(u32 logicNum)
2.    {
3.        if(logicNum > s_structFTLDev.blockTotalNum)
4.        {
5.            return INVALID_ADDR;
6.        }
7.        else
8.        {
9.            return s_structFTLDev.lut[logicNum];
10.       }
11.   }
```

在 FTLLogicNumToPhysicalNum 函数实现区之后为 CreateLUT 函数的实现代码,如程序清单 5 - 8 所示。

① 第 7~13 行代码:清空 LUT 表,将表中的好块和有效块的数量置 0。

② 第 15~45 行代码:读取 NAND Flash 中的 LUT 表,校验空闲区域,如果该块是好块,则转换得到逻辑块的编号,并且好块数量加 1,否则输出该坏块的索引值 bad block index。

③ 第 47~63 行代码:LUT 表建立完成以后,检查有效块个数,如果有效块数小于 100,则返回 1 表示需要重新格式化。

程序清单 5-8

```
1.    u32 CreateLUT(void)
2.    {
3.        u32 i;                    //循环变量 i
4.        u8  spare[6];             //spare 前 6 字节数据
5.        u32 logicNum;             //逻辑块编号
6.
7.        //清空 LUT 表
8.        for(i = 0; i < s_structFTLDev.blockTotalNum; i++ )
9.        {
10.           s_structFTLDev.lut[i] = INVALID_ADDR;
11.       }
12.       s_structFTLDev.goodBlockNum = 0;
13.       s_structFTLDev.validBlockNum = 0;
14.
15.       //读取 NAND Flash 中的 LUT 表
16.       for(i = 0; i < s_structFTLDev.blockTotalNum; i++ )
17.       {
18.           //读取空闲区域
19.           NandReadSpare(i, 0, 0, spare, 6);
20.           if(0xFF == spare[0])
21.           {
22.               NandReadSpare(i, 1, 0, spare, 1);
23.           }
24.
25.           //是好块
26.           if(0xFF == spare[0])
27.           {
28.               //得到逻辑块编号
29.               logicNum = ((u32)spare[5] << 24) | ((u32)spare[4] << 16) | ((u32)spare[3] << 8) |
                  ((u32)spare[2] << 0);
30.
31.               //逻辑块号肯定小于总的块数量
32.               if(logicNum < s_structFTLDev.blockTotalNum)
33.               {
34.                   //更新 LUT 表
35.                   s_structFTLDev.lut[logicNum] = i;
36.               }
37.
38.               //好块计数
39.               s_structFTLDev.goodBlockNum ++ ;
40.           }
41.           else
42.           {
43.               printf("CreateLUT: bad block index: % d\r\n",i);
```

```
44.            }
45.        }
46.
47.     //LUT 表建立完成以后,检查有效块个数
48.     for(i = 0; i < s_structFTLDev.blockTotalNum; i ++ )
49.     {
50.        if(s_structFTLDev.lut[i] < s_structFTLDev.blockTotalNum)
51.        {
52.           s_structFTLDev.validBlockNum ++ ;
53.        }
54.     }
55.
56.     //有效块数小于100,有问题,需要重新格式化
57.     if(s_structFTLDev.validBlockNum < 100)
58.     {
59.        return 1;
60.     }
61.
62.     //LUT 表创建完成
63.     return 0;
64.  }
```

在 CreateLUT 函数实现区之后为 FTLFormat 函数的实现代码,如程序清单 5-9 所示。

① 第 10～38 行代码:将所有好块进行擦除。若擦除失败表示该块已变成坏块,则通过串口显示该块的索引值并标记其为坏块,否则将好块的统计数加 1,擦除完成后,检测好块的数量,若小于 100 则表示 NAND Flash 报废,返回 1。

② 第 41～64 行代码:使用 90% 的好块用于存储数据,并向其空闲区域写入对应的逻辑块号。

③ 第 67～70 行代码:通过 CreateLUT 函数创建 LUT 表。

程序清单 5-9

```
1.   u32 FTLFormat(void)
2.   {
3.      u32 i;              //循环变量
4.      u32 ret;            //返回值
5.      u32 goodBlock;      //用于存储的好块数量
6.      u32 logicNum;       //逻辑块编号
7.      u8  spare[4];       //读/写 spare 区缓冲区
8.
9.      //擦除所有好块
10.     s_structFTLDev.goodBlockNum = 0;
11.     for(i = 0; i < s_structFTLDev.blockTotalNum; i ++ )
12.     {
13.        //检查一个块是否为坏块
14.        if(0 == FTLCheckBlockFlag(i))
15.        {
16.           //块擦除
```

```
17.        ret = NandEraseBlock(i);
18.
19.        //擦除失败,则认为是坏块
20.        if(0 != ret)
21.        {
22.            printf("FTLFormat: back block: %d\r\n", i);
23.            FTLBadBlockMark(i);
24.        }
25.        else
26.        {
27.            //好块统计
28.            s_structFTLDev.goodBlockNum ++;
29.        }
30.    }
31.    }
32.
33.    //校验好块数量.如果好块的数量少于100,则 NAND Flash 报废
34.    printf("FTLFormat: good block num: %d\r\n", s_structFTLDev.goodBlockNum);
35.    if(s_structFTLDev.goodBlockNum < 100)
36.    {
37.      return 1;
38.    }
39.
40.    //使用90%的好块用于存储数据
41.    goodBlock = s_structFTLDev.goodBlockNum * 90 / 100;
42.
43.    //在好块中标记上逻辑块信息
44.    logicNum = 0;
45.    for(i = 0; i < s_structFTLDev.blockTotalNum; i++)
46.    {
47.      if(0 == FTLCheckBlockFlag(i))
48.      {
49.        //写入逻辑块编号
50.        spare[0] = (logicNum >> 0 ) & 0xFF;
51.        spare[1] = (logicNum >> 8 ) & 0xFF;
52.        spare[2] = (logicNum >> 16) & 0xFF;
53.        spare[3] = (logicNum >> 24) & 0xFF;
54.        NandWriteSpare(i, 0, 2, spare, 4);
55.
56.        //逻辑块编号加1
57.        logicNum ++;
58.
59.        if(logicNum >= goodBlock)
60.        {
61.          break;
```

```
62.              }
63.          }
64.      }
65.
66.      //重建 LUT 表
67.      if(CreateLUT())
68.      {
69.          return 2;
70.      }
71.
72.      //格式化成功
73.      return 0;
74.  }
```

在 FTLFormat 函数实现区之后为 FTLFineUnuseBlock 函数的实现代码,该函数用于通过检查空闲区域,查找未使用的好块,并将其索引值返回。

在 FTLFineUnuseBlock 函数实现区之后为 FTLWriteSectors 函数的实现代码,如程序清单 5-10 所示。该函数首先检测扇区的大小是否合法,若合法则将数据循环写入扇区中,下面按照顺序解释说明 FTLWriteSectors 函数中数据写入的语句,即第 20~157 行代码。

① 第 22 行代码:设置语句标号,当写入失败,即发现坏块时可通过 goto 语句重新写入。

② 第 25~38 行代码:计算逻辑地址的位置 Block、Page 以及 Column,并通过 FTLLogicNumToPhysicalNum 函数转为对应物理块编号,最后通过 NandCheckPage 函数检测该页是否已写入过数据。

③ 第 44~98 行代码:若该页未写入,则标记该块已使用并写入数据,写入失败则查找空闲块后进行数据复制、LUT 表修改并进行坏块标记,然后通过 goto 语句跳转到第 22 行代码重新写入,若不存在空闲块则标记坏块后返回。

④ 第 106~157 行代码:若该页已写入,为了磨损均衡,查找空闲块后计算数据大小,并复制相应数据,复制成功则修改 LUT 表并将已写入页擦除,更新读取扇区号、缓冲区指针以及写入量计数等变量,复制失败则标记坏块后通过 goto 语句跳转到第 103 行代码重新查找空闲块。

程序清单 5-10

```
1.      u32 FTLWriteSectors(u8 * pBuffer, u32 sectorNo, u32 sectorSize, u32 sectorCount)
2.      {
3.          u32 logicBlock;          //逻辑块编号
4.          u32 phyBlock;            //物理块编号
5.          u32 writePage;           //当前 Page
6.          u32 writeColumn;         //当前列
7.          u32 ret;                 //返回值
8.          u32 emptyBlock;          //空闲块编号
9.          u32 copyLen;             //块复制时复制长度
10.         u32 sectorCnt;           //写入量计数
11.
12.         //校验扇区大小
```

```
13.      if(FTL_SECTOR_SIZE != sectorSize)
14.      {
15.        return 1;
16.      }
17.
18.      //循环写入所有扇区
19.      sectorCnt = 0;
20.      while(sectorCnt < sectorCount)
21.      {
22.  RETRY1_MARK:
23.
24.        //计算得到位置 Block、Page 以及 Column
25.        logicBlock  = (sectorNo / s_structFTLDev.sectorPerPage) / s_structFTLDev.blockPageNum;
26.        writePage   = (sectorNo / s_structFTLDev.sectorPerPage) % s_structFTLDev.blockPageNum;
27.        writeColumn = (sectorNo % s_structFTLDev.sectorPerPage) * sectorSize;
28.
29.        //逻辑块编号转物理块编号
30.        phyBlock = FTLLogicNumToPhysicalNum(logicBlock);
31.        if(INVALID_ADDR == phyBlock)
32.        {
33.          //超出了最大物理内存,写入失败
34.          return 1;
35.        }
36.
37.        //校验当前页是否已被写入
38.        ret = NandCheckPage(phyBlock, writePage, 0xFF, 0);
39.
40.        //页未被写入过,可以直接写入
41.        if(0 == ret)
42.        {
43.          //标记当前块已使用
44.          if(0 == writePage)
45.          {
46.            FTLSetBlockUseFlag(phyBlock);
47.          }
48.
49.          //写入数据
50.          ret = NandWritePage(phyBlock, writePage, pBuffer);
51.
52.          //写入失败,表示产生了坏块,需要将保留区中的一个块替换当前块
53.          if(0 != ret)
54.          {
55.            //从当前块往后查找空闲块
56.            emptyBlock = FTLFineUnuseBlock(phyBlock, (phyBlock % 2));
57.            if(INVALID_ADDR != emptyBlock)
```

```
58.            {
59.                //复制整个 Block 数据(包含空闲区域)
60.                ret = NandCopyBlockWithoutWrite(phyBlock, emptyBlock, 0, s_structFTLDev.blockPageNum);
61.
62.                //复制成功
63.                if(0 == ret)
64.                {
65.                    //修改 LUT 表
66.                    s_structFTLDev.lut[logicBlock] = emptyBlock;
67.
68.                    //标记当前块为坏块
69.                    FTLBadBlockMark(phyBlock);
70.                }
71.
72.                //复制失败,表示这个 Block 为坏块
73.                else
74.                {
75.                    FTLBadBlockMark(emptyBlock);
76.                }
77.
78.                //再次尝试写入数据
79.                goto RETRY1_MARK;
80.            }
81.            else
82.            {
83.                //标记当前块为坏块
84.                FTLBadBlockMark(phyBlock);
85.
86.                //找不到空闲块,写入结束
87.                return 1;
88.            }
89.        }
90.
91.        //写入成功,更新读取扇区号、缓冲区指针以及写入量计数
92.        else
93.        {
94.            sectorNo = sectorNo + 1;
95.            pBuffer = pBuffer + sectorSize;
96.            sectorCnt = sectorCnt + 1;
97.        }
98.    }
99.
100.    //当前页已写入过,则将数据复制到保留区中的 Block,复制的同时写入新的数据
101.    else
```

```
102.      {
103.  RETRY2_MARK:
104.
105.          //从当前块往后查找空闲块
106.      emptyBlock = FTLFineUnuseBlock(phyBlock, (phyBlock % 2));
107.      if(INVALID_ADDR != emptyBlock)
108.      {
109.          //计算最大可以写入的数据量
110.          copyLen = s_structFTLDev.blockPageNum * s_structFTLDev.pageMainSize - s_
                  structFTLDev.pageMainSize * writePage - writeColumn;
111.
112.          //需要复制的数据量小于最大写入数据量,则以实际写入的为准
113.          if(copyLen >= ((sectorCount - sectorCnt) * sectorSize))
114.          {
115.              copyLen = (sectorCount - sectorCnt) * sectorSize;
116.          }
117.
118.          //将当前块数据复制到保留区块数据,并写入数据
119.          ret = NandCopyBlockWithWrite(phyBlock, emptyBlock, writePage, writeColumn, pBuffer, copyLen);
120.
121.          //复制成功
122.          if(0 == ret)
123.          {
124.              //修改 LUT 表
125.              s_structFTLDev.lut[logicBlock] = emptyBlock;
126.
127.              //擦除当前块,使之变成保留区块
128.              ret = NandEraseBlock(phyBlock);
129.              if(0 != ret)
130.              {
131.                  //擦除失败,标记为坏块
132.                  FTLBadBlockMark(phyBlock);
133.              }
134.
135.              //更新读取扇区号、缓冲区指针以及写入量计数
136.              sectorNo = sectorNo + copyLen / sectorSize;
137.              pBuffer = pBuffer + copyLen;
138.              sectorCnt = sectorCnt + copyLen / sectorSize;
139.          }
140.
141.          //复制失败,表示这个 Block 为坏块
142.          else
143.          {
144.              //标记为坏块
145.              FTLBadBlockMark(emptyBlock);
```

```
146.
147.        //再次尝试
148.          goto RETRY2_MARK;
149.        }
150.      }
151.      else
152.      {
153.        //找不到空闲块,NAND Flash 内存已消耗完,写入失败
154.        return 1;
155.      }
156.    }
157.  }
158.
159.  return 0;
160. }
```

在 FTLWriteSectors 函数实现区之后为 FTLReadSectors 函数的实现代码,如程序清单 5-11 所示。该函数首先检测扇区的大小是否合法,若合法则从扇区中循环读取出数据。下面按照顺序解释说明 FTLWriteSectors 函数中数据读取的语句,即第 15~46 行代码。

① 第 17~26 行代码:计算逻辑地址的位置 Block 和 Page,并通过 FTLLogicNumToPhysicalNum 函数转为对应物理块编号。

② 第 29~43 行代码:通过 NandReadPage 函数读取一整页的数据,若读取失败则再次读取,若两次都读取失败则返回 1,若读取成功则更新读取扇区号和缓冲区指针。

程序清单 5-11

```
1.    u32 FTLReadSectors(u8 * pBuffer, u32 sectorNo, u32 sectorSize, u32 sectorCount)
2.    {
3.      u32 i;              //循环变量
4.      u32 readBlock;      //当前 Block
5.      u32 readPage;       //当前 Page
6.      u32 ret;            //返回值
7.
8.      //校验扇区大小
9.      if(FTL_SECTOR_SIZE != sectorSize)
10.     {
11.       return 1;
12.     }
13.
14.     for(i = 0; i < sectorCount; i++)
15.     {
16.       //计算得到位置 Block、Page 以及 Column
17.       readBlock  = (sectorNo / s_structFTLDev.sectorPerPage) / s_structFTLDev.blockPageNum;
18.       readPage   = (sectorNo / s_structFTLDev.sectorPerPage) % s_structFTLDev.blockPageNum;
19.
20.       //逻辑块编号转物理块编号
21.       readBlock = FTLLogicNumToPhysicalNum(readBlock);
```

```
22.        if(INVALID_ADDR == readBlock)
23.        {
24.          //超过了最大物理内存地址范围,读取失败
25.          return 1;
26.        }
27.
28.        //读取数据
29.        ret = NandReadPage(readBlock, readPage, pBuffer);
30.        if(0 != ret)
31.        {
32.          //读取失败,再次尝试读取
33.          ret = NandReadPage(readBlock, readPage, pBuffer);
34. //        if(0 != ret)
35. //        {
36. //          //尝试两次还不成功,读取失败
37. //          return 1;
38. //        }
39.        }
40.
41.        //更新读取扇区号和缓冲区指针
42.        sectorNo = sectorNo + 1;
43.        pBuffer = pBuffer + sectorSize;
44.      }
45.
46.      return 0;
47. }
```

5.3.2　NandFlash 文件对

1. NandFlash.h 文件

在 NandFlash.h 文件的"宏定义"区,进行了大量与 NAND Flash 模块操作相关的宏定义。

在"API 函数声明"区,声明了 NandFlash.c 驱动文件中各个操作的函数,如程序清单 5 - 12 所示,包括初始化 NandFlash 驱动模块、读器件 ID 和读器件状态等函数。

程序清单 5 - 12

```
1.  u32 InitNandFlash(void);            //初始化 NandFlash 驱动模块
2.  u32 NandReadID(void);               //读器件 ID
3.  ...
4.
5.  //页复制
6.  u32 NandCopyPageWithoutWrite(u32 sourceBlock, u32 sourcePage, u32 destBlock, u32 destPage);
7.  u32 NandCopyPageWithWrite(u32 sourceBlock, u32 sourcePage, u32 destBlock, u32 destPage,
    u8 * buf, u32 column, u32 len);
```

```
8.
9.    //块复制
10.   u32 NandCopyBlockWithoutWrite(u32 sourceBlock, u32 destBlock, u32 startPage, u32 pageNum);
11.   u32 NandCopyBlockWithWrite(u32 sourceBlock, u32 destBlock, u32 startPage, u32 column, u8 *
      buf, u32 len);
12.
13.   //页校验
14.   u32 NandCheckPage(u32 block, u32 page, u32 value, u32 mode);
15.   u32 NandPageFillValue(u32 block, u32 page, u32 value, u32 mode);
16.
17.   //强制擦除
18.   u32 NandForceEraseBlock(u32 blockNum);
19.   u32 NandForceEraseChip(void);
20.   u32 NandMarkAllBadBlock(void);
```

2. NandFlash.c 文件

由于开发需要,本实验未使用官方 NAND Flash 库,而重新编写了一份驱动文件 NandFlash.c,下面对该文件的部分函数进行介绍。

在 NandFlash.c 文件的"内部函数实现"区,首先实现了 NandDelay 函数。因为 GD32F470IIH6 微控制器的频率比 NAND Flash 快,所以需要额外定义延时函数 NandDelay 来等待 NAND Flash 完成操作,如程序清单 5 - 13 所示。该函数的参数 time 为延时时长,由于不同操作所需的延时时长不同,因此通过宏定义来定义不同操作所需的延时时长,对应的宏定义可以在头文件中查找。

程序清单 5 - 13

```
1.    static void NandDelay(u32 time)
2.    {
3.      while(time > 0)
4.      {
5.        time -- ;
6.      }
7.    }
```

在 NandDelay 函数实现区后为 NANDWaitRB 函数的实现代码,如程序清单 5 - 14 所示。该函数的作用是通过 while 语句来等待 PD13 引脚与输入参数 rb 指定的电平相等,此时返回 0,若等待时间过长,则返回 1。

程序清单 5 - 14

```
1.    static u32 NANDWaitRB(u8 rb)
2.    {
3.      u32 time = 0;
4.      while(time < 0X1FFFFFF)
5.      {
6.        time ++ ;
7.        if(gpio_input_bit_get(GPIOD, GPIO_PIN_13) == rb)
8.        {
```

```
9.          return 0;
10.       }
11.    }
12.    return 1;
13. }
```

在"API 函数实现"区,首先实现了 InitNandFlash 函数。如程序清单 5 - 15 所示。该函数使能时钟并初始化相应的 GPIO 后,配置读/写 NAND Flash 相应的参数,并对其进行复位,等待复位完成后读取 ID 以检测是否初始化成功。

程序清单 5 - 15

```
1.    u32 InitNandFlash(void)
2.    {
3.       u32 id;
4.       exmc_nand_parameter_struct nand_init_struct;
5.       exmc_nand_pccard_timing_parameter_struct nand_timing_init_struct;
6.
7.       //使能 EXMC 时钟
8.       rcu_periph_clock_enable(RCU_EXMC);
9.       rcu_periph_clock_enable(RCU_GPIOD);
10.      rcu_periph_clock_enable(RCU_GPIOE);
11.
12.      //D0
13.      gpio_af_set(GPIOD, GPIO_AF_12, GPIO_PIN_14);
14.      gpio_mode_set(GPIOD, GPIO_MODE_AF, GPIO_PUPD_NONE, GPIO_PIN_14);
15.      gpio_output_options_set(GPIOD, GPIO_OTYPE_PP, GPIO_OSPEED_MAX, GPIO_PIN_14);
16.      …
17.
18.      //配置 EXMC(NAND Flash、SDRAM 和 TLILCD 共用 EXMC 总线,NAND Flash 读/写大量数据时可能会导致
         //屏幕花屏,这是正常现象,读/写完成后就正常了)
19.      nand_timing_init_struct.setuptime        = 5;                              //建立时间
20.      nand_timing_init_struct.waittime         = 4;                              //等待时间
21.      nand_timing_init_struct.holdtime         = 2;                              //保持时间
22.      nand_timing_init_struct.databus_hiztime  = 2;                              //高阻态时间
23.      nand_init_struct.nand_bank               = EXMC_BANK1_NAND;                //NAND 挂在 BANK1 上
24.      nand_init_struct.ecc_size                = EXMC_ECC_SIZE_2048BYTES;
                                                                                   //ECC 页大小为 2 048 字节
25.      nand_init_struct.atr_latency             = EXMC_ALE_RE_DELAY_1_HCLK;       //设置 TAR
26.      nand_init_struct.ctr_latency             = EXMC_CLE_RE_DELAY_1_HCLK;       //设置 TCLR
27.      nand_init_struct.ecc_logic               = ENABLE;                         //使能 ECC
28.      nand_init_struct.databus_width           = EXMC_NAND_DATABUS_WIDTH_8B;     //8 位数据宽度
29.      nand_init_struct.wait_feature            = DISABLE;                        //关闭等待特性
30.      nand_init_struct.common_space_timing     = &nand_timing_init_struct;       //通用时序配置
31.      nand_init_struct.attribute_space_timing  = &nand_timing_init_struct;       //空间时序配置
32.      exmc_nand_init(&nand_init_struct);            //根据参数初始化 NAND Flash
33.      exmc_nand_enable(EXMC_BANK1_NAND);            //使能 NAND Flash
34.
35.      NandReset();                                  //复位 NAND
36.      DelayNms(100);                                //等待 100 ms
37.      id = NandReadID();                            //读取 ID
38.      printf("InitNandFlash: Nand Flash ID: 0x%08X\r\n", id);
```

```
39.        if(0x1D80F1AD ! = id)
40.        {
41.            printf("InitNandFlash: fail to check nand flash ID\r\n");
42.            while(1);
43.        }
44.
45.        return 0;
46.    }
```

  NandWritePage 函数的实现代码如程序清单 5 - 16 所示。该函数设置写入地址并复位 ECC 功能后，将数据写入 NAND Flash，获取 ECC 值后将其写入对应的空闲区域，最后检查是否写入成功并返回相应的返回值。

程序清单 5 - 16

```
1.    u32 NandWritePage(u32 block, u32 page, u8 * buf)
2.    {
3.        u32 i;            //循环变量
4.        u32 ecc;          //硬件 ECC 值
5.        u32 eccAddr;      //ECC 存储地址
6.        u8  check;        //成功写入标志位
7.
8.        //设置写入地址
9.        NAND_CMD_AREA   = NAND_CMD_WRITE_1ST;                  //发送写命令
10.       NAND_ADDR_AREA = 0;                                    //列地址低位
11.       NAND_ADDR_AREA = 0;                                    //列地址高位
12.       NAND_ADDR_AREA = (block << 6) | (page & 0x3F);         //块地址和页地址
13.       NAND_ADDR_AREA = (block >> 2) & 0xFF;                  //剩余块地址
14.       NandDelay(NAND_TADL_DELAY);                            //TADL 等待延迟
15.
16.       //复位 ECC
17.       exmc_nand_ecc_config(EXMC_BANK1_NAND, DISABLE);
18.       exmc_nand_ecc_config(EXMC_BANK1_NAND, ENABLE);
19.
20.       //写入数据
21.       for(i = 0; i < NAND_PAGE_SIZE; i++)
22.       {
23.           //写入数据
24.           NAND_DATA_AREA = buf[i];
25.       }
26.
27.       //获取 ECC
28.       //while(RESET == exmc_flag_get(EXMC_BANK1_NAND, EXMC_NAND_PCCARD_FLAG_FIFOE));
29.       DelayNus(10);
30.       ecc = exmc_ecc_get(EXMC_BANK1_NAND);
31.
32.       //计算写入 ECC 的 spare 区地址
```

```
33.      eccAddr = NAND_PAGE_SIZE + 16;
34.
35.      //设置写入 spare 位置
36.      NandDelay(NAND_TADL_DELAY);                        //TADL 等待延迟
37.      NAND_CMD_AREA   = 0x85;                            //随机写命令
38.      NAND_ADDR_AREA = (eccAddr >> 0) & 0xFF;            //随机写地址低位
39.      NAND_ADDR_AREA = (eccAddr >> 8) & 0xFF;            //随机写地址高位
40.      NandDelay(NAND_TADL_DELAY);                        //TADL 等待延迟
41.
42.      //将 ECC 写入 spare 区指定位置
43.      NAND_DATA_AREA = (ecc >> 0)  & 0xFF;
44.      NAND_DATA_AREA = (ecc >> 8)  & 0xFF;
45.      NAND_DATA_AREA = (ecc >> 16) & 0xFF;
46.      NAND_DATA_AREA = (ecc >> 24) & 0xFF;
47.
48.      //发送写入结束命令
49.      NAND_CMD_AREA = NAND_CMD_WRITE_2ND;
50.
51.      //TWB 等待延迟
52.      NandDelay(NAND_TWB_DELAY);
53.
54.      //TPROG 等待延迟
55.      DelayNus(NAND_TPROG_DELAY);
56.
57.      //检查器件状态
58.      if(NAND_READY != NandWaitReady())
59.      {
60.         return NAND_FAIL;
61.      }
62.
63.      //检查写入是否成功
64.      check = NAND_DATA_AREA;
65.      if(check & 0x01)
66.      {
67.         return NAND_FAIL;
68.      }
69.
70.      //写入成功
71.      return NAND_OK;
72.   }
```

在 NandWritePage 函数实现区后为 NandReadPage 函数的实现代码,如程序清单 5-17 所示。NandReadPage 函数与 NandWritePage 函数类似,该函数设置读取位置并复位 ECC 后读取数据,获取 ECC 值并与从空闲区域中读取到的 ECC 值比较,若不同则尝试修复数据,最后根据结果返回相应的返回值。

程序清单 5 - 17

```
1.    u32 NandReadPage(u32 block, u32 page, u8 * buf)
2.    {
3.        u32 i;                //循环变量
4.        u32 eccHard;          //硬件 ECC 值
5.        u32 eccFlash;         //Flash 中的 ECC 值
6.        u32 eccAddr;          //ECC 存储地址
7.        u8  spare[4];         //读写 spare 缓冲区
8.
9.        //设置读取地址
10.       NAND_CMD_AREA  = NAND_CMD_READ1_1ST;               //发送读命令
11.       NAND_ADDR_AREA = 0;                                //列地址低位
12.       NAND_ADDR_AREA = 0;                                //列地址高位
13.       NAND_ADDR_AREA = (block << 6) | (page & 0x3F);     //块地址和列地址
14.       NAND_ADDR_AREA = (block >> 2) & 0xFF;              //剩余块地址
15.       NAND_CMD_AREA  = NAND_CMD_READ1_2ND;               //读命令结束
16.       //if(NANDWaitRB(0)){return NAND_FAIL;}             //等待 RB = 0
17.       if(NANDWaitRB(1)){return NAND_FAIL;}               //等待 RB = 1
18.       NandDelay(NAND_TRR_DELAY);                         //TRR 延时等待
19.
20.       //复位 ECC
21.       exmc_nand_ecc_config(EXMC_BANK1_NAND, DISABLE);
22.       exmc_nand_ecc_config(EXMC_BANK1_NAND, ENABLE);
23.
24.       //读取数据
25.       exmc_nand_ecc_config(EXMC_BANK1_NAND, DISABLE);
26.       exmc_nand_ecc_config(EXMC_BANK1_NAND, ENABLE);
27.       for(i = 0; i < NAND_PAGE_SIZE; i++)
28.       {
29.         //读取数据
30.         buf[i] = NAND_DATA_AREA;
31.       }
32.
33.       //获取 ECC
34.       //while(RESET == exmc_flag_get(EXMC_BANK1_NAND, EXMC_NAND_PCCARD_FLAG_FIFOE));
35.       DelayNus(10);
36.       eccHard = exmc_ecc_get(EXMC_BANK1_NAND);
37.
38.       //计算读取 ECC 的 spare 区地址
39.       eccAddr = NAND_PAGE_SIZE + 16;
40.
41.       //设置读取 spare 位置
42.       NandDelay(NAND_TWHR_DELAY);                         //TWHR 等待延迟
43.       NAND_CMD_AREA  = 0x05;                              //随机读命令
44.       NAND_ADDR_AREA = (eccAddr >> 0) & 0xFF;             //随机读地址低位
```

```
45.    NAND_ADDR_AREA = (eccAddr >> 8) & 0xFF;              //随机读地址高位
46.    NAND_CMD_AREA   = 0xE0;                              //命令结束
47.    NandDelay(NAND_TWHR_DELAY);                          //TWHR 等待延迟
48.    NandDelay(NAND_TREA_DELAY);                          //TREA 等待延时
49.
50.    //从 spare 区指定位置读出之前写入的 ECC
51.    spare[0] = NAND_DATA_AREA;
52.    spare[1] = NAND_DATA_AREA;
53.    spare[2] = NAND_DATA_AREA;
54.    spare[3] = NAND_DATA_AREA;
55.    eccFlash = ((u32)spare[3] << 24) | ((u32)spare[2] << 16) | ((u32)spare[1] << 8) | ((u32)
       spare[0] << 0);
56.
57.    //校验并尝试修复数据
58.    //printf("NandReadPage: Ecc hard: 0x%08X, flash 0x%08X\r\n", eccHard[i], eccFlash[i]);
59.    if(eccHard != eccFlash)
60.    {
61.      printf("NandReadPage: Ecc err hard:0x%x, flash:0x%x\r\n", eccHard, eccFlash);
62.      printf("NandReadPage: block: %d, page: %d\r\n", block, page);
63.      if(0 != NandECCCorrection(buf, eccFlash, eccHard))
64.      {
65.        return NAND_FAIL;
66.      }
67.    }
68.
69.    //读取成功
70.    return NAND_OK;
71.  }
```

NandEraseBlock 函数的实现代码如程序清单 5-18 所示。

① 第 6 行代码:检查待擦除的块是否为好块。

② 第 9~40 行代码:若为好块,则将块地址转换为页地址,然后向 NAND Flash 发送擦除指令及页地址,等待擦除完成后校验是否成功,并返回相应的返回值。

③ 第 43~51 行代码:若无法校验块或校验的块为坏块,则将 NAND_FAIL 作为返回值返回。

程序清单 5-18

```
1.   u32 NandEraseBlock(u32 blockNum)
2.   {
3.     u8 backBlockFlag;         //坏块标志
4.     u8 check;                 //擦除成功校验
5.
6.     if(NAND_OK == NandReadSpare(blockNum, 0, 0, (u8 *)&backBlockFlag, 1))
7.     {
8.       //好块,可以擦除
9.       if(0xFF == backBlockFlag)
```

```
10.        {
11.            //将块地址转换为页地址
12.            blockNum << = PAGE_BIT;
13.
14.            //发送擦除命令
15.            NAND_CMD_AREA = NAND_CMD_ERASE_1ST;        //块自动擦除启动命令
16.            NAND_ADDR_AREA = (blockNum >> 0) & 0xFF;   //页地址低位
17.            NAND_ADDR_AREA = (blockNum >> 8) & 0xFF;   //页地址高位
18.            NAND_CMD_AREA = NAND_CMD_ERASE_2ND;        //擦除命令
19.            NandDelay(NAND_TWB_DELAY);                 //TWB 等待延时
20.
21.            //等待器件就绪
22.            if(NAND_READY == NandWaitReady())
23.            {
24.                check = NAND_DATA_AREA;
25.                if(check & 0x01)
26.                {
27.                    //擦除失败
28.                    return NAND_FAIL;
29.                }
30.                else
31.                {
32.                    //擦除成功
33.                    return NAND_OK;
34.                }
35.            }
36.            else
37.            {
38.                return NAND_FAIL;
39.            }
40.        }
41.
42.        //坏块,不擦除
43.        else
44.        {
45.            return NAND_FAIL;
46.        }
47.    }
48.    else
49.    {
50.        return NAND_FAIL;
51.    }
52. }
```

5.3.3 ReadwriteNandFlash 文件对

1. ReadWriteNandFlash. h 文件

在 ReadWriteNandFlash. h 文件的"API 函数声明"区,声明了 2 个 API 函数,如程序清单 5－19 所示。InitReadWriteNandFlash 函数用于初始化读/写 NandFlash 模块,ReadWriteNandFlashTask 函

数用于完成 NandFlash 模块读/写任务。

程序清单 5 - 19

```
void InitReadWriteNandFlash(void);        //初始化读/写 NandFlash 模块
void ReadWriteNandFlashTask(void);        //读/写 NandFlash 模块任务
```

2. ReadwriteNandFlash. c 文件

在 ReadwriteNandFlash. c 文件的"宏定义"区,定义了显示字符最大长度的 MAX_STRING_LEN 的值为 64,即 LCD 显示字符串的最大长度为 64 位。

在"内部变量"区,声明了内部变量 s_structGUIDev、s_arrWRBuff[512]、s_arrStringBuff[MAX_STRING_LEN],如程序清单 5 - 20 所示。s_structGUIDev 为 GUI 的结构体,包含读/写地址和读/写函数等定义。s_arrRWBuff[2048]为 NAND Flash 的读/写缓冲区,2 048 表示该工程每次读/写 Flash 的最大数据量为 2 048 字节。s_arrStringBuff[MAX_STRING_LEN]为字符串转换缓冲区,最多转换 64 个字符。

程序清单 5 - 20

```
static StructGUIDev s_structGUIDev;        //GUI 设备结构体
static u8    s_arrWRBuff[2048];            //读/写缓冲区
static char s_arrStringBuff[MAX_STRING_LEN];  //字符串转换缓冲区
```

在"内部函数声明"区,声明了 2 个内部函数,如程序清单 5 - 21 所示。ReadProc 函数用于读取相应存储器中的数据,WriteProc 函数用于向相应存储器写入数据。

程序清单 5 - 21

```
static void ReadProc(u32 addr, u32 len);    //读取操作处理
static void WriteProc(u32 addr, u32 data);  //写入操作处理
```

在"内部函数实现"区,首先实现了 ReadProc 函数,如程序清单 5 - 22 所示。

① 第 7 行代码:校验地址参数是否在 Flash 的地址范围内。

② 第 15~33 行代码:若地址满足范围,则通过 FTLReadSectors 函数从 NAND Flash 中读取数据,并将数据显示在 LCD 显示屏和串口助手上。

③ 第 35~40 行代码:若地址不满足范围,则显示无效地址信息。

程序清单 5 - 22

```
1.    static void ReadProc(u32 addr, u32 len)
2.    {
3.      u32 i;     //循环变量
4.      u32 data; //读取到的数据
5.
6.      //校验地址范围
7.      if((addr >= s_structGUIDev.beginAddr) && ((addr + len - 1) <= s_structGUIDev.endAddr))
8.      {
9.        //输出读取信息到终端和串口
10.       sprintf(s_arrStringBuff, "Read : 0x%08X - 0x%02X\r\n", addr, len);
11.       s_structGUIDev.showLine(s_arrStringBuff);
12.       printf("%s", s_arrStringBuff);
13.
```

```
14.        //从 NAND Flash 中读取数据
15.        FTLReadSectors(s_arrWRBuff, addr / FTL_SECTOR_SIZE, FTL_SECTOR_SIZE, 1);
16.
17.        //打印到终端和串口上
18.        for(i = 0; i < len; i++)
19.        {
20.          //防止数组下标溢出
21.          if(((addr % FTL_SECTOR_SIZE) + i) > sizeof(s_arrWRBuff))
22.          {
23.            return;
24.          }
25.
26.          //读取
27.          data = s_arrWRBuff[(addr % FTL_SECTOR_SIZE) + i];
28.
29.          //输出
30.          sprintf(s_arrStringBuff, "0x%08X: 0x%02X\r\n", addr + i, data);
31.          s_structGUIDev.showLine(s_arrStringBuff);
32.          printf("%s", s_arrStringBuff);
33.        }
34.      }
35.      else
36.      {
37.        //无效地址
38.        s_structGUIDev.showLine("Read: Invalid address\r\n");
39.        printf("Read: Invalid address\r\n");
40.      }
41.    }
```

在 ReadProc 函数实现区后为 WriteProc 函数的实现代码,如程序清单 5 - 23 所示。WriteProc 函数校验地址后,通过 FTLReadSectors 函数从 NAND Flash 中读取 1 个扇区的数据至缓冲区,在缓冲区修改相应地址的数据后通过 FTLWriteSectors 函数重新写入。

程序清单 5 - 23

```
1.    static void WriteProc(u32 addr, u8 data)
2.    {
3.      //校验地址范围
4.      if((addr >= s_structGUIDev.beginAddr) && (addr <= s_structGUIDev.endAddr))
5.      {
6.        //输出信息到终端和串口
7.        sprintf(s_arrStringBuff, "Write: 0x%08X - 0x%02X\r\n", addr, data);
8.        s_structGUIDev.showLine(s_arrStringBuff);
9.        printf("%s", s_arrStringBuff);
10.
11.       //读入 NAND Flash 数据
12.       FTLReadSectors(s_arrWRBuff, addr / FTL_SECTOR_SIZE, FTL_SECTOR_SIZE, 1);
```

```
13.
14.        //修改
15.        s_arrWRBuff[addr % FTL_SECTOR_SIZE] = data;
16.
17.        //写入 NAND Flash
18.        FTLWriteSectors(s_arrWRBuff, addr / FTL_SECTOR_SIZE, FTL_SECTOR_SIZE, 1);
19.    }
20.    else
21.    {
22.        //无效地址
23.        s_structGUIDev.showLine("Write: Invalid address\r\n");
24.        printf("Write: Invalid address\r\n");
25.    }
26.  }
```

在"API 函数实现"区,首先实现 InitReadWriteNandFlash 函数,该函数主要对 NandFlash 模块进行初始化,并建立 GUI 界面与底层读/写函数的联系,如程序清单 5 - 24 所示。

① 第 4～13 行代码:将 NAND Flash 模块读/写的首地址、结束地址和读/写函数赋给 GUI 结构体 s_structGUIDev 中对应的成员变量。

② 第 16 行代码:通过 InitGUI 函数初始化 GUI 界面以及相应的界面参数。

③ 第 19～22 行代码:将 NAND Flash 模块的读/写地址范围显示在 LCD 显示屏和计算机上。

程序清单 5 - 24

```
1.    void InitReadWriteNandFlash(void)
2.    {
3.      //读/写首地址
4.      s_structGUIDev.beginAddr = 0;
5.
6.      //读/写结束地址
7.      s_structGUIDev.endAddr = NAND_MAX_ADDRESS - 1;
8.
9.      //设置写入回调函数
10.     s_structGUIDev.writeCallback = WriteProc;
11.
12.     //设置读取回调函数
13.     s_structGUIDev.readCallback = ReadProc;
14.
15.     //初始化 GUI 界面设计
16.     InitGUI(&s_structGUIDev);
17.
18.     //打印地址范围到终端和串口
19.     sprintf(s_arrStringBuff, "Addr: 0x%08X - 0x%08X\r\n", s_structGUIDev.beginAddr, s_
        structGUIDev.endAddr);
20.     s_structGUIDev.showLine(s_arrStringBuff);
21.     printf("%s", s_arrStringBuff);
22.   }
```

在 InitReadWriteNandFlash 函数实现区后为 ReadWriteNandFlashTask 函数的实现代

码,如程序清单 5-25 所示,该函数通过调用 GUITask 函数完成 NAND Flash 的读/写任务。

程序清单 5-25

```
1.   void ReadWriteNandFlashTask(void)
2.   {
3.     GUITask(); //GUI 任务
4.   }
```

5.3.4　Main. c 文件

在 Proc2msTask 函数中,每 40 ms 调用一次 ReadWriteNandFlashTask 函数执行 GUI 任务,如程序清单 5-26 所示。

程序清单 5-26

```
1.    static  void  Proc2msTask(void)
2.    {
3.      static u8 s_iCnt = 0;
4.      if(Get2msFlag())          //判断 2 ms 标志位状态
5.      {
6.        LEDFlicker(250);        //调用闪烁函数
7.
8.       s_iCnt++;
9.       if(s_iCnt >= 20)
10.      {
11.        s_iCnt = 0;
12.        ReadWriteNandFlashTask();
13.      }
14.
15.      Clr2msFlag();            //清除 2 ms 标志位
16.     }
17.  }
```

5.3.5　实验结果

下载程序并进行复位,可以看到开发板的 LCD 上显示如图 5-5 所示的 GUI 界面。

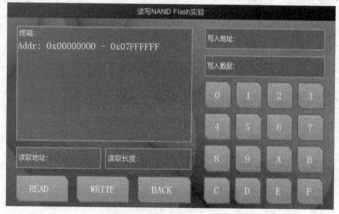

图 5-5　读/写 NAND Flash 实验 GUI 界面

单击"写入地址"一栏并输入"00000000",单击"写入数据"一栏并输入"F4",单击 WRITE 按钮向指定地址写入指定数据,此时 LCD 显示如图 5－6 所示,串口助手输出与 LCD 显示相同,表示数据写入成功。

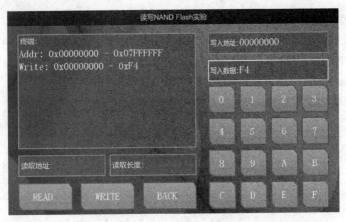

图 5－6　写入数据

单击"读取地址"一栏同样输入"00000000",单击"读取长度"一栏并输入"1",单击 READ 按钮从指定地址读取指定长度数据,此时 LCD 显示如图 5－7 所示,串口助手输出与 LCD 显示相同,表示数据读取成功。

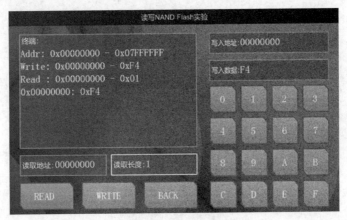

图 5－7　读取数据

本章任务

基于 GD32F4 蓝莓派开发板,编写程序实现密码解锁功能,例如:设置微控制器初始密码为 0xF4,通过 WriteProc 函数将该密码写入到 NAND Flash 中,按下 KEY$_1$ 按键模拟输入密码 0xF4,按下 KEY$_2$ 按键模拟输入密码 0x4F,按下 KEY$_3$ 按键进行密码匹配,如果密码正确,则在 LCD 上显示"Success!",如果密码不正确,则显示"Failure!"。

本章习题

1. HY27UF081G2A 芯片容量为 128 MB,简述其内部组成。
2. 简述 ECC 校验的原理,以及行校验和列校验的具体过程。
3. 简述 NAND Flash 的读/写过程。
4. 简述 NAND Flash 空闲区域的作用。

第6章　内存管理实验

由于 GD32F470IIH6 微控制器内存资源有限,为提高内存的利用率,本章将介绍一种分块式内存管理方法,在需要时向内部 SRAM 或外部 SDRAM 申请一定大小的内存,在不需要时可及时释放,防止内存泄漏。

6.1　实验内容

本章的主要内容是介绍分块式内存管理的原理,包括内存池、内存管理表和内存的分配、释放原理,掌握动态内存管理方法。最后,基于 GD32F4 蓝莓派开发板设计一个内存管理实验,通过 LCD 屏上的 GUI 界面实现动态内存管理,并在屏幕上使用文字和波形图实时显示内存使用率。

6.2　实验原理

6.2.1　分块式内存管理原理

内存管理是指,在软件运行时,对内存资源的分配和使用,以高效、快速地对内存进行分配,并且在适当的时候释放内存资源。在 GD32F4 蓝莓派开发板上,内存的分配与释放最终由两个函数实现:malloc 函数用于申请内存,free 函数用于释放内存。虽然 C 标准库中已经实现了这两个函数,但是 C 语言动态分配的内存堆区分配在内部 SRAM 中,为了充分利用外部 SDRAM,本章编写了一种内存管理机制,使用"分块式内存管理"技术,在占用尽可能少的内存的情况下,实现内存动态管理。

如图 6-1 所示,分块式内存管理由内存池和内存管理表两部分组成。内存池被等分为 n 块,对应的内存管理表大小也分为 n 项,每一项对应内存池的一块内存。

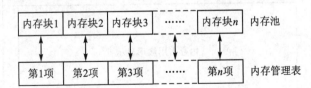

图 6-1　分块式内存管理原理图

内存管理表项值代表的意义为:当项值为 0 时,代表对应的内存块未被占用;为非 0 时,代表该项对应的内存块已被占用,其数值则代表被连续占用的内存块数。例如某项值为 10,则包括本项对应的内存块在内,总共分配了 10 个内存块给外部的某个指针。当内存管理初始化的时候,内存管理表全部清零,表示没有任何内存块被占用。

假设用指针 p 指向所申请的内存的首地址,内存分配与释放实现原理如下:

1. 分配原理

当通过指针 p 调用 malloc 函数来申请内存时,首先要判断需要分配的内存块数 m,然后从内存管理表的最末端,即从第 n 项开始向下查找,直到找到 m 块连续的空内存块(即对应内存管理表项为 0),然后将这 m 个内存管理表项的值都设置为 m,即标记相应块已被占用。最后,把分配到内存块的首地址返回给指针,分配完成。若内存不足,无法分配连续的 m 块空闲内存,则返回 NULL 给指针,表示分配失败。

2. 释放原理

当 malloc 申请的内存使用完毕时,需要调用 free 函数实现内存释放。free 函数先计算出 p 指向的内存地址所对应的内存块,然后找到对应的内存管理表项目,得到 p 所占用的内存块数目 m,将这 m 个内存管理表项目的值都清零,完成一次内存释放。**注意**:每分配一块内存时,需要及时对所分配的内存进行释放,否则会造成内存泄漏。内存释放并不清空内存中的数据,仅表示该内存块可以用于写入新的数据,写入时将覆盖原有数据。

3. 内存泄漏

内存泄漏是指,程序中已动态分配的内存由于某种原因,在程序结束退出后未释放或无法释放,这样就会失去对一段已分配内存空间的控制,造成系统内存的浪费,导致程序运行速度减慢,甚至引发系统崩溃等严重后果。在本章实验中,如果在未调用 free 函数释放上次申请内存的情况下,继续调用 malloc 函数申请内存,那么指针 p 将会指向新申请内存的首地址,而此时上一块申请内存的首地址会丢失,无法对上一块内存进行释放,就会发生内存泄漏。

4. 内存分配与释放操作界面

本章实验的 LCD 显示模块的 GUI 界面布局如图 6-2 所示。在界面上方分别以文字的

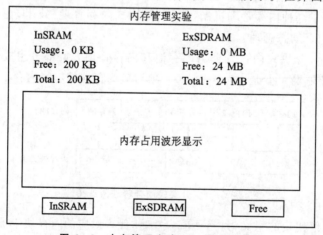

图 6-2 内存管理实验 GUI 界面布局图

形式显示内部 SRAM 和外部 SDRAM 的内存使用情况(此处用 InSRAM 表示内部 SRAM,用 ExSDRAM 表示外部 SDRAM)。界面中部为内存占用情况的波形显示,界面底部为 3 个按钮,InSRAM 按钮用于在内部 SRAM 中申请内存,ExSDRAM 按钮用于在外部 SDRAM 中申请内存,Free 按钮用于释放当前指针指向的内存块。

6.2.2　内存分配与释放流程

本实验内存分配与释放的流程图如图 6-3 所示。首先初始化内部 SRAM、外部 SDRAM、GUI 界面,以及相应的内存池。

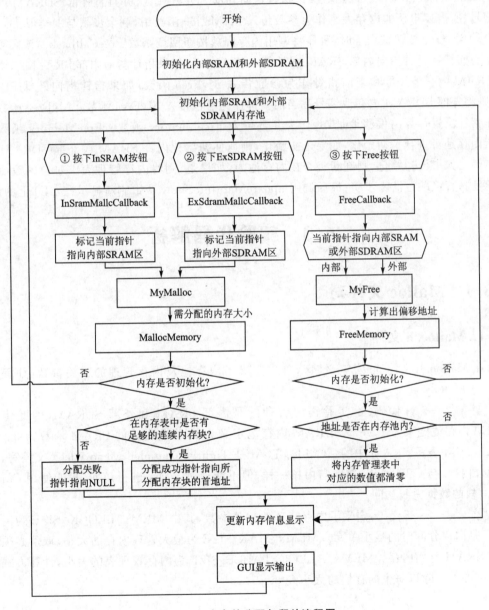

图 6-3　内存的分配与释放流程图

① 进入 GUI 界面后,当 InSRAM 按钮被按下时,程序将调用内部 SRAM 申请内存回调函数 InSramMallcCallback。该函数首先标记当前指针指向内部 SRAM 区,并且将内部 SRAM 内存池的编号、所需要申请的内存大小作为参数传入 MyMalloc 函数中。MyMalloc 函数首先判断内存是否进行了初始化,如果未初始化,则返回初始化内部 SRAM 和外部 SDRAM 内存池;如果已初始化,则开始在内存管理表中寻找是否有足够的连续内存块。如果有,则令当前指针指向所分配内存块的首地址,分配成功;否则,返回 NULL,分配失败。最后,调用 updateMamInfoShow 函数刷新显示在 GUI 上的信息。

② 当 ExSDRAM 按钮被按下时,程序将调用外部 SDRAM 申请内存按钮回调函数 ExSdramMallcCallback。该函数标记指针指向外部 SDRAM 区,并且将外部 SDRAM 内存池的编号、所需要申请的内存大小作为参数传入 MyMalloc 函数中,剩余步骤与①类似。

③ 当 Free 按钮被按下时,程序将调用内存释放按钮回调函数 FreeCallback。该函数首先判断当前指针是否指向内部 SRAM 或外部 SDRAM 区,如果指针指向内部 SRAM 区,则将内部 SRAM 内存池编号和当前指针作为参数传入 MyFree 函数;如果指针指向外部 SDRAM 区,则将外部 SDRAM 内存池编号和当前指针作为参数传入 MyFree 函数。MyFree 函数根据当前指针位置计算出偏移地址,并作为参数传入 FreeMemory 函数。FreeMemory 函数首先判断内存是否进行了初始化,如果未初始化,则返回初始化内部 SRAM 或外部 SDRAM 内存池步骤。如果已初始化,则判断是否在内存池内:如果是,则将内存管理表中对应的数值都清零;否则,直接跳过清零步骤;最后调用 updateMamInfoShow 函数刷新显示在 GUI 上的信息。

6.3 实验代码解析

6.3.1 Malloc 文件对

1. Malloc.h 文件

在 Malloc.h 文件的"宏定义"区,首先定义了内存池及内存管理的相关参数,如程序清单 6-1 所示。

① 第 2~6 行代码:本实验需要管理的是内部 SRAM 和外部 SDRAM,因此将内部 SRAM 内存池定义为 1,外部 SDRAM 内存池定义为 2,总共支持的 SRAM 块数为 3。其中 SRAMTCM 表示 SRAM 中的 TCM 区,TCM 是 Tightly-Couupled Menory 的英文缩写,即紧密耦合内存,与 CPU 直连,速度与内核一样,但不能通过 DMA 进行访问,只能使用 Cortex-M4 内核的数据总线访问。

② 第 8~21 行代码:定义了内存管理的相关参数,其中 MEMx_BLOCK_SIZE 为内存块大小,是内存分配时的最小单元。MEMx_MAX_SIZE 为最大管理内存的大小,取值必须小于当前 SRAM 可用内存。MEMx_ALLOC_TABLE_SIZE 为内存管理表的大小,计算方式为管理内存的大小除以每个内存块的大小。

程序清单 6-1

```
1.   //定义 3 个内存池
2.   #define SRAMTCM                    0                  //SRAMTCM,只能由 Cortex-M4 内核通过数据总线访问
3.   #define SRAMIN                     1                  //内部内存池
4.   #define SDRAMEX                    2                  //外部内存池(SDRAM)
5.
6.   #define SRAMBANK                   3                  //定义支持的 SRAM 块数
7.
8.   //MEM0 内存参数设定,MEM0 完全处于 SRAMTCM 里面
9.   #define MEM0_BLOCK_SIZE            32                 //内存块大小为 32 字节
10.  #define MEM0_MAX_SIZE              60 * 1024          //最大管理内存 60 KB
11.  #define MEM0_ALLOC_TABLE_SIZE   MEM0_MAX_SIZE/MEM0_BLOCK_SIZE //内存表大小
12.
13.  //MEM1 内存参数设定,MEM1 完全处于内部 SRAM 里面
14.  #define MEM1_BLOCK_SIZE            32                 //内存块大小为 32 字节
15.  #define MEM1_MAX_SIZE              200 * 1024         //最大管理内存 200 KB
16.  #define MEM1_ALLOC_TABLE_SIZE   MEM1_MAX_SIZE/MEM1_BLOCK_SIZE //内存表大小
17.
18.  //MEM2 内存参数设定,MEM2 的内存池处于外部 SRAM 里面
19.  #define MEM2_BLOCK_SIZE            32                 //内存块大小为 32 字节
20.  #define MEM2_MAX_SIZE              24 * 1024 * 1024   //最大管理内存 24 MB
21.  #define MEM2_ALLOC_TABLE_SIZE   MEM2_MAX_SIZE/MEM2_BLOCK_SIZE //内存表大小
```

在"枚举结构体"区,声明了内存管理器结构体 StructMallocDeviceDef,如程序清单 6-2 所示。

① 第 3 行代码:init 为指向内存初始化的函数指针,用于初始化内存管理,形参表示需要初始化的内存片。

② 第 4 行代码:perused 为指向内存使用率函数的函数指针,用于获取内存使用率,形参表示要获取内存使用率的内存片。

③ 第 5 行代码:memoryBase 为指向内存池的指针,最多有 SRAMBANK 个内存池,本实验定义为 2。

④ 第 6 行代码:memoryMap 为指向内存管理表的指针。

⑤ 第 7 行代码:memoryRdy 为内存管理表就绪标志,用于表示内存管理表是否已经初始化。

程序清单 6-2

```
1.   typedef struct
2.   {
3.       void ( * init)(u8);              //初始化
4.       u16  ( * perused)(u8);           //内存使用率
5.       u8   * memoryBase[SRAMBANK];     //内存池,管理 SRAMBANK 个区域的内存
6.       u32  * memoryMap[SRAMBANK];      //内存管理状态表
7.       u8   memoryRdy[SRAMBANK];        //内存管理是否就绪
8.   }StructMallocDeviceDef;
```

在"API 函数声明"区,声明了 5 个函数,分别用于初始化内存管理模块、获得内存使用率、

内存释放与分配及重新分配内存,如程序清单 6-3 所示。

程序清单 6-3

1.	void InitMemory(u8 memx);	//初始化 Malloc 模块
2.	u16 MemoryPerused(u8 memx);	//获得内存使用率(外/内部调用)
3.	void MyFree(u8 memx, void * ptr);	//内存释放
4.	void * MyMalloc(u8 memx, u32 size);	//内存分配
5.	void * MyRealloc(u8 memx, void * ptr, u32 size);	//重新分配内存

2. Malloc. c 文件

在 Malloc. c 文件的"内部变量"区,首先声明了内存池、内存管理表所在地址,以及内存管理的相关参数,如程序清单 6-4 所示。

① 第 2~9 行代码:内存池中使用了 3 部分内存池,一部分是开发板内部 SRAM 内存池,由编译器随机分配。另一部分则使用外部扩展的 SDRAM 内存池,用__attribute__机制指定内存所在的地址,需要确保内存池与内存管理表均在外部 SDRAM 中。两部分内存池均需要使用__align 关键字进行 32 字节对齐,以提高访问效率。

② 第 11~14 行代码:写入内存管理的相关参数,包括每个内存表的大小,内存分块的大小及需要管理的总内存大小。相关参数的宏定义请参见程序清单 6-1。

③ 第 17~30 行代码:初始化 s_structMallocDev 结构体,并且按照结构体的顺序为结构体成员赋值。有关 StructMallocDeviceDef 类型定义请参见程序清单 6-2。

程序清单 6-4

1.	//内存池(32 字节对齐)
2.	__align(32) u8 Memory0Base[MEM0_MAX_SIZE] __attribute__((at((u32)0x10000000))); //SRAMTCM 内存池
3.	__align(32) u8 Memory1Base[MEM1_MAX_SIZE]; //内部 SRAM 内存池
4.	__align(32) u8 Memory2Base[MEM2_MAX_SIZE] __attribute__((at((u32)0xD0000000 + 4 * 801 * 480))); //SDRAM 内存池
5.	
6.	//内存管理表
7.	u32 Memory0MapBase[MEM0_ALLOC_TABLE_SIZE] __attribute__((at((u32)0x10000000 + MEM0_MAX_SIZE))); //TCMSRAM 内存池 MAP
8.	u32 Memory1MapBase[MEM1_ALLOC_TABLE_SIZE]; //内部 SRAM 内存池 MAP
9.	u32 Memory2MapBase[MEM2_ALLOC_TABLE_SIZE] __attribute__((at((u32)0xD0000000 + 4 * 801 * 480 + MEM2_MAX_SIZE))); //SDRAM 内存池 MAP
10.	
11.	//内存管理参数
12.	const u32 c_iMemoryTblSize[SRAMBANK] = {MEM0_ALLOC_TABLE_SIZE, MEM1_ALLOC_TABLE_SIZE, MEM2_ALLOC_TABLE_SIZE}; //内存表大小
13.	const u32 c_iMemoryBlkSize[SRAMBANK] = {MEM0_BLOCK_SIZE, MEM1_BLOCK_SIZE, MEM2_BLOCK_SIZE}; //内存分块大小
14.	const u32 c_iMemorySize[SRAMBANK] = {MEM0_MAX_SIZE, MEM1_MAX_SIZE, MEM2_MAX_SIZE}; //内存总大小
15.	
16.	//内存管理控制器

```
17.    static StructMallocDeviceDef s_structMallocDev =
18.    {
19.        InitMemory,          //内存初始化
20.        MemoryPerused,       //内存使用率
21.        Memory0Base,         //内存池
22.        Memory1Base,         //内存池
23.        Memory2Base,         //内存池
24.        Memory0MapBase,      //内存管理状态表
25.        Memory1MapBase,      //内存管理状态表
26.        Memory2MapBase,      //内存管理状态表
27.        0,                   //内存管理未就绪
28.        0,                   //内存管理未就绪
29.        0,                   //内存管理未就绪
30.    };
```

在"内部函数声明"区,声明了 4 个内部函数,分别用于内存的设置、复制、分配和释放,如程序清单 6-5 所示。

程序清单 6-5

```
1.    static  void   SetMemory(void * s, u8 c, u32 count);      //设置内存
2.    static  void   CopyMemory(void * des, void * src, u32 n); //复制内存
3.    static  u32    MallocMemory(u8 memx, u32 size);           //分配内存
4.    static  u8     FreeMemory(u8 memx, u32 offset);           //释放内存
```

在"内部函数实现"区,首先实现了 SetMemory 函数,如程序清单 6-6 所示。其中,参数 * s 为内存首地址,c 为需要设置的值,count 为需要设置的内存字节长度,单位为字节。

程序清单 6-6

```
1.    static  void   SetMemory(void * s, u8 c, u32 count)
2.    {
3.        u8 * xs = s;
4.        while(count -- )
5.        {
6.            * xs ++ = c;
7.        }
8.    }
```

在 SetMemory 函数实现区后为 CopyMemory 函数的实现代码,如程序清单 6-7 所示。该函数用于复制内存,其中参数 * des 为目的地址,* src 为源地址,n 为需要复制的内存长度,单位为字节。

程序清单 6-7

```
1.    static void   CopyMemory(void * des, void * src, u32 n)
2.    {
3.        u8 * xdes = des;
4.        u8 * xsrc = src;
5.        while(n -- )
6.        {
7.            * xdes ++ = * xsrc ++ ;
8.        }
9.    }
```

在 CopyMemory 函数实现区后的 MallocMemory 函数用于内存分配,实现代码如程序清单 6-8 所示。参数 memx 为所属内存池,size 为要分配的内存大小,单位为字节。

① 第 3~6 行代码:初始化变量 offset 用于存储地址的偏移量,定义变量 nmemb 用于存储计算得出的所需要的内存块数,初始化变量 cmemb 用于存储连续的空内存块数,定义变量 i 用于循环计数。

② 第 8~11 行代码:通过 memoryRdy 标志判断内存池是否被初始化,若未初始化则先通过 s_structMallocDev 结构体调用 InitMemory 函数进行初始化。

③ 第 17~21 行代码:将需要分配的内存大小除以内存分块大小,得到需要分配的连续内存块数目,若有余数则再加 1。

④ 第 22~31 行代码:从内存管理表的最高项开始搜索,若当前内存管理表中被标为未使用,则连续空内存块数 cmemb 增加 1,遇到已经被占用的内存块则对其置 0。

⑤ 第 32~39 行代码:若找到所需的连续内存块个数,则将这些内存块在内存管理表中都标记为 nmemb,即被连续占用的内存块个数,最后返回被占用内存块的首个内存块偏移地址。

程序清单 6-8

```
1.    static  u32  MallocMemory(u8 memx, u32 size)
2.    {
3.        signed long offset = 0;
4.        u32   nmemb;                              //需要的内存块数
5.        u32   cmemb = 0;                          //连续空内存块数
6.        u32   i;
7.
8.        if(!s_structMallocDev.memoryRdy[memx])
9.        {
10.          s_structMallocDev.init(memx);          //未初始化,先执行初始化
11.       }
12.       if(size == 0)
13.       {
14.         return 0XFFFFFFFF;                      //不需要分配
15.       }
16.
17.       nmemb = size / c_iMemoryBlkSize[memx];    //获取需要分配的连续内存块个数
18.       if(size % c_iMemoryBlkSize[memx])
19.       {
20.        nmemb ++ ;
21.       }
22.       for(offset = c_iMemoryTblSize[memx] - 1; offset >= 0; offset -- )//搜索整个内存控制区
23.       {
24.          if(!s_structMallocDev.memoryMap[memx][offset])
25.          {
26.           cmemb ++ ;                            //连续空内存块个数增加
27.          }
28.          else
29.          {
```

```
30.          cmemb = 0;                                      //连续内存块清零
31.       }
32.    if(cmemb == nmemb)                                    //找到了连续 nmemb 个空内存块
33.    {
34.      for(i = 0; i < nmemb; i++)                          //标注内存块非空
35.      {
36.        s_structMallocDev.memoryMap[memx][offset + i] = nmemb;
37.      }
38.      return (offset * c_iMemoryBlkSize[memx]);           //返回偏移地址
39.    }
40.  }
41.  return 0XFFFFFFFF;                                      //未找到符合分配条件的内存块
42. }
```

在 MallocMemory 函数实现区后为 FreeMemory 函数的实现代码,用于内存释放,如程序清单 6-9 所示。参数 memx 为所属内存池,offset 为内存偏移地址。**注意**:内存释放并不清除对应内存池中的内容,而是在内存管理表中标记该内存块为未使用,可以再次对该内存块写入数据,写入数据将覆盖原内容。

① 第 3~5 行代码:定义变量 i 用于循环计数,定义 index 变量用于存储偏移所在内存块号,定义 nmemb 变量用于存储计算得出的需要的内存块数。

② 第 7~11 行代码:首先通过 memoryRdy 标志判断内存池是否已被初始化,若未初始化则先通过 s_structMallocDev 结构体调用 InitMemory 函数进行初始化,并返回数值 1,程序结束。

③ 第 13~16 行代码:如果偏移在内存池内,则计算偏移所在的内存块号,读取内存块个数所指的内存区域。

④ 第 17~21 行代码:将内存管理表中对应的数值都清零,以释放内存。释放完毕后,返回数值 0,程序结束。

⑤ 第 23~25 行代码:如果偏移在内存池外,则返回数值 2,程序结束。

程序清单 6-9

```
1.  static  u8      FreeMemory(u8 memx, u32 offset)
2.  {
3.    int i;
4.    int index;
5.    int nmemb;
6.
7.    if(!s_structMallocDev.memoryRdy[memx])                 //未初始化,先执行初始化
8.    {
9.      s_structMallocDev.init(memx);
10.     return 1;                                            //未初始化
11.   }
12.
13.   if(offset < c_iMemorySize[memx])                       //偏移在内存池内
14.   {
15.     index = offset / c_iMemoryBlkSize[memx];             //偏移所在内存块号
```

```
16.        nmemb = s_structMallocDev.memoryMap[memx][index];  //内存块数量
17.        for(i = 0; i < nmemb; i++)                          //内存块清零
18.        {
19.          s_structMallocDev.memoryMap[memx][index + i] = 0;
20.        }
21.        return 0;
22.      }
23.      else
24.      {
25.        return 2;                                           //偏移超区了
26.      }
27.    }
```

在"API 函数实现"区,首先实现了 InitMemory 函数,如程序清单 6 - 10 所示。该函数用于将参数 memx 所指定的内存池中的数据清零,并将 memoryRdy 标志置为 1。

程序清单 6 - 10

```
1.    void InitMemory(u8 memx)
2.    {
3.      SetMemory(s_structMallocDev.memoryMap[memx], 0, c_iMemoryTblSize[memx] * 4);
                                                              //内存状态表数据清零
4.      s_structMallocDev.memoryRdy[memx] = 1;                //内存管理初始化 OK
5.    }
```

在 InitMemory 函数实现区后为 MemoryPerused 函数的实现代码,用于获得内存使用率,如程序清单 6 - 11 所示。MemoryPerused 函数通过统计其参数 memx 所指定的内存管理表上项值不为 0 的块来获得总使用率并与内存块总数相除,在百分比的基础上再扩大 10 倍,最终返回的数值为 0~1 000,代表使用率为 0.0%~100.0%。

程序清单 6 - 11

```
1.    u16 MemoryPerused(u8 memx)
2.    {
3.      u32 used = 0;
4.      u32 i;
5.
6.      for(i = 0; i < c_iMemoryTblSize[memx]; i++)
7.      {
8.        if(s_structMallocDev.memoryMap[memx][i])
9.        {
10.         used++;
11.       }
12.     }
13.     return (used * 1000) / (c_iMemoryTblSize[memx]);
14.   }
```

在 MemoryPerused 函数实现区后为 MyFree 函数的实现代码,用于内存释放,如程序清单 6 - 12 所示。MyFree 函数使用其输入参数 ptr 指定的内存首地址减去输入参数 mcmx 指定的内存池的起始地址,以获得其偏移量,并调用 FreeMemory 函数进行内存释放。

程序清单 6 - 12

```
1.    void MyFree(u8 memx, void * ptr)
2.    {
3.      u32 offset;
4.      if(ptr == NULL)
5.      {
6.        return;                  //地址为 0
7.      }
8.      offset = (u32)ptr - (u32)s_structMallocDev.memoryBase[memx];
9.      FreeMemory(memx, offset); //释放内存
10.   }
```

在 MyFree 函数实现区后为 MyMalloc 函数的实现代码,用于内存分配,如程序清单 6 - 13 所示。MyMalloc 函数参数:memx 为所属内存池;size 为要分配的内存大小,单位为字节。该函数首先调用 MallocMemory 获得一个从首地址开始的偏移量,并返回分配到内存的首地址。

程序清单 6 - 13

```
1.    void * MyMalloc(u8 memx, u32 size)
2.    {
3.      u32 offset;
4.
5.      offset = MallocMemory(memx, size);
6.      if(offset == 0XFFFFFFFF)
7.      {
8.        return NULL;
9.      }
10.     else
11.     {
12.       return (void * )((u32)s_structMallocDev.memoryBase[memx] + offset);
13.     }
14.   }
```

在 MyMalloc 函数实现区后为 MyRealloc 函数的实现代码,用于重新分配内存,如程序清单 6 - 14 所示。函数的参数:memx 为所属内存块;ptr 为内存首地址;size 为内存大小,单位为字节。重新分配内存函数一般是对给定的指针所指向的内存空间进行扩大或缩小,在本实验中暂未使用。

程序清单 6 - 14

```
1.    void * MyRealloc(u8 memx, void * ptr, u32 size)
2.    {
3.      u32 offset;
4.      offset = MallocMemory(memx, size);
5.      if(offset == 0XFFFFFFFF)
6.      {
7.        return NULL;
8.      }
9.      else
```

```
10.   {
11.        //复制旧内存区内容到新内存区
12.        CopyMemory((void * )((u32)s_structMallocDev.memoryBase[memx] + offset), ptr, size);
13.
14.        //释放旧内存区
15.        MyFree(memx, ptr);
16.
17.        //返回新内存首地址
18.        return (void * )((u32)s_structMallocDev.memoryBase[memx] + offset);
19.   }
20.  }
```

6.3.2 MallocTop 文件对

1. MallocTop.h 文件

在 MallocTop.h 文件的"API 函数声明"区,声明了 2 个 API 函数,如程序清单 6 - 15 所示。InitMallocTop 函数的主要功能是初始化内存管理实验顶层模块;MallocTopTask 函数则用于执行内存管理实验顶层模块任务。

程序清单 6 - 15

void InitMallocTop(void);	//初始化内存管理实验顶层模块
void MallocTopTask(void);	//内存管理实验顶层模块任务

2. MallocTop.c 文件

在 MallocTop.c 文件的"宏定义"区,首先定义了每次内存申请量,如程序清单 6 - 16 所示。按下 InSRAM 按钮,将申请 10 KB 内存,按下 ExSDRAM 按钮则申请 1 024 KB(即 1 MB)内存。

程序清单 6 - 16

#define IN_MALLOC_SIZE (1024 * 10)	//内部 SRAM 内存申请量
#define EX_MALLOC_SIZE (1024 * 1024)	//外拓 SDRAM 内存申请量

在"内部变量"区,声明了 GUI 设备结构体 s_structGUIDev、内存申请指针及内部 SRAM 和外部 SDRAM 访问标志 s_iPointerPlace,如程序清单 6 - 17 所示。其中 GUI 设备结构体 StructGUIDev 在 GUITop.h 文件中声明,该结构体中的 4 个内部函数包括内存池大小、按钮回调函数、内存使用量波形显示及内存使用量等信息,如程序清单 6 - 18 所示。

程序清单 6 - 17

static StructGUIDev s_structGUIDev;	//GUI 设备结构体	
static u8 *	s_pMalloc = NULL;	//内存申请指针
static u8	s_iPointerPlace = 0;	//0:当前指针指向内部 SRAM 区,1:当前指针指向外部 SDRAM

程序清单 6 - 18

1.	static void InSramMallcCallback(void);	//从内部 SRAM 申请内存按钮回调函数
2.	static void ExSdramMallcCallback(void);	//从外拓 SDRAM 申请内存按钮回调函数

| 3. | static void FreeCallback(void); | //内存释放按钮回调函数 |
| 4. | static void updateMamInfoShow(u8 mem); | //更新内存信息显示函数 |

在"内部函数实现"区,首先实现了内部 SRAM 申请内存按键回调函数 InSramMallcCallback,以及外部 SDRAM 申请内存按键回调函数 ExSdramMallcCallback,如程序清单 6 - 19 所示。每次单击屏幕上的 InSRAM 按钮或 ExSDRAM 按钮,都会调用 InSramMallcCallback 函数或 ExSdramMallcCallback 函数来申请内存。

① 第 4 行代码:调用 MyMalloc 函数来申请内部 SRAM 中的内存,并将该内存的首地址赋值给指针 s_pMalloc。

② 第 5 行代码:更新内部 SRAM 和外部 SDRAM 访问标志 s_iPointerPlace,以 0 标识目前指针指向内部 SRAM。

③ 第 6 行代码:调用 printf 函数,通过串口输出指针数值。

④ 第 9 行代码:调用 updateMamInfoShow 函数更新内存显示信息。

⑤ 第 12～21 行代码:将相关参数替换为外部 SDRAM。

程序清单 6 - 19

```
1.    static void InSramMallcCallback(void)
2.    {
3.      //内存申请
4.      s_pMalloc = MyMalloc(SRAMIN, IN_MALLOC_SIZE);
5.      s_iPointerPlace = 0;
6.      printf("指针数值:0x%08X\r\n", (u32)s_pMalloc);
7.
8.      //更新内存信息显示
9.      updateMamInfoShow(SRAMIN);
10.   }
11.
12.   static void ExSdramMallcCallback(void)
13.   {
14.     //内存申请
15.     s_pMalloc = MyMalloc(SDRAMEX, EX_MALLOC_SIZE);
16.     s_iPointerPlace = 1;
17.     printf("指针数值:0x%08X\r\n", (u32)s_pMalloc);
18.
19.     //更新内存信息显示
20.     updateMamInfoShow(SDRAMEX);
21.   }
```

在"内部函数实现"区,实现了 FreeCallback 函数,如程序清单 6 - 20 所示。该函数为内存释放按钮回调函数,每次单击 Free 按钮,都会调用 FreeCallback 函数来释放内存。

① 第 4 行代码:判断指针所处的位置是否处于内部 SRAM 中。

② 第 7 行代码:调用 MyFree 函数对指针所指向的连续内存块进行释放。内存释放后,s_pMalloc 指针并不会更新,因此只能释放对应上一次申请的内存。

③ 第 10 行代码:调用 updateMamInfoShow 函数更新内存显示信息。

④ 第 14～21 行代码:将相关参数替换为外部 SDRAM。

```
1.    static void FreeCallback(void)
2.    {
3.      //内部 SRAM
4.      if(0 == s_iPointerPlace)
5.      {
6.        //释放内存
7.        MyFree(SRAMIN, s_pMalloc);
8.
9.        //更新内存信息显示
10.       updateMamInfoShow(SRAMIN);
11.     }
12.
13.     //外部 SDRAM
14.     else if(1 == s_iPointerPlace)
15.     {
16.       //释放内存
17.       MyFree(SDRAMEX, s_pMalloc);
18.
19.       //更新内存信息显示
20.       updateMamInfoShow(SDRAMEX);
21.     }
22.   }
```

在 FreeCallback 函数实现区后为 updateMamInfoShow 函数的实现代码，如程序清单 6 - 21 所示。该函数用于更新 GUI 上方的内存信息显示，包括内存用量、剩余内存等，参数 mem 为内部 SRAM 或外部 SDRAM 标志。

① 第 4 行代码：定义 usage 和 free 变量，分别用于存储内存使用量与剩余量。

② 第 7 行代码：判断需要更新的内存块是否为内部 SRAM。

③ 第 10 行代码：调用 MemoryPerused 函数计算使用率，将其返回值赋值给 usage 变量。

④ 第 13~19 行代码：由于 MemoryPerused 计算结果在百分比的基础上扩大了 10 倍（0~1 000，代表 0.0%~100.0%），因此将 usage 除以 1 000 后再与 MEM1_MAX_SIZE 相乘，得到字节使用量，并对该运算结果向上取整。

⑤ 第 22 行代码：将所有内存的字节数减去已使用的字节数，得到剩余字节数。

⑥ 第 25 行代码：调用在 GUITop.c 文件中实现的 updateInSRAMInfo 函数，可计算得出的内存用量以及剩余内存，更新至 GUI 上方的文字信息显示区域。

```
1.    static void updateMamInfoShow(u8 mem)
2.    {
3.      //内存使用量与剩余量
4.      u64 usage, free;
5.
6.      //内部 SRAM
```

```
7.        if(SRAMIN == mem)
8.        {
9.          //获取内存使用率
10.         usage = MemoryPerused(SRAMIN);
11.
12.         //计算字节使用量
13.         usage = MEM1_MAX_SIZE * usage / 1000;
14.
15.         //向上取整
16.         while(0 != (usage % IN_MALLOC_SIZE))
17.         {
18.           usage++;
19.         }
20.
21.         //计算剩余字节数
22.         free = MEM1_MAX_SIZE - usage;
23.
24.         //更新显示
25.         s_structGUIDev.updateInSRAMInfo(usage, free);
26.       }
27.
28.       //外部 SDRAM
29.       else if(SDRAMEX == mem)
30.       {
31.         //获取内存使用率
32.         usage = MemoryPerused(SDRAMEX);
33.
34.         //计算字节使用量
35.         usage = MEM2_MAX_SIZE * usage / 1000;
36.
37.         //向上取整
38.         while(0 != (usage % EX_MALLOC_SIZE))
39.         {
40.           usage++;
41.         }
42.
43.         //计算剩余字节数
44.         free = MEM2_MAX_SIZE - usage;
45.
46.         //更新显示
47.         s_structGUIDev.updateExSDRAMInfo(usage, free);
48.       }
49.     }
```

在"API 函数实现"区,首先实现了 InitMallocTop 函数,如程序清单 6-22 所示。该函数用于初始化内存管理实验顶层模块,对 GUI 结构体 s_structGUIDev 成员传入相应的回调函数地址,并初始化 GUI 显示界面。

程序清单 6-22

```
1.    void InitMallocTop(void)
2.    {
3.      //内、外两个内存池显示大小
4.      s_structGUIDev.inMallocSize = MEM1_MAX_SIZE;
5.      s_structGUIDev.exMallocSize = MEM2_MAX_SIZE;
6.
7.      //回调函数
8.      s_structGUIDev.mallocInButtonCallback = InSramMallcCallback;
9.      s_structGUIDev.mallocExButtonCallback = ExSdramMallcCallback;
10.     s_structGUIDev.freeButtonCallback = FreeCallback;
11.
12.     //初始化 GUI 界面设计
13.     InitGUI(&s_structGUIDev);
14.   }
```

在 InitMallocTop 函数实现区后为 MallocTopTask 函数的实现代码,在该函数中执行内存管理实验顶层模块任务,如程序清单 6-23 所示。该函数每隔 250 ms 获取一次内部 SRAM 和外部 SDRAM 使用量,并调用 s_structGUIDev. addMemoryWave 指向的 GUIGraphAddrPoint 函数增加显示用数据点,其中 GUIGraphAddrPoint 函数在 GUIGraph. c 文件中实现,最后调用 GUI 任务,执行按钮扫描和显示刷新操作。

程序清单 6-23

```
1.    void MallocTopTask(void)
2.    {
3.      //上次添加波形点
4.      static u64 s_iLastTime = 0;
5.
6.      //内部 SRAM 和外部 SDRAM 使用量
7.      u16 inSramUse, exSdramUse;
8.
9.      //每隔 250 ms 添加一次内存使用量
10.     if((GetSysTime() - s_iLastTime)>= 250)
11.     {
12.       s_iLastTime = GetSysTime();
13.       inSramUse = MemoryPerused(SRAMIN);
14.       exSdramUse = MemoryPerused(SDRAMEX);
15.       s_structGUIDev.addMemoryWave(inSramUse / 10, exSdramUse / 10);
16.     }
17.
18.     //GUI 任务
19.     GUITask();
20.   }
```

6.3.3　Main. c 文件

Proc2msTask 函数的实现代码如程序清单 6-24 所示,调用了 MallocTopTask 函数,该函数每 20 ms 执行一次内存管理实验顶层模块任务。

程序清单 6-24

```
1.    static  void  Proc2msTask(void)
2.    {
3.      static u32 s_iCnt = 0;
4.
5.      if(Get2msFlag())  //判断 2 ms 标志位状态
6.      {
7.        s_iCnt++;
8.        if(s_iCnt > 10)
9.        {
10.         s_iCnt = 0;
11.         MallocTopTask();
12.       }
13.       Clr2msFlag();   //清除 2 ms 标志位
14.     }
15.   }
```

6.3.4　实验结果

下载程序并进行复位,可以观察到开发板上的 LCD 显示如图 6-4 所示的内存管理实验的 GUI 界面。按下 InSRAM 或 ExSDRAM 按钮后,内存使用率增加。按下 Free 按钮后,释放上一次申请的内存。每次内存分配或释放操作后,内存占用信息用图形和文字形式显示。

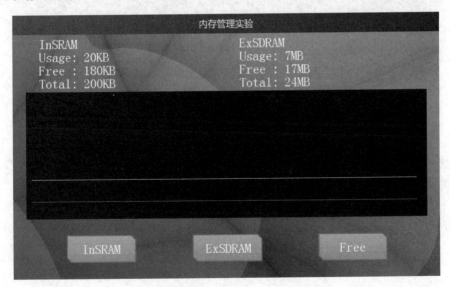

图 6-4　内存管理实验 GUI 界面

本章任务

基于本章实验，编写程序实现 GUI 界面显示内容及形式控制。具体要求如下：使用 KEY₁ 按键申请一块外部 SDRAM 内存，保存一块区域的 GUI 背景图。按下 KEY₂ 按键在此区域内显示字符串 test，如图 6-5 所示。按下 KEY₃ 按键取出保存在外部 SDRAM 中的背景进行重绘，将 GUI 界面恢复至如图 6-4 所示的初始状态，并且释放已申请的内存。要求内存申请与释放操作时内存占用信息均能更新到 GUI 文字显示区域。

任务提示：

① 添加 KeyOne 及 ProKeyOne 文件对。

② 首先调用 GUISaveBackground 函数保存背景，然后调用 GUIDrawTextLine 函数在 GUI 上打印字符串，最后调用 GUIDrawBackground 函数重绘背景。

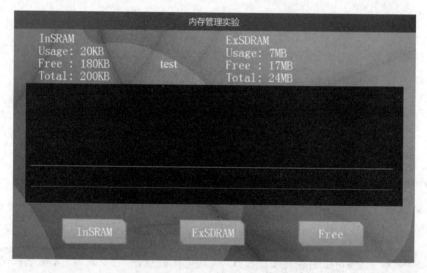

图 6-5 在 GUI 上显示 test 字符串

本章习题

1. 简述分块式内存管理的原理。
2. 简述造成内存泄漏的原因。
3. 若需要同时申请并使用多块内存，应如何避免内存泄漏？

第7章 读/写 SD 卡实验

由于微控制器系统在完成某些功能时需要存储大量数据,如录像、LCD 显示等,因此需要将存储设备作为外设来增加微控制器的存储空间,常见的存储设备有 SDRAM、Flash 和 SD 卡等,其中 SD 卡由于具有容量大、多尺寸选择的优点,应用十分广泛。本章将学习微控制器与 SD 卡的通信方式及其 SDIO 接口。

7.1 实验内容

本章的主要内容是学习 SDIO 结构、协议等内容,包括 SD 卡及其内部结构、SD 卡与微控制器传输方面的内容、SD 卡有关的状态位、SD 卡的操作模式、SDIO 接口传输数据的格式。最后基于 GD32F4 蓝莓派开发板设计一个读/写 SD 卡实验,通过 LCD 显示屏上的 GUI 界面,实现读/写 SD 卡。

7.2 实验原理

7.2.1 SDIO 模块

SDIO 是 Secure Digital Input and Output 的缩写,即安全的数字输入/输出接口。它是在 SD 卡协议基础上发展而来的一种 I/O 接口,该接口提供 AHB 系统总线与 SD 存储卡、SDIO 卡、MMC 卡等类型设备和 CE - ATA 设备之间的数据传输。

GD32F4 蓝莓派开发板具有 SDIO 接口,通过该接口可实现微控制器与 SD 存储卡设备之间的数据传输。开发板上的 TF 卡座电路原理图如图 7 - 1 所示,与 TF 卡座适配的 SD 卡为 MicroSD 卡(TF 卡也称 MicroSD 卡)。在原理图中,SDIO_CK 对应 GD32F470IIH6 微控制器的 PC12 引脚,在本实验中该引脚被复用为 SDIO 接口的 CLK 线;SDIO_CMD 对应 PD2 引脚,该引脚被复用为 SDIO 接口的 CMD 线,SDIO_D0～SDIO_D3 对应 PB4、PC9～PC11 引脚,作为 SDIO 接口的数据线。另外,TF 卡座使用 SDIO_CD 作为片选引脚,通过检测该引脚的电平,可以判断 SD 卡是否正常插入。

7.2.2 SDIO 结构框图

SDIO 结构框图如图 7 - 2 所示,GD32F4 蓝莓派开发板的 SDIO 控制器由 AHB 接口和 SDIO 适配器组成,其中,AHB 接口包括数据 FIFO 单元、寄存器单元、中断及 DMA 逻辑,FIFO 单元通过数据缓冲区发送和接收数据,寄存器单元包含所有的 SDIO 寄存器,用于控制

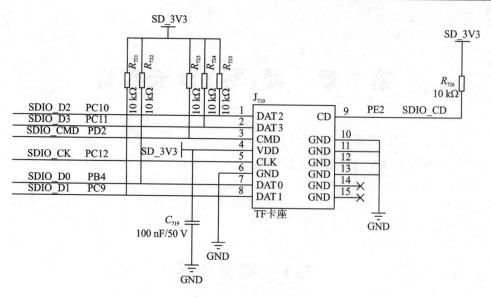

图 7-1 TF 卡座电路原理图

微控制器与 SD 卡之间的通信。SDIO 适配器由控制单元、命令单元和数据单元组成,控制单元向 SD 卡传输时钟信号,并控制 SD 卡的通电和关电状态;命令单元实现开发板与 SD 卡之间的命令发送和接收,通过命令状态机(CSM)控制命令传输;数据单元实现开发板与 SD 卡之间的数据发送和接收,通过数据状态机(DSM)控制数据传输。

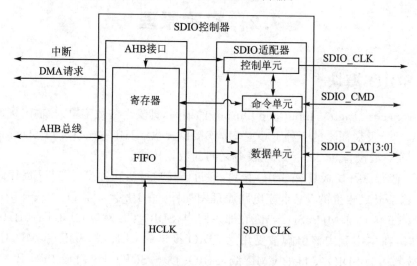

图 7-2 SDIO 结构框图

SDIO 与 SD 卡之间通过 6 条线进行通信,分别为 1 条时钟线、1 条命令线和 4 条数据线,如图 7-2 的右侧部分所示。其中,时钟线上传输 SDIO 发出的时钟信号,根据传输协议,数据传输在 CLK 时钟线的上升沿有效。命令线上传输 SDIO 发送至 SD 卡的命令,以及 SD 卡发送至主机的响应。SDIO 协议用于数据传输的数据线的数目分为 1 条、4 条和 8 条,本实验使用的数据线数目为 4 条。

7.2.3　SD 卡结构框图

　　SD 卡结构框图如图 7-3 所示,包括 5 个部分:存储单元用于存储数据,SD 卡读/写以块为单位,一个块的大小为 512 字节,存储空间为 64 MB 的 SD 卡共有 $64 \times 1\,024 \times 1\,024/512 = 131\,072$ 块;存储单元接口是存储单元与卡控制单元进行数据传输的通道;电源检测用于保证 SD 卡在合适的电压下工作,在加电时复位控制单元和存储单元接口;卡及接口控制单元通过 8 个寄存器控制并记录 SD 卡的运行状态;接口驱动器被接口控制单元控制,完成 SD 卡引脚的输入/输出。

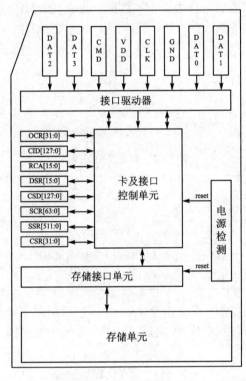

图 7-3　SD 卡结构框图

　　卡及接口控制单元包含 8 个寄存器,对各个寄存器的描述如表 7-1 所列。寄存器各个位的具体描述可参见文档《SD2.0 协议标准完整版》(位于本书配套资料包"09.参考资料\07.读写 SD 卡实验参考资料"文件夹下)中的第 5 章。

表 7-1　寄存器描述

寄存器名称	宽度/bit	描　　述
OCR	32	储存卡的电压描述和存取模式指示(MMC)
CID	128	储存卡识别阶段使用的卡识别信息
RCA	16	储存相对卡地址寄存器存放的卡地址
DSR	16	可选寄存器,可用于在扩展操作条件中提高总线性能
CSD	128	储存访问卡中的内容信息

续表 7 - 1

寄存器名称	宽度/bit	描 述
SCR	64	储存被配置到特定 SD 存储卡的特殊功能的信息
SSR	512	储存 SD 卡专有特征的信息,即 SD 状态
CSR	32	储存存放 SD 卡状态信息,即卡状态

7.2.4 SDIO 传输内容

SDIO 与 SD 卡传输的内容可分为命令和数据。命令在 CMD 线上串行传输,而数据则在 DAT[3:0] 线上并行传输。其中,命令又可分为主机发送至 SD 卡的命令和 SD 卡发送至主机的响应。

1. 命 令

SDIO 发送至 SD 卡的命令可根据发送范围及是否接收响应分为 4 种类型,如表 7 - 2 所列。

表 7 - 2 命令类型及描述

命令类型	命令描述
无响应广播命令(bc)	发送给所有从机(本处为 SD 卡),并且不接收响应
带响应广播命令(bcr)	发送给所有从机,并接收响应
寻址命令(ac)	发送至对应地址的从机,并且不接收数据
寻址数据传输命令(adtc)	发送至对应地址的从机,并且接收数据

命令可分为通用命令(CMD)和应用命令(ACMD),应用命令是 SD 卡制造商特定的命令,发送应用命令的方法为先通过 CMD 线发送 CMD55 命令,再发送 CMDx 命令,此时 SD 卡将其视为 SDIO 的 ACMDx 命令。

不同命令的具体描述可参见文档《SD2.0 协议标准完整版》中的 4.7.4 小节。

主机发送至 SD 卡的命令在 CMD 线上串行传输,传输格式如图 7 - 4 所示。起始位与终止位各包含一个数据位,起始位为 0,终止位为 1,分别表示命令传输的起始和结束。传输标志用于表示传输方向,主机传输到 SD 卡时为 1,SD 卡传输到主机时为 0,即传输命令时传输标志为 1,传输响应时传输标志为 0。命令号占 6 位,可代表 $2^6 = 64$ 个命令。参数大小为 32 位,用于传输命令有关的参数或地址数据。CRC 校验位占 7 位,用于检验传输数据的正确性,检验失败将导致 SD 卡不执行相应命令。

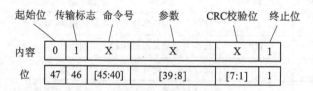

图 7 - 4 命令传输格式

2. 响　应

SD 卡发送至主机的响应分为 7 种类型,如表 7-3 所列。

表 7-3　响应类型

响应类型	描　述	响应类型	描　述
R1	普通命令响应	R5	中断请求
R2	CID,CSD 寄存器	R6	RCA 响应
R3	OCR 寄存器	R7	卡接口条件
R4	Fast I/O		

不同响应的具体描述可参见文档《SD2.0 协议标准完整版》中的 4.9.1～4.9.7 小节。

响应为 SD 卡对主机命令的回应,当 SDIO 发送不同的命令时,SD 卡根据主机的要求,发送不同的响应。**注意**:有些命令不需要响应,如表 7-2 所列的无响应广播命令。响应同样在 CMD 线上串行传输,其传输格式与命令传输格式相同。

7.2.5　SD 卡状态信息

SD 卡支持两种状态信息:"卡状态"和"SD 状态"。卡状态包含命令执行的错误和状态信息相关的状态位,该状态大小为 32 位,储存于 CSR 寄存器中。卡状态在响应 R1(普通命令响应)中标识,卡状态标志位储存于如图 7-4 所示的大小为 32 位的参数项中,当发送的命令要求 R1 响应时,卡状态标志位会随着响应发出。部分卡状态标志位如表 7-4 所列。卡状态标志位的完整描述可参见文档《SD2.0 协议标准完整版》中的 4.10.1 小节。

表 7-4　部分卡状态标志位

位	标　识	类　型	值	描　述	清除条件
31	OUT_OF_RANGE	ERX	0＝no error;1＝error	命令的参数超出卡的接收范围	C
30	ADDRESS_ERROR	ERX	0＝no error;1＝error	没对齐的地址,同命令中使用的块长度不匹配	C
...					
25	CARD_IS_LOCKED	SX	0＝card unlocked; 1＝card locked	表明卡被主机加锁	A
24	LOCK_UNLOCK_FAILED	ERX	0＝no error;1＝error	加锁/解锁命令发生错误	C
23	COM_CRC_ERROR	ER	0＝no error;1＝error	前一个命令的 CRC 检查错误	B
...					
19	ERROR	ERX	0＝no error;1＝error	通用或未知错误	C
...					

其中,类型和清除条件的缩写说明如表 7-5 和表 7-6 所列。

表 7 - 5　类型缩写说明

缩写	说明
E	错误位
S	状态位
R	检测和设置实际的命令响应
X	在命令执行期间,检测和设置

表 7 - 6　清除条件缩写说明

缩写	说明
A	对应卡当前状态
B	与上一条命令相关
C	读之后就清除

SD 状态中包含与 SD 卡属性功能相关的状态位,该状态位大小为 512 字节,储存于 SSR 寄存器中。当主机发送 ACMD13 命令至 SD 卡后,SD 状态会通过 DAT[3:0]线发送给主机。部分 SD 状态标志位如表 7 - 7 所列。SD 状态标志位的完整描述可参见文档《SD2.0 协议标准完整版》中的 4.10.2 小节。

表 7 - 7　部分 SD 状态标志位

位	标　识	类　型	值	描　述	清除条件
511:510	DAT_BUS_WIDTH	SR	00=1 默认;01=保留; 10=4 位宽;11=保留	SET_BUS_WIDTH 定义的当前总线宽度	A
509	SECURED_MODE	SR	0=不是担保模式; 1=担保模式	参考"SD Security Specification"	A
508:496			保留		
495:480	SD_CARD_TYPE	SR	00xxh=V1.01-2.0; 0000h=常规读/写卡; 0001h=SD Rom 卡	SD_CARD_TYPE 表明卡的类型	A
			...		

7.2.6　SD 卡操作模式

SD 卡从插入开发板上的卡槽到结束传输数据共经过两种模式:卡识别模式和数据传输模式。

卡识别模式包含卡从空闲状态到待机状态的过程。当 SD 卡插入主机并上电时,首先处于空闲状态,主机通过不同命令检测 SD 卡的相应参数,并根据参数使 SD 卡最终处于待机状态或无效状态。卡识别模式阶段的时钟频率用 FOD 表示,最高为 400 kHz,其状态转换图如图 7 - 5 所示。

卡识别模式状态的说明如表 7 - 8 所列。

表 7 - 8　卡识别模式状态

状　态	说　明
空闲状态	上电后的初始状态,可通过 CMD0 跳转至该状态
准备状态	发送给所有从机(SD 卡),并接收响应
识别状态	发送至对应地址的从机,并且不接收数据
无效状态	发送至对应地址的从机,并且接收数据

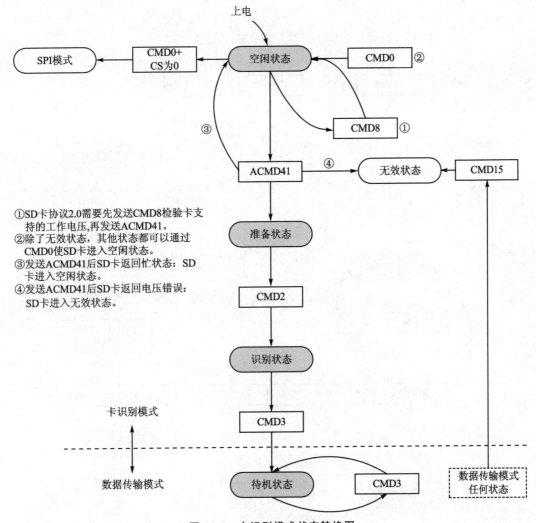

①SD卡协议2.0需要先发送CMD8检验卡支持的工作电压，再发送ACMD41。
②除了无效状态，其他状态都可以通过CMD0使SD卡进入空闲状态。
③发送ACMD41后SD卡返回忙状态：SD卡进入空闲状态。
④发送ACMD41后SD卡返回电压错误：SD卡进入无效状态。

图 7 - 5　卡识别模式状态转换图

数据传输模式包含卡从待机状态到断开连接状态的过程。当 SD 卡结束卡识别模式后，首先处于待机状态，主机可以通过 CMD7 命令使 SD 卡进入传输状态，并通过不同命令控制 SD 卡进入发送或接收数据状态。数据传输模式阶段的时钟频率用 FPP 表示，最高为 25～50 MHz。数据传输模式的状态转换图如图 7 - 6 所示。

数据传输模式的状态说明如表 7 - 9 所列。

表 7 - 9　数据传输模式的状态

状　态	说　明
待机状态	结束识别后的初始状态，可通过 CMD7 跳转至传输状态，该状态可同时存在复数卡
传输状态	同一时间仅有一张卡处于传输状态
发送数据状态	主机发送相应命令后，SD 卡开始进行数据发送
数据接收状态	主机发送相应命令后，SD 卡开始接收相应数据
编程状态	数据接收完成后进入该状态，可通过命令进入传输状态或断开连接状态
断开连接状态	结束传输状态，将 SD 卡重新设置为待机状态

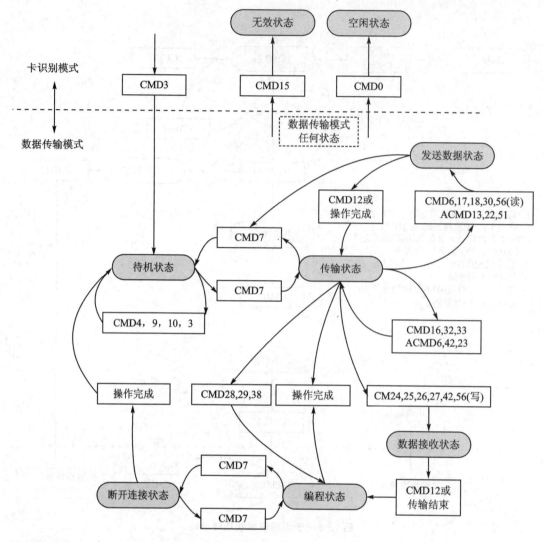

图 7 - 6　数据传输模式状态转换图

7.2.7　SDIO 总线协议

　　SDIO 总线协议如图 7 - 7 所示,SDIO 接口间的通信通常由主机发送命令,从机接收后执行相应动作并做出响应。数据传输是以"块"的形式传输的,数据块长度可格式化重新设置,通常为 512 字节。数据块传输伴随着 CRC 校验,CRC 校验位由 SD 卡系统硬件生成,用于检测数据传输的正确性。SD 卡写协议包含忙状态检测,该状态通过 SD 卡将 D0 拉低来表示。当数据传输即将结束时,主机将发送停止数据传输的命令,当 SD 卡接收到该命令后,则会在接收完数据块后停止接收数据,从数据接收状态重新跳转至传输状态或待机状态。

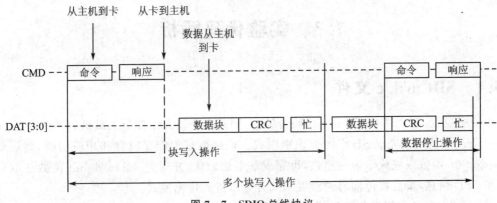

图 7 - 7　SDIO 总线协议

7.2.8　SDIO 数据包格式

SDIO 数据包有两种格式:常规数据包格式和宽位数据包格式。一般数据块的发送采用常规数据包格式,如图 7 - 8 所示,先发送高字节再发送低字节,先发高位字节再发低位字节,通过 4 根数据线,按照 DAT3~DAT0 的顺序同步传输。

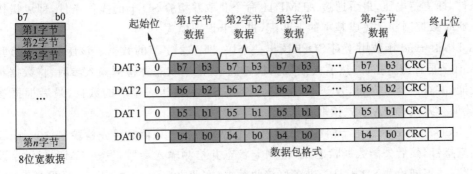

图 7 - 8　常规数据包格式

宽位数据包格式应用于发送 SD 卡的 SSR 寄存器(512 字节)时,在接收 ACMD13 命令后,SD 卡将该寄存器的内容通过宽位数据包格式发送,如图 7 - 9 所示,4 根数据线按 DAT3~DAT0 的顺序将寄存器的 512 字节数据按从高到低位的顺序发送。

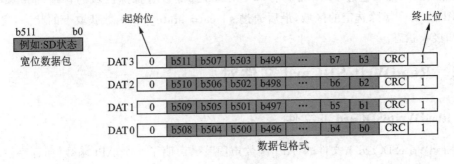

图 7 - 9　宽位数据包格式

7.3 实验代码解析

7.3.1 SDCard.c 文件

由于底层读/写文件 SDCard.c 代码量较大,因此本书仅介绍部分关键函数的作用。

sd_init 函数用于完成 SD 卡的卡识别模式。该函数首先配置时钟和相应引脚,然后调用 sd_power_on 函数以完成卡识别模式,再完成基本初始化,并通过 sd_card_init 函数获取卡的 CID 和 CSD 信息,最后将传输时钟设置为二分频以进入传输模式。

sd_card_init 函数用于获取卡信息和卡识别状态,即 CID 信息和 CSD 信息。该函数首先检测电源是否正常,若正常则在检测卡类型后发送 CMD2 命令,获取 CID 信息并存入相应数组,然后发送 CMD3 命令获取卡的相对地址,最后再次检测卡类型,发送 CMD9 命令获取 CSD 信息并存入相应数组。

sd_power_on 函数用于完成基本的 SD 卡识别,该函数首先设置了时钟、总线模式,然后使能电源、时钟,再发送 CMD0 命令将卡设置为空闲状态,发送 CMD8 命令获取并检验 SD 卡接口条件,即支持电压,最后通过 ACMD41 命令获取并检验 SD 卡的操作条件,即可操作的卡容量。此时微控制器已完成基本的卡匹配,进入卡识别模式。

sd_block_read 函数用于对 SD 卡读出一个块,即 512 字节的数据。该函数首先检验参数 preadbuffer 是否为空指针,然后失能数据状态机,检测卡状态并检测输入参数,将数据状态机重新使能,配置命令状态机,发送 CMD17 命令使 SD 卡发送一个块的数据,最后根据参数模式,即轮询模式或 DMA 模式读取数据。

sd_block_write 函数用于向 SD 卡写入一个块的数据。该函数首先检验参数 pwritebuffer 是否为空指针,然后失能数据状态机,检测卡状态并检测输入参数,发送 CMD13 命令设置相应标志位,并不断检测 SD 卡是否准备好接收数据,在此之后配置命令状态机,发送 CMD24 命令使 SD 卡准备接收一个块的数据,最后配置数据状态机,根据参数模式写入数据。当数据完成写入后,通过 sd_card_state_get 函数获取卡的状态,等待卡退出编程和接收状态。

sd_erase 函数用于擦除 SD 卡上相应区域。该函数首先根据 CSD 中的信息检验 SD 卡是否支持擦除操作,然后通过 CMD32 命令和 CMD33 命令设置擦除区域的首地址和末地址,再通过 CMD38 命令擦除选定的区域,最后通过 sd_card_state_get 函数获取卡的状态,等待卡退出编程和接收状态。

7.3.2 ReadWriteSDCard 文件对

1. ReadWriteSDCard.h 文件

在 ReadWriteSDCard.h 文件的"API 函数声明"区,声明了 2 个 API 函数,如程序清单 7-1 所示。InitReadWriteSDCard 函数用于初始化 SD 卡读/写模块,ReadWriteSDCardTask 函数用于进行读/写 SD 卡模块任务。

程序清单 7-1

```
void InitReadWriteSDCard(void);            //初始化读/写 SD 卡模块
void ReadWriteSDCardTask(void);            //读/写 SD 卡模块任务
```

2. ReadWriteSDCard. c 文件

在 ReadWriteSDCard. c 文件的"包含头文件"区,包含了 SDCard. h 和 LCD. h 等头文件,SDCard. c 文件包含对 SD 卡的块进行读/写的函数,ReadWriteSDCard. c 文件需要通过调用这些函数完成对 SD 卡的读/写,因此需要包含 SDCard. h 头文件。由于地址、数据等信息都通过 LCD 屏显示,因此,还需要包含 LCD. h 头文件。

在"宏定义"区,定义了显示字符的最大长度 MAX_STRING_LEN 为 64,即 LCD 显示字符串的最大长度为 64 位。

在"内部变量"区,声明了内部变量 s_structGUIDev、s_arrSDBuffer[2048]、s_arrStringBuff[MAX_STRING_LEN]、s_structSDCardInfo 和 s_enumSDCardStatus,如程序清单 7-2 所示。s_structGUIDev 为 GUI 的结构体,包含读/写地址和读/写函数等数据,s_arrSDBuffer[2048] 为 SD 卡读/写缓冲区,2 048 表示该工程每次读/写 SD 卡的最大数据为 2 048 字节,s_arrStringBuff[MAX_STRING_LEN] 为字符串转换缓冲区,最多转换 64 个字符,s_structSDCardInfo 为包含 SD 卡信息的结构体,s_enumSDCardStatus 为 SD 卡插入标志位。

程序清单 7-2

```
1.   static StructGUIDev  s_structGUIDev;              //GUI 设备结构体
2.   static u8      s_arrSDBuffer[2048];               //SD 卡读/写缓冲区
3.   static char s_arrStringBuff[MAX_STRING_LEN];      //字符串转换缓冲区
4.   static sd_card_info_struct s_structSDCardInfo;    //SD 卡信息
5.   static sd_error_enum       s_enumSDCardStatus;    //SD 卡在线检测
```

在"内部函数声明"区,声明了 6 个内部函数,如程序清单 7-3 所示。Read 函数用于根据参数读取 SD 卡对应位置相应长度的字节数;Write 函数用于根据参数向 SD 卡的相应位置写入 1 字节数据;ReadSDCard 函数用于检验环境、参数是否正确并调用 Read 函数读取数据,并将信息显示于 LCD 屏和串口助手上;WriteSDCard 函数用于检验环境、参数是否正确并调用 Write 函数写入数据,同样将信息显示于 LCD 屏和串口助手上;PrintSDInfo 函数用于根据输入的结构体参数,将 SD 卡信息发送至串口助手并显示;InitSDCard 函数用于初始化 SD 卡。

程序清单 7-3

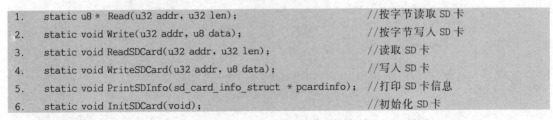

```
1.   static u8 * Read(u32 addr, u32 len);                          //按字节读取 SD 卡
2.   static void Write(u32 addr, u8 data);                         //按字节写入 SD 卡
3.   static void ReadSDCard(u32 addr, u32 len);                    //读取 SD 卡
4.   static void WriteSDCard(u32 addr, u8 data);                   //写入 SD 卡
5.   static void PrintSDInfo(sd_card_info_struct * pcardinfo);     //打印 SD 卡信息
6.   static void InitSDCard(void);                                 //初始化 SD 卡
```

在"内部函数实现"区,首先实现了 Read 函数,如程序清单 7-4 所示。

① 第 8~13 行代码:由于 SD 卡是通过块读/写传输数据的,因此 Read 函数首先通过 while 语句获得读取地址相对应的数据块的首地址及相应的偏移地址。

② 第 16~38 行代码:设置数据保存的缓冲区 buff,并根据偏移地址计算需要读取的长度 len,通过 while 语句,先计算剩余读取长度,再将当前读取地址对应的数据块通过 sd_block_read 函数读取至数据缓冲区 buff。

程序清单 7-4

```
1.    static u8 * Read(u32 addr, u32 len)
2.    {
3.      u32  addrOffset;        //目标地址与实际写入地址偏移量
4.      u8 * buff;              //读取缓冲区
5.      u8 * result;            //返回地址
6.
7.      //查找数据块首地址
8.      addrOffset = 0;
9.      while(0 != (addr % s_structSDCardInfo.card_blocksize))
10.     {
11.       addr = addr - 1;
12.       addrOffset = addrOffset + 1;
13.     }
14.
15.     //按数据块读入数据保存到数据缓冲区
16.     buff = s_arrSDBuffer;
17.     len = len + addrOffset;
18.     while(len > 0)
19.     {
20.       //计算剩余读取数据量
21.       if(len >= s_structSDCardInfo.card_blocksize)
22.       {
23.         len = len - s_structSDCardInfo.card_blocksize;
24.       }
25.       else
26.       {
27.         len = 0;
28.       }
29.
30.       //读入整个数据块
31.       sd_block_read((u32 * )buff, addr, s_structSDCardInfo.card_blocksize);
32.
33.       //设置读取地址为下一个数据块
34.       addr = addr + s_structSDCardInfo.card_blocksize;
35.
36.       //设置下一个读取缓冲区地址
37.       buff = buff + s_structSDCardInfo.card_blocksize;
38.     }
39.
40.     //计算返回地址
41.     result = s_arrSDBuffer + addrOffset;
42.
43.     return result;
44.   }
```

在 Read 函数实现区后为 Write 函数的实现代码,如程序清单 7-5 所示。

① 第 7~11 行代码:通过 while 语句获得写入地址相应的数据块的首地址和偏移地址。

② 第 14~20 行代码:调用 sd_block_read 函数将写入地址对应的数据块读出,并存入缓冲区,修改写入地址对应的数据后,将整个数据块重新写入。

程序清单 7-5

```
1.   static void Write(u32 addr, u8 data)
2.   {
3.     u32 addrOffset; //目标地址与实际写入地址偏移量
4.
5.     //查找数据块首地址
6.     addrOffset = 0;
7.     while(0 != (addr % s_structSDCardInfo.card_blocksize))
8.     {
9.       addr = addr - 1;
10.      addrOffset = addrOffset + 1;
11.    }
12.
13.    //读取整个数据块
14.    sd_block_read((u32 *)s_arrSDBuffer, addr, s_structSDCardInfo.card_blocksize);
15.
16.    //修改数据块,将要写入的数据储存到数据块指定位置中
17.    s_arrSDBuffer[addrOffset] = data;
18.
19.    //写入修改后的数据块
20.    sd_block_write((u32 *)s_arrSDBuffer, addr, s_structSDCardInfo.card_blocksize);
21.
```

在 Write 函数实现区后为 ReadSDCard 函数的实现代码,该函数检验输入参数后,根据参数将对应的数据从 SD 卡相应的地址读出并打印,如程序清单 7-6 所示。

① 第 8 行代码:根据变量 s_enumSDCardStatus 检测 SD 卡是否插入。

② 第 11~31 行代码:若 SD 卡已插入,则校验地址是否位于正常范围,若处于正常范围则显示读取信息后通过 Read 函数从 SD 卡中读取相应数据并输出,否则将地址错误的信息输出至 LCD 屏及串口助手。

③ 第 40~44 行代码:若 SD 卡未插入,则在 LCD 屏及串口助手输出 SD 卡未插入的提示。

程序清单 7-6

```
1.   static void ReadSDCard(u32 addr, u32 len)
2.   {
3.     u32 i;          //循环变量
4.     u8 * buff;      //读取缓冲区
5.     u8  data;       //读取到的数据
6.
7.     //检查 SD 卡是否插入
8.     if(SD_OK == s_enumSDCardStatus)
9.     {
```

```
10.        //校验地址范围
11.        if((addr >= s_structGUIDev.beginAddr) && (addr <= s_structGUIDev.endAddr))
12.        {
13.          //输出读取信息到终端和串口
14.          sprintf(s_arrStringBuff, "Read : 0x%08X - 0x%02X\r\n", addr, len);
15.          s_structGUIDev.showLine(s_arrStringBuff);
16.          printf("%s", s_arrStringBuff);
17.
18.          //从 SD 卡中读取数据
19.          buff = Read(addr, len);
20.
21.          //打印到终端和串口上
22.          for(i = 0; i < len; i++)
23.          {
24.            //读取
25.            data = buff[i];
26.
27.            //输出
28.            sprintf(s_arrStringBuff, "0x%08X: 0x%02X\r\n", addr + i, data);
29.            s_structGUIDev.showLine(s_arrStringBuff);
30.            printf("%s", s_arrStringBuff);
31.          }
32.        }
33.        else
34.        {
35.          //无效地址
36.          s_structGUIDev.showLine("Read: Invalid address\r\n");
37.          printf("Read: Invalid address\r\n");
38.        }
39.      }
40.      else
41.      {
42.        s_structGUIDev.showLine("Read: SD card not inserted\r\n");
43.        printf("Read: SD card not inserted\r\n");
44.      }
45.    }
```

在 ReadSDCard 函数实现区后为 WriteSDCard 函数的实现代码，WriteSDCard 函数通过输入参数，将对应的数据写入至 SD 卡相应的地址，其函数体与程序清单 7 - 6 中的 ReadSDCard 函数大致相同。

在 WriteSDCard 函数实现区后为 PrintSDInfo 函数的实现代码，该函数通过输入参数判断插入的 SD 卡类型后，将 SD 卡的相对地址、容量等信息发送至计算机的串口助手上显示。

在 PrintSDInfo 函数实现区后为 InitSDCard 函数的实现代码，如程序清单 7 - 7 所示。

① 第 7~12 行代码：通过 sd_init 函数初始化 SD 卡，并根据返回值判断初始化结果，若初始化失败则执行相应函数体后重新初始化，直到初始化成功，输出初始化成功的信息至串口

助手。

② 第 15~18 行代码：获取并输出 SD 卡信息。

③ 第 21~34 行代码：选中准备读/写的 SD 卡并检测其是否被锁死，若 SD 卡被锁死则输出"SD card is locked!"并执行相应函数。

④ 第 37~43 行代码：若未锁死则设置 SD 卡传输模式为 4 线模式及 DMA 传输模式，并使能 SDIO 的中断以保证 SD 卡正常的数据传输。

程序清单 7-7

```
1.    static void InitSDCard(void)
2.    {
3.        u8   firstShowFlag;
4.        u32 cardstate;
5.
6.        //初始化 SD 卡
7.        firstShowFlag = 1;
8.        while(SD_OK ! = sd_init())
9.        {
10.            ...
11.        }
12.        printf("Initialize SD card successfully\r\n");
13.
14.        //获取 SD 卡信息
15.        sd_card_information_get(&s_structSDCardInfo);
16.
17.        //打印输出 SD 卡信息
18.        PrintSDInfo(&s_structSDCardInfo);
19.
20.        //选中 SD 卡
21.        sd_card_select_deselect(s_structSDCardInfo.card_rca);
22.
23.        //查看 SD 卡是否锁死
24.        sd_cardstatus_get(&cardstate);
25.        if(cardstate & 0x02000000)
26.        {
27.            LCDClear(LCD_COLOR_WHITE);
28.            LCDShowString(250, 200, 300, 30, LCD_FONT_24, LCD_TEXT_NORMAL, LCD_COLOR_MAGENTA,
                  LCD_COLOR_WHITE, "SD card is locked!");
29.            printf("SD card is locked! \r\n");
30.            while(1)
31.            {
32.                ...
33.            }
34.        }
35.
36.        //切换 SD 卡到 4 线模式
```

```
37.    sd_bus_mode_config(SDIO_BUSMODE_4BIT);
38.
39.    //使用 DMA 传输
40.    sd_transfer_mode_config(SD_DMA_MODE);
41.
42.    //使能 SDIO 中断
43.    nvic_irq_enable(SDIO_IRQn, 0, 0);
44.  }
```

在"API 函数实现"区,首先实现 InitReadWriteSDCard 函数,该函数完成 SD 卡的初始化,并实现了 GUI 界面与底层读/写函数的连接,如程序清单 7-8 所示。

① 第 4~10 行代码:调用内部函数 InitSDCard 初始化 SD 卡,并对 SD 卡首地址、结束地址等变量赋值。

② 第 12~16 行代码:将 SD 卡读/写函数的地址赋给 GUI 结构体 s_structGUIDev 中的成员变量 writeCallback 和 readCallback,此时,微控制器可根据 GUI 的操作,调用相应的回调函数完成 SD 卡的读/写。

③ 第 18~27 行代码:通过 InitGUI 函数初始化 GUI 界面和相应的界面参数,并将 SD 卡读/写地址范围显示在 LCD 屏及串口助手上。

程序清单 7-8

```
1.    void InitReadWriteSDCard(void)
2.    {
3.      //初始化 SD 卡
4.      InitSDCard();
5.
6.      //SD 卡首地址
7.      s_structGUIDev.beginAddr = 0;
8.
9.      //SD 卡结束地址
10.     s_structGUIDev.endAddr = s_structGUIDev.beginAddr + s_structSDCardInfo.card_capacity - 1;
11.
12.     //设置写入回调函数
13.     s_structGUIDev.writeCallback = WriteSDCard;
14.
15.     //设置读取回调函数
16.     s_structGUIDev.readCallback = ReadSDCard;
17.
18.     //初始化 GUI 界面设计
19.     InitGUI(&s_structGUIDev);//参数为对应的回调函数
20.
21.     //打印地址范围到终端和串口
22.     if(0 == s_structGUIDev.isShowAddr)
23.     {
24.       sprintf(s_arrStringBuff, "Addr: 0x%08X - 0x%08X\r\n", s_structGUIDev.beginAddr,
           s_structGUIDev.endAddr);
```

```
25.       s_structGUIDev.showLine(s_arrStringBuff);
26.     }
27.     printf("%s", s_arrStringBuff);
28.  }
```

在 InitReadWriteSDCard 函数实现区后为 ReadWriteSDCardTask 函数的实现代码,该函数每隔 40 ms 调用一次以完成读/写 SD 卡任务,如程序清单 7-9 所示。

① 第 8～14 行代码:每隔 1 s 调用一次 sd_detect 函数检查卡是否正常插入。

② 第 17～28 行代码:根据标志位 status 判断上一次检测到 SD 卡未正常插入,而此次检测为正常插入,即 SD 卡被重新插入的情况是否出现,若出现该情况则等待 SD 卡插入稳定后,再调用 InitSDCard 函数初始化 SD 卡。

③ 第 29 行代码:若检测失败,即 SD 卡未正常插入,则将失败标志位赋给变量 s_enumSDCardStatus 后继续执行读/写 SD 卡任务,此时单击 LCD 屏上的 write 或 read 按钮,显示"Write:SD card not inserted"或"Read:SD card not inserted"等信息。

程序清单 7-9

```
1.   void ReadWriteSDCardTask(void)
2.   {
3.     static u8 s_iTimeCnt = 0;
4.     sd_error_enum status;
5.
6.     //每隔 1 s 检查一遍 SD 卡是否存在
7.     s_iTimeCnt++;
8.     if(s_iTimeCnt >= 25)
9.     {
10.       //计时器清零
11.       s_iTimeCnt = 0;
12.
13.       //SD 卡插入检测
14.       status = sd_detect();
15.
16.       //检测到 SD 卡插入则重新初始化 SD 卡
17.       if((SD_ERROR == s_enumSDCardStatus) && (SD_OK == status))
18.       {
19.         //等待 SD 卡插入稳定
20.         DelayNms(1000);
21.
22.         //输出提示信息到串口和终端
23.         printf("Reinitialize the SD card\r\n");
24.         s_structGUIDev.showLine("Reinitialize the SD card\r\n");
25.
26.         //重新初始化
27.         InitSDCard();
28.       }
29.       s_enumSDCardStatus = status;
30.     }
31.
32.     GUITask();    //GUI 任务
33.  }
```

7.3.3 Main.c 文件

在 Proc2msTask 函数中,每 40 ms 调用一次 ReadWriteSDCardTask 函数检测一次 SD 卡和 GUI 界面,以实现读/写 SD 卡,如程序清单 7-10 所示。

程序清单 7-10

```
1.   static  void  Proc2msTask(void)
2.   {
3.     static u8 s_iCnt = 0;
4.     if(Get2msFlag())            //判断 2 ms 标志位状态
5.     {
6.       LEDFlicker(250);          //调用闪烁函数
7.
8.       s_iCnt ++ ;
9.       if(s_iCnt > = 20)
10.      {
11.        s_iCnt = 0;
12.        ReadWriteSDCardTask();
13.      }
14.
15.      Clr2msFlag();             //清除 2 ms 标志位
16.    }
17.  }
```

7.3.4 实验结果

将 SD 卡插入 GD32F4 蓝莓派开发板的 TF 卡座,下载程序并进行复位,可以观察到开发板上的 LCD 屏显示如图 7-10 所示的 GUI 界面。

图 7-10 读/写 SD 卡实验 GUI 界面

单击"写入地址"一栏并输入"15",单击"写入数据"一栏并输入"02",单击 WRITE 按钮,此时 LCD 屏显示如图 7-11 所示,串口助手输出与 LCD 屏显示相同,表示数据写入成功。

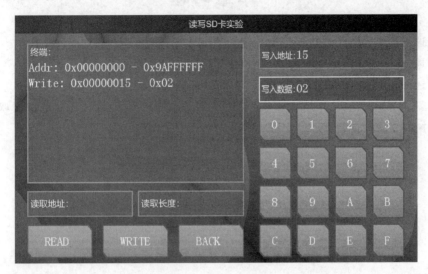

图 7-11　写入数据

单击"读取地址"一栏并输入"15",单击"读取长度"一栏并输入"1",单击 READ 按钮,此时 LCD 屏显示如图 7-12 所示,串口助手输出与 LCD 屏显示相同,表示数据读取成功。

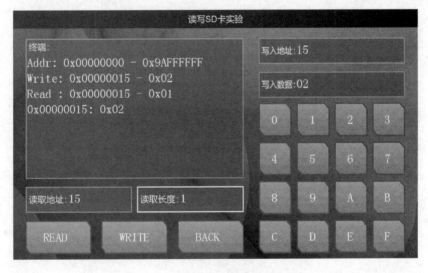

图 7-12　读取数据

本章任务

本章实验将 SDIO 协议的传输模式配置为 DMA 传输,将数据线模式配置为 4 线传输模式,实现了与 SD 卡之间的数据通信。尝试在本章例程的基础上,将传输模式由 DMA 传输改为轮询模式,并将传输数据线的数目改为 1。

本章习题

1. 简述 SD 卡从插入到数据传输结束的状态转变过程。
2. 简述 SD 卡不同命令的作用。
3. 简述 SD 卡的卡状态和 SD 状态中不同状态标识的含义。
4. 将整型、浮点型、字符型等不同数据类型的变量写入 SD 卡,写入后进行读取并通过串口助手显示。

第 8 章 FatFs 与读/写 SD 卡实验

存储空间的作用是存放数据,但如果仅对扇区进行简单的读/写,不对数据加以管理,那么存储空间的作用将大大降低。文件系统是一种为了存储和管理数据,而在存储介质上建立的组织结构。在本章实验中,将介绍如何向 SD 卡移植文件系统,并通过不同的文件操作函数管理文件。

8.1 实验内容

本章的主要内容是了解文件系统的概念和其内部的空间分布,掌握文件系统移植的步骤,学习与文件系统操作有关的一系列函数,最后基于 GD32F4 蓝莓派开发板设计一个 FatFs 与读/写 SD 卡实验,实现向 SD 卡移植文件系统,并通过各种文件操作函数将电子书文件的内容显示在开发板的 LCD 屏上,并通过独立按键实现创建、保存和删除存放阅读进度的文件。

8.2 实验原理

8.2.1 文件系统

文件系统可以理解为一份用于管理数据的代码,其原理是在写入数据时,求解数据的写入地址和格式,并将这些信息随着数据写入到相应的地址中,其最大的特点是可以对数据进行管理。使用文件系统时,数据以文件的形式存储。写入新文件时,将在目录创建一个文件索引,文件索引指示文件存放的物理地址,并将数据存储到该地址。当需要读取数据时,可以从目录找到该文件的索引,进而在相应的地址中读取出数据。

Windows 下常见的文件系统格式包括 FAT32、NTFS、exFAT 等。

8.2.2 FatFs 文件系统

FatFs 文件系统是一种面向小型嵌入式系统的通用 FAT 文件系统。该系统完全由 ANSIC 语言(即标准 C 语言)编写并且完全独立于底层的 I/O 介质,可以很容易地移植到其他的处理器上。FatFs 文件系统支持多个存储媒介,具有独立的缓冲区,可以读/写多个文件,并且该系统特别根据 8 位和 16 位微控制器进行了优化。

FatFs 文件系统的关系网络如图 8-1 所示,其中物理设备为相应的存储介质,如 Flash、SD 卡等。底层设备输入/输出为用户实现的读/写物理设备的有关函数,即底层存储媒介接口。

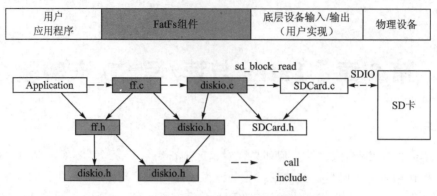

图 8 - 1　FatFs 文件系统关系网络

FatFs 组件包含 ff.c、diskio.c 等文件,各个文件的描述如表 8 - 1 所列。最后是用户的应用程序,通过调用 ff.c 文件中的相应函数来实现文件管理。

表 8 - 1　FatFs 组件文件描述

文件名	描　述
integer.h	包含了一些数值类型定义
diskio.c	包含需要用户自己实现的底层存储介质操作函数
ff.c	FatFs 核心文件,包含文件管理的实现方法
cc936.c	包含了简体中文的 GBK 和 Unicode 相互转换功能函数
ffconf.h	包含了对 FatFs 功能配置的宏定义

8.2.3　文件系统空间分布

文件系统是以"簇"为最小单位进行读/写的,每个文件至少占用一个簇的空间。簇的大小在格式化时被确定,簇越大,读/写速度越快,但对于小文件来说存在浪费空间的问题。FatFs 文件系统通常使用的簇的大小为 4 KB。

文件系统移植完成后,存储介质中的空间分布情况如图 8 - 2 所示,文件分配表用于记录各个文件的存储位置,目录用于记录文件系统中各个文件的开始簇和文件大小等文件信息,A.TXT、B.TXT 和 C.TXT 等为文本文件。下面具体介绍文件分配表和目录的内容。

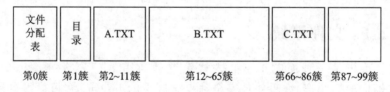

图 8 - 2　存储介质中的空间分布图

文件分配表的内容如图 8 - 3 所示,其中第一行从 1~99 为相应的簇号,对应第二行的数据为该文件存储的下一簇的簇号,当数据为 FF 时表示对应文件的数据已经结束。

目录的内容及空间分布如图 8 - 4 所示,目录记录着每个文件的文件名、开始簇和读/写属性等信息。

簇号	1	2	3	…	11	12	13	…	65	66	67	…	86	87	…	99
对应数据	目录	3	4	…	FF	13	14	…	FF	67	68	…	FF	00	00	00

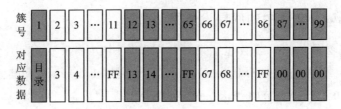

图 8－3　文件分配表示意图

文件名（50字节）	开始簇（4字节）	文件大小（10字节）	创建日期 时间（10字节）	修改日期 时间（10字节）	读/写属性（4字节）	保留（12字节）
A.TXT	2	10	2000.8.25 10.55	2000.8.25 12.55	只读	
B.TXT	12	53.6	2018.6.1 13.55	2018.6.2 6.09	隐藏	
C.TXT	66	20.5	2021.11.25 10.38	2021.11.26 18.55	系统	
…						

图 8－4　目录示意图

8.2.4　FatFs 文件系统移植步骤

1. 添加 FatFs 文件夹至文件路径

在 Keil μVision5 中将 FatFs 文件夹中的文件添加至工程中，并将该文件夹添加至文件路径。

2. 修改 ffconf.h 文件的相关宏定义

在 ffconf.h 文件中，将程序清单 8－1 所示的 5 项宏定义进行修改，并添加头文件 diskio.h。

程序清单 8－1

```
#ifndef _FFCONF
…
#define_USE_MKFS        1      /*设置 _USE_MKFS 为 1 以使能 f_mkfs()函数*/
…
#define _CODE_PAGE      936    /*设置_CODE_PAGE 为 936 以使用中文编码而不是 932 日文编码*/
…
#define _VOLUMES        3      /*支持 3 个盘符*/
…
#define_FS_LOCK         3      /*设置_FS_LOCK 为 3,支持同时打开 3 个文件*/
…
#define _WORD_ACCESS    1      /*设置_WORD_ACCESS 为 1,支持 WORD*/
…

#include"diskio.h"

#endif
```

3. 完善 diskio.c 文件中的底层设备驱动函数

需要完善的底层设备驱动函数包括设备状态获取函数（disk_status）、设备初始化函数（disk_initialize）、扇区读取函数（disk_read）、扇区写入函数（disk_write）和其他控制函数（disk_ioctl），具体代码将在 8.3.2 小节的 diskio.c 文件中介绍。

此时，文件系统 FatFs 已移植完成，可通过 f_mount 函数为 SD 卡挂载文件系统，并通过 f_open、f_close 和 f_read 等函数操作文件。

8.2.5　文件系统操作函数

与文件系统操作有关的函数约有 40 个，下面仅介绍其中的部分函数：①挂载文件系统的函数 f_mount；②打开以及创建文件的函数 f_open；③关闭文件的函数 f_close；④从文件读取数据的函数 f_read；⑤将数据写入文件的函数 f_write；⑥获取文件大小的函数 f_size；⑦移动读/写指针的函数 f_lseek；⑧获取文件信息的函数 f_stat。这些函数均在 ff.h 文件中声明，在 ff.c 文件中实现。更多其他函数的功能和用法可参见 FatFs 官网。

1. 函数 f_mount

f_mount 函数的功能是为存储介质挂载一个文件系统，文件系统的挂载是指将这个文件系统放在全局文件系统树的某个目录下，完成挂载后才能访问文件系统中的文件。f_mount 函数的描述如表 8-2 所列。

表 8-2　f_mount 函数的描述

函数名	f_mount
函数原型	FRESULT f_mount (　　FATFS * fs, 　　const TCHAR * path, 　　BYTE opt)
功能描述	在存储介质中创建文件系统
输入参数	fs：指向文件对象结构的指针
输入参数	path：指向要打开或创建的文件名的指针
输入参数	opt：指定初始化选项
输出参数	无
返回值	文件操作状态

opt：指定文件系统的初始化选项，为 0 时表示现在不挂载，等到第一次访问卷时再挂载；为 1 时强制挂载卷以检查它是否可以工作。

例如，立即挂载文件系统对象为 fs 的文件系统，其中，"0:"表示 SD 卡物理驱动器号，代码如下：

```
f_mount(&fs, "0:", 1);
```

2. 函数 f_open

f_open 函数的功能是打开或创建一个文件,该函数的描述如表 8-3 所列。

表 8-3　f_open 函数的描述

函数名	f_open
函数原型	FRESULT f_open (　　FIL * fp, 　　const TCHAR * path, 　　BYTE mode)
功能描述	打开或创建一个文件
输入参数	fp:指向文件对象结构的指针
输入参数	path:指向要打开或创建的文件名的指针
输入参数	mode:指定文件的访问类型和打开方法模式的标志
输出参数	无
返回值	文件操作状态

参数 mode 的部分可取值如表 8-4 所列。

表 8-4　参数 mode 的部分可取值

mode 可取值	实际值	描　　述
FA_READ	0x01	指定对文件的读取访问权限。可以从文件读取数据
FA_WRITE	0x02	指定对文件的写访问权限。数据可以写入文件
FA_OPEN_EXISTING	0x00	打开一个已存在的文件
FA_CREATE_NEW	0x04	创建一个不存在的文件
FA_CREATE_ALWAYS	0x08	创建一个新文件。如果文件存在,则它将被截断并覆盖
FA_OPEN_ALWAYS	0x10	打开文件,如果文件不存在则创建

例如,创建一个文件名为 A.txt 且位于 SD 卡的文件 fdst_bin,并指定其写访问权限的代码如下:

```
f_open(&fdst_bin, "0:/A.txt", FA_CREATE_ALWAYS | FA_WRITE);
```

3. 函数 f_close

f_close 函数的功能是将打开的文件关闭,该函数的描述如表 8-5 所列。

表 8 - 5   f_close 函数的描述

函数名	f_close
函数原型	FRESULT f_close (FIL * fp)
功能描述	关闭文件
输入参数	fp:指向文件对象结构的指针
输出参数	无
返回值	文件操作状态

例如,关闭文件 fdst_bin 的代码如下:

```
f_close(&fdst_bin);
```

4. 函数 f_read

f_read 函数的功能是从文件中读取相应长度的数据,该函数的描述如表 8 - 6 所列。

表 8 - 6   f_read 函数的描述

函数名	f_read

函数原型	FRESULT f_read (
	        FIL * fp,
	        void * buff,
	        UINT btr,
	        UINT * br
	)

功能描述	从文件中读取数据
输入参数	fp:指向文件对象结构的指针
输入参数	buff:指向读取数据缓冲区的指针
输入参数	btr:需要读取的字节数
输出参数	br:实际读取的字节数
返回值	文件操作状态

例如,从文件 fs 中读取 buff 数组大小的字节数到 buff 数组,并将实际读取到的字节数赋给 br 变量,代码如下:

```
f_read(&fs, &buff, sizeof(buff), &br);
```

5. 函数 f_write

f_write 函数的功能是写入相应长度的数据到文件,该函数的描述如表 8 - 7 所列。

表 8 - 7　f_write 函数的描述

函数名	f_write
函数原型	FRESULT f_write (　　FIL * fp, 　　const void * buff, 　　UINT btw, 　　UINT * bw)
功能描述	从文件中读取数据
输入参数	fp:指向文件对象结构的指针
输入参数	buff:指向写入数据缓冲区的指针
输入参数	btw:需要写入的字节数
输出参数	bw:实际写入的字节数
返回值	文件操作状态

例如,将文本"FatFs Write Demo"和文本"www. ly. com"写入文件 fs,并将实际写入的字节数赋给 bw 变量,代码如下:

```
f_write(&fs,"FatFs Write Demo \r\n www.ly.com \r\n", 30, &bw);
```

6. 函数 f_size

f_size 函数的功能是获取文件的大小,通过宏定义实现,该函数的描述如表 8 - 8 所列。

表 8 - 8　f_size 函数的描述

函数名	f_size
函数原型	♯ define f_size(fp) ((fp)→fsize)
功能描述	获取文件的大小
输入参数	fp:指向文件对象结构的指针
标识符含义	通过指向文件对象结构的指针得到文件的 fsize 参数

例如,获取文件 fs 的大小并赋给变量 size,代码如下:

```
size = f_size(fs)
```

7. 函数 f_lseek

f_lseek 函数的功能是移动打开文件对象的文件读/写指针,该函数的描述如表 8 - 9 所列。

表 8 − 9　**f_lseek 函数的描述**

函数名	f_lseek
函数原型	FRESULT f_lseek (　　FIL * fp, 　　DWORD ofs)
功能描述	移动打开文件对象的文件读/写指针
输入参数	fp:指向文件对象结构的指针
输入参数	ofs:设置读/写指针的文件顶部的字节偏移量
输出参数	无
返回值	文件操作状态

例如,将读/写指针设置为文件 fs 末尾以追加数据,代码如下:

```
f_lseek (fs, f_size(fs));
```

8. 函数 f_stat

f_stat 函数的功能是检查目录的文件或子目录是否存在,如果不存在,则函数返回 FR_NO_FILE;如果存在,则函数返回 FR_OK,并将对象、大小、时间戳和属性等信息存储到文件信息结构中,该函数的描述如表 8 − 10 所列。

表 8 − 10　**f_stat 函数的描述**

函数名	f_stat
函数原型	FRESULT f_stat (　　const TCHAR * path, 　　FILINFO * fno)
功能描述	获取文件信息
输入参数	path:指向指定对象以获取其信息的指针
输入参数	fno:指向用于存储对象信息的空白 FILINFO 结构的指针
输出参数	无
返回值	文件操作状态

8.3　实验代码解析

8.3.1　ffconf.h 文件

ffconf.h 文件中包含了对 FatFs 功能配置的宏定义,由于该文件中部分宏定义与本实验功能不相符,因此需要进行修改;另外,还需要添加 diskio.h 头文件,如程序清单 8-2 所示,下面对修改的宏定义逐一进行解释。

　　① 第 3 行代码的宏定义_USE_MKFS,当其为 1 时,使能 f_mkfs()函数,使得该函数可以被调用。因此将其从 0 修改为 1。

　　② 第 5 行代码的宏定义_CODE_PAGE,其作用是设置文件系统的编码文字,936 为中文编码,932 为日文编码,因此将其从 932 修改为 936。

　　③ 第 7 行代码的宏定义_VOLUMES,其作用是设置盘符数目,由于本实验将 SD 卡、NAND Flash、USB 设置为盘符,因此将其从 0 修改为 3。

　　④ 第 9 行代码的宏定义_FS_LOCK,其作用是设置文件打开数目,将其修改为 3,可支持同时打开 3 个文件。

　　⑤ 第 11 行代码的宏定义_WORD_ACCESS,当其为 1 时,使能文件系统对 WORD 文档的操作。

程序清单 8-2

```
1.    #ifndef _FFCONF
2.    …
3.    #define_USE_MKFS1              /* 设置_USE_MKFS 为 1 以使能 f_mkfs()函数 */
4.    …
5.    #define _CODE_PAGE936          /* 设置_CODE_PAGE 为 936 以使用中文编码而不是 932 日文编码 */
6.    …
7.    #define _VOLUMES3              /* 支持 3 个盘符 */
8.    …
9.    #define_FS_LOCK3              /* 设置_FS_LOCK 为 3,支持同时打开 3 个文件 */
10.   …
11.   #define _WORD_ACCESS1          /* 设置_WORD_ACCESS 为 1,支持 WORD */
12.   …
13.
14.   #include"diskio.h"
15.
16.   #endif
```

8.3.2　diskio.c 文件

　　diskio.c 文件包含了以下几种需要完善的底层设备驱动函数。

　　disk_status 函数用于获取存储设备的状态,这里直接返回正常状态。如程序清单 8-3 的第 9~10 行代码所示,当检测到参数为 FS_SD(即 SD 卡设备)时,返回 RES_OK 表示设备正常。

程序清单 8-3

```
1.    DSTATUS disk_status (
2.        BYTE pdrv /* Physical drive nmuber to identify the drive */
3.    )
4.    {
5.        switch (pdrv)
```

```
6.     {
7.
8.       //获取 SD 卡状态
9.       case FS_SD :
10.        return RES_OK;
11.
12.      //获取 NAND Flash 状态
13.      case FS_NAND :
14.        return STA_NODISK;
15.      }
16.
17.      return STA_NODISK;
18. }
```

disk_initialize 函数用于初始化存储设备,如程序清单 8-4 的第 8~16 行代码所示,当检测到参数为 FS_SD 时,调用 sd_io_init 函数初始化 SD 卡,并根据初始化结果返回相应的返回值。

程序清单 8-4

```
1.   DSTATUS disk_initialize (
2.     BYTE pdrv /* Physical drive nmuber to identify the drive */
3.   )
4.   {
5.     switch (pdrv)
6.     {
7.       //初始化 SD 卡
8.       case FS_SD :
9.         if (sd_io_init() == SD_OK)
10.        {
11.          return RES_OK;
12.        }
13.        else
14.        {
15.          return RES_ERROR;
16.        }
17.
18.      //初始化 NAND Flash
19.      case FS_NAND :
20.        return RES_PARERR;
21.
22.      default :
23.        break;
24.    }
25.    return RES_PARERR;
26. }
```

disk_read 函数用于向存储设备读取数据,如程序清单 8-5 的第 20~41 行代码所示,当检测到参数为 FS_SD 时,根据需要读出扇区的数目,调用 sd_block_read 函数或 sd_multiblocks_read 函数读取数据,若读取失败,则将 RES_ERROR 作为返回值返回;否则等待传输完成后返回 RES_OK。

程序清单 8-5

```
1.   DRESULT disk_read (
2.       BYTE pdrv,          /* Physical drive nmuber to identify the drive */
3.       BYTE * buff,        /* Data buffer to store read data */
4.       DWORD sector,       /* Sector address in LBA */
5.       UINT count          /* Number of sectors to read */
6.   )
7.   {
8.       sd_error_enum status; //SD卡操作返回值
9.
10.      //count 不能等于 0,否则返回参数错误
11.      if(0 == count)
12.      {
13.        return RES_PARERR;
14.      }
15.
16.      switch (pdrv)
17.      {
18.
19.      //读取 SD 卡数据
20.      case FS_SD :
21.        //单扇区传输
22.        if (1 == count)
23.        {
24.          status = sd_block_read(buff, sector << 9 , SECTOR_SIZE);
25.        }
26.
27.        //多扇区传输
28.        else
29.        {
30.          status = sd_multiblocks_read(buff, sector << 9 , SECTOR_SIZE, count);
31.        }
32.
33.        //检验传输结果
34.        if (status != SD_OK)
35.        {
36.          return RES_ERROR;
37.        }
38.
39.        //等待 SD 卡传输完成
40.        while(sd_transfer_state_get() != SD_NO_TRANSFER);
```

```
41.        return RES_OK;
42.
43.    //读取 NAND Flash 数据
44.    case FS_NAND：
45.      return RES_PARERR；
46.
47.    }
48.    return RES_PARERR；
49. }
```

　　disk_write 函数用于向存储设备写入数据,其函数体与 disk_read 函数体大致相同,仅将调用读取函数修改为调用写入函数 sd_block_write 或 sd_multiblocks_write。

　　disk_ioctl 函数被称为"其他函数",当存在 disk_read、disk_write 等底层驱动函数无法完成的功能时,可通过该函数完成。如程序清单 8 - 6 的第 12~40 行代码所示,当检测到参数为 FS_SD 时,则根据参数 cmd 执行相应的语句,若为有效参数,则执行相应语句后返回 RES_ OK;否则返回 RES_PARERR 表示非法参数。

程序清单 8 - 6

```
1.   DRESULT disk_ioctl (
2.      BYTE pdrv,        /* Physical drive nmuber (0..) */
3.      BYTE cmd,         /* Control code */
4.      void * buff       /* Buffer to send/receive control data */
5.   )
6.   {
7.      sd_card_info_struct sdInfo; //SD 卡信息
8.
9.      switch (pdrv) {
10.
11.     //SD 卡控制
12.     case FS_SD：
13.
14.       //获取 SD 卡信息
15.       sd_card_information_get(&sdInfo);
16.       switch(cmd)
17.       {
18.        //同步操作
19.        case CTRL_SYNC：
20.          return RES_OK；
21.
22.        //获取扇区大小
23.        case GET_SECTOR_SIZE：
24.          * (WORD * )buff = 512；
25.          return RES_OK；
26.
27.        //获得块大小
28.        case GET_BLOCK_SIZE：
```

```
29.            * (WORD * )buff = sdInfo.card_blocksize;
30.            return RES_OK;
31.
32.        //获得扇区数量
33.        case GET_SECTOR_COUNT:
34.            * (DWORD * )buff = sdInfo.card_capacity / 512;
35.            return RES_OK;
36.
37.        //非法参数
38.        default:
39.            return RES_PARERR;
40.    }
41.
42.    // NAND Flash 控制
43.    case FS_NAND :
44.      return RES_PARERR;
45.
46.    }
47.    return RES_PARERR;
48. }
```

除了上述底层驱动函数,由于文件系统中的目录需要记录文件的创建时间和最终修改时间,因此获取时间戳的函数也是必需的,如程序清单 8－7 所示,get_fattime 函数将当前时间戳转换为 32 位数据后将其作为返回值返回。

程序清单 8－7

```
1.    DWORD get_fattime (void)
2.    {
3.        / * 如果有全局时钟,则可按下面的格式进行时钟转换。这个例子是 2014－07－02 00:00:00 * /
4.
5.        return  ((DWORD)(2014 － 1980) ≪ 25)    / * Year = 2013 * /
6.              ,  | ((DWORD)7 ≪ 21)              / * Month = 1 * /
7.                 | ((DWORD)2 ≪ 16)              / * Day_m = 1 * /
8.                 | ((DWORD)0 ≪ 11)              / * Hour = 0 * /
9.                 | ((DWORD)0 ≪ 5)               / * Min = 0 * /
10.                | ((DWORD)0 ≫ 1);              / * Sec = 0 * /
11.    }
```

8.3.3　ReadBookByte 文件对

1. ReadBookByte.h 文件

在 ReadBookByte.h 文件的"API 函数声明"区,声明了 4 个 API 函数,如程序清单 8－8 所示。ReadBookByte 函数用于获取 1 字节数据,GetBytePosition 函数用于获取当前字节在文本文件中的位置,SetPosition 函数用于设置文件中的读取位置,GetBookSize 函数用于获取电子书文件的大小。

程序清单 8-8

```
1.    u32 ReadBookByte(char * byte, u32 * visi);    //获取1字节数据
2.    u32 GetBytePosition(void);                     //获取当前字节在文本文件中的位置
3.    u32 SetPosition(u32 position);                 //设置读取位置
4.    u32 GetBookSize(void);                         //获取电子书文件的大小
```

2. ReadBookByte.c 文件

在 ReadBookByte.c 文件的"包含头文件"区,包含了 ff.h 等头文件,ff.c 文件中包含创建、打开和关闭文件等的相关函数,在 ReadBookByte.c 文件中需要通过调用这些函数读/写文件,因此需要包含 ff.h 头文件。

在"内部函数声明"区,声明了内部函数 ReadData,该函数用于向文件读出一段数据。

在"内部函数实现"区,实现了 ReadData 函数,如程序清单 8-9 所示。

① 第 10~23 行代码:打开固定路径的文件后,通过 f_lseek 函数设置文件的读取位置,并检查是否完成。

② 第 26~37 行代码:将缓冲区清空后,通过 f_read 函数读取一批数据至缓冲区。

③ 第 40~54 行代码:通过 f_close 函数关闭文件后更新读取位置,并检测文件是否读取完毕。

程序清单 8-9

```
1.    static u32 ReadData(void)
2.    {
3.        //文件操作返回值
4.        FRESULT result;
5.
6.        //循环变量
7.        u32 i;
8.
9.        //打开文件
10.       result = f_open(&s_fileBook, "0:/book.txt", FA_OPEN_EXISTING | FA_READ);
11.       if (result != FR_OK)
12.       {
13.           printf("ReadBookByte:打开指定文件失败\r\n");
14.           return 0;
15.       }
16.
17.       //设置读取位置(要确保读取位置为4的倍数,不然会卡死)
18.       result = f_lseek(&s_fileBook, s_iFilePos * BOOK_READ_BUF_SIZE);
19.       if (result != FR_OK)
20.       {
21.           printf("ReadBookByte:设置读取位置失败\r\n");
22.           return 0;
23.       }
24.
25.       //清缓冲区
```

```
26.       for(i = 0; i < BOOK_READ_BUF_SIZE; i++)
27.       {
28.         s_arrReadBuf[i] = 0;
29.       }
30.
31.       //读取一批数据
32.       result = f_read(&s_fileBook, s_arrReadBuf, BOOK_READ_BUF_SIZE, &s_iByteRemain);
33.       if (result != FR_OK)
34.       {
35.         printf("ReadBookByte:读取数据失败\r\n");
36.         return 0;
37.       }
38.
39.       //关闭文件
40.       result = f_close(&s_fileBook);
41.       if (result != FR_OK)
42.       {
43.         printf("ReadBookByte:关闭指定文件失败\r\n");
44.         return 0;
45.       }
46.
47.       //更新读取位置
48.       s_iFilePos = s_iFilePos + 1;
49.
50.       //判断是不是文件中的最后一批数据
51.       if(s_fileBook.fptr >= s_fileBook.fsize)
52.       {
53.         s_iEndFlag = 1;
54.       }
55.
56.       return 1;
57.   }
```

在"API 函数实现"区,首先实现 ReadBookByte 函数,该函数用于获取相应区域 1 字节的数据并检测可视字节的数目,如程序清单 8-10 所示。

① 第 7~24 行代码:检测缓冲区是否为空以及文件是否读取完毕,若为空且未读取完毕则继续读取,若为空且读取完毕则直接返回 0。

② 第 30~45 行代码:在缓冲区范围内,检测最近的非可视字符位置以获取连续可视字符的数目。

③ 第 49~50 行代码:更新已读取字节及剩余字节的计数。

程序清单 8-10

```
1.   u32 ReadBookByte(char * byte, u32 * visi)
2.   {
3.     u32 result;        //文件操作返回值
4.     u32 visible;       //可视字符统计
```

```
5.
6.      //当前缓冲区中剩余字节数为 0,需要读取新一批数据
7.      if((0 == s_iByteRemain) && (0 == s_iEndFlag))
8.      {
9.          //读取一批数据
10.         result = ReadData();
11.         if(0 == result)
12.         {
13.             return 0;
14.         }
15.
16.         //读取字节计数清零
17.         s_iByteCnt = 0;
18.     }
19.
20.     //当前缓冲区中剩余字节数为 0,而且文件已全部读取完毕
21.     else if((0 == s_iByteRemain) && (1 == s_iEndFlag))
22.     {
23.         return 0;
24.     }
25.
26.     //输出字节数据
27.     * byte = s_arrReadBuf[s_iByteCnt];
28.
29.     //可视字符统计
30.     visible = 0;
31.     while(1)
32.     {
33.         //检查数组是否越界
34.         if((s_iByteCnt + visible + 1)>= BOOK_READ_BUF_SIZE)
35.         {
36.             break;
37.         }
38.
39.         //查找到了非可视字符
40.         if(s_arrReadBuf[s_iByteCnt + visible + 1] <= ")
41.         {
42.             break;
43.         }
44.         visible++;
45.     }
46.     * visi = visible;
47.
48.     //更新计数
49.     s_iByteCnt++;
```

```
50.      s_iByteRemain-- ;
51.
52.      //读取成功
53.      return 1;
54.  }
```

在 ReadBookByte 函数实现区后为 GetBytePosition 函数的实现代码,GetBytePosition 函数首先判断变量 s_iFilePos 的值,为 0 表示读取数据,否则根据文件中的读取位置、读取数据量以及读取字节计数计算相应的位置。

在 GetBytePosition 函数实现区后为 SetPosition 函数的实现代码,SetPosition 函数用于设置文件中的读取位置,如程序清单 8 - 11 所示,首先检测读取位置是否超出文件范围,若未超出,则设置文件读取位置后通过 ReadData 函数获取一批数据,并更新读取字节计数及缓冲区剩余量。

程序清单 8 - 11

```
1.   u32 SetPosition(u32 position)
2.   {
3.      //读取位置超过文件大小
4.      if((position >= s_iBookSize) && (0 != s_iBookSize))
5.      {
6.        return 0;
7.      }
8.
9.      //设置读取位置
10.     s_iFilePos = position / BOOK_READ_BUF_SIZE;
11.     if(0 == ReadData())
12.     {
13.       return 0;
14.     }
15.
16.     //更新读取字节计数
17.     s_iByteCnt = position % BOOK_READ_BUF_SIZE;
18.
19.     //更新缓冲区剩余量
20.     s_iByteRemain = s_iByteRemain - s_iByteCnt;
21.
22.     return 1;
23.  }
```

在 SetPosition 函数实现区后为 GetBookSize 函数的实现代码,该函数用于获取文本大小,该函数直接将 ReadBookByte. c 文件中的内部变量 s_iBookSize 作为返回值返回。

8.3.4　FatFsTest 文件对

1. FatFsTest. h 文件

在 FatFsTest. h 文件的"API 函数声明"区,声明了 5 个 API 函数,如程序清单 8 - 12 所示。InitFatFsTest 函数用于初始化文件系统和 SD 卡读/写模块,FatFsTask 函数用于文件系统的读/写,CreatReadProgressFile 函数用于创建保存阅读进度的文件,SaveReadProgress 函数用于保存阅读进度,DeleteReadProgress 函数用于删除阅读进度。

程序清单 8 - 12

```
1.    void InitFatFsTest(void);              //初始化 FatFs 与读/写 SD 卡实验模块
2.    void FatFsTask(void);                  //FatFS 与读/写 SD 卡实验模块任务
3.    void CreatReadProgressFile(void);      //创建保存阅读进度文件
4.    void SaveReadProgress(void);           //保存阅读进度
5.    void DeleteReadProgress(void);         //删除阅读进度
```

2. FatFsTest. c 文件

在 FatFsTest. c 文件的"包含头文件"区,包含了 ReadBookByte. h、GUITop. h 等头文件,由于 FatFsTest. c 文件需要通过调用 ReadBookByte 和 GetBytePosition 等函数获取文件数据,因此需要包含 ReadBookByte. h 头文件。FatFsTest. c 文件的代码中还需要使用 InitGUI 等函数初始化 GUI 界面,该函数在 GUITop. h 文件中声明,因此,还需要包含 GUITop. h 头文件。

在"内部函数声明"区,声明了 3 个 API 函数,如程序清单 8 - 13 所示,NewPage 函数用于刷新新一页的显示,PreviousPage 函数用于显示上一页的内容,NextPage 函数用于显示下一页的内容。

程序清单 8 - 13

```
static void NewPage(void);           //显示新的一页
static void PreviousPage(void);      //显示上一页
static void NextPage(void);          //下一页
```

在"内部函数实现"区,首先实现了 NewPage 函数,如程序清单 8 - 14 所示。

① 第 8~22 行代码:检测上一个未打印字符并设置显示行列数为 0,若未打印字符在显示范围内,则将其显示至 LCD 相应区域。

② 第 28~101 行代码:通过 while 语句将整页内容显示于文本显示区域,每次循环完成一个字符的显示或操作,当行数大于每页最大行数,即本页全部内容显示完成时返回。

③ 第 31~35 行代码:获取 1 字节的数据并检测文本是否已完全显示,若完全显示则设置标志位后返回。

④ 第 38~79 行代码:检测获取到的数据,若为回车换行符,则更新行计数及列计数;若为需要显示的字符,则检测是否存在特殊情况;若当前行不足够显示整个单词则换行;若出现空格并且位置为非新段的行首则不显示;若不存在特殊情况,则通过 GUIDrawChar 函数显示该字符。

⑤ 第 82~97 行代码:更新列计数以显示下一字符,若本行完全显示则更新行计数。

程序清单 8 - 14

```
1.    static void NewPage(void)
2.    {
3.        …
4.
5.        //清除显示
6.        GUIFillColor(BOOK_X0, BOOK_Y0, BOOK_X1, BOOK_Y1, s_iBackColor);
7.
```

```
8.    //显示上一个未打印出来的字符
9.    if((s_iLastChar >= ' ') && (s_iLastChar <= '~'))
10.   {
11.     rowCnt = 0;
12.     lineCnt = 0;
13.     x = BOOK_X0 + FONT_WIDTH * rowCnt;
14.     y = BOOK_Y0 + FONT_HEIGHT * lineCnt;
15.     GUIDrawChar(x, y, s_iLastChar, GUI_FONT_ASCII_24, NULL, GUI_COLOR_BLACK, 1);
16.     rowCnt = 1;
17.   }
18.   else
19.   {
20.     rowCnt = 0;
21.     lineCnt = 0;
22.   }
23.
24.   //显示一整页内容
25.   newchar = 0;
26.   newParaFlag = 0;
27.   s_iLastChar = 0;
28.   while(1)
29.   {
30.     //从缓冲区中读取 1 字节数据
31.     if(0 == ReadBookByte(&newchar, &visibleLen))
32.     {
33.       s_iEndFlag = 1;
34.       return;
35.     }
36.
37.     //回车符号
38.     if('\r' == newchar)
39.     {
40.       rowCnt = 0;
41.     }
42.
43.     //换行
44.     else if('\n' == newchar)
45.     {
46.       rowCnt = 0;
47.       lineCnt = lineCnt + 1;
48.       if(lineCnt >= MAX_LINE_NUM)
49.       {
50.         return;
51.       }
52.       newParaFlag = 1;
```

```
53.         }
54.
55.         //正常显示
56.         if((newchar >= ' ') && (newchar <= '~'))
57.         {
58.           //检查当前行是否足够显示整个单词
59.           if((newchar != ' ') && ((BOOK_X0 + FONT_WIDTH * (rowCnt + visibleLen)) > (BOOK_X1 -
              FONT_WIDTH)))
60.           {
61.             rowCnt = 0;
62.             lineCnt = lineCnt + 1;
63.             if(lineCnt >= MAX_LINE_NUM)
64.             {
65.               s_iLastChar = newchar;
66.               return;
67.             }
68.           }
69.
70.           //非新段行首空格不显示
71.           if((0 == rowCnt) && (0 == newParaFlag) && (' ' == newchar))
72.           {
73.             continue;
74.           }
75.
76.           x = BOOK_X0 + FONT_WIDTH * rowCnt;
77.           y = BOOK_Y0 + FONT_HEIGHT * lineCnt;
78.           GUIDrawChar(x, y, newchar, GUI_FONT_ASCII_24, NULL, GUI_COLOR_BLACK, 1);
79.         }
80.
81.         //更新列计数
82.         rowCnt = rowCnt + 1;
83.         x = BOOK_X0 + FONT_WIDTH * rowCnt;
84.         if(x > (BOOK_X1 - FONT_WIDTH))
85.         {
86.           rowCnt = 0;
87.         }
88.
89.         //更新行计数
90.         if(0 == rowCnt)
91.         {
92.           lineCnt = lineCnt + 1;
93.           if(lineCnt >= MAX_LINE_NUM)
94.           {
95.             return;
96.           }
```

```
97.        }
98.
99.        //清除新段标志位
100.       newParaFlag = 0;
101.    }
102. }
```

在 NewPage 函数实现区后为 PreviousPage 函数的实现代码,如程序清单 8-15 所示。

① 第 6～13 行代码:检测上一页是否有意义,若有意义,则通过 for 语句将 s_arrPrevPosition 数组中的元素位置进行偏移,并将记录中最前一页赋值为无意义,即赋值为 0xFFFFFFFF。其中,数组 s_arrPrevPosition 用于存放上一页的位置信息,下标和页码呈正相关,最后一个元素为当前显示页的位置。

② 第 16～27 行代码:检测上一页是否有意义,若有意义,则将文件读/写指针设置在当前位置。

程序清单 8-15

```
1.   static void PreviousPage(void)
2.   {
3.      u32  i;  //循环变量
4.
5.      //刷新上一页位置数据
6.      if(0xFFFFFFFF != s_arrPrevPosition[MAX_PREV_PAGE - 2])
7.      {
8.        for(i = (MAX_PREV_PAGE - 1); i > 0; i--)
9.        {
10.         s_arrPrevPosition[i] = s_arrPrevPosition[i - 1];
11.       }
12.       s_arrPrevPosition[0] = 0xFFFFFFFF;
13.     }
14.
15.     //上一页有意义
16.     if(0xFFFFFFFF != s_arrPrevPosition[MAX_PREV_PAGE - 1])
17.     {
18.       //成功设置读/写位置
19.       if(1 == SetPosition(s_arrPrevPosition[MAX_PREV_PAGE - 1]))
20.       {
21.         s_iEndFlag = 0;
22.         s_iLastChar = 0;
23.
24.         //刷新新的一页
25.         NewPage();
26.       }
27.     }
28.  }
```

在 PreviousPage 函数实现区后为 NextPage 函数的实现代码,如程序清单 8-16 所示。

NextPage 函数的函数体与 PreviousPage 函数类似。

① 第 6～9 行代码：首先检测文本是否已完全显示，若已完全显示则直接返回。

② 第 11～24 行代码：检测上一页的位置是否有效，若无效则表示此时显示第一页，为了避免特殊情况，将当前字节的位置，即上一页的位置保存两次；若有效则进行数组的偏移及赋值。**注意**：由于文件指针在使用时会自增，因此此时不需要通过 SetPosition 函数设置文件指针位置。

程序清单 8 - 16

```
1.    static void NextPage(void)
2.    {
3.      u32   i;  //循环变量
4.
5.      //文本已全部显示，直接退出
6.      if(1 == s_iEndFlag)
7.      {
8.        return;
9.      }
10.
11.     //保存上一页位置
12.     if(0xFFFFFFFF == s_arrPrevPosition[MAX_PREV_PAGE - 1])
13.     {
14.       s_arrPrevPosition[MAX_PREV_PAGE - 1] = GetBytePosition();
15.       s_arrPrevPosition[MAX_PREV_PAGE - 2] = GetBytePosition();
16.     }
17.     else
18.     {
19.       for(i = 0; i < (MAX_PREV_PAGE - 1); i++)
20.       {
21.         s_arrPrevPosition[i] = s_arrPrevPosition[i + 1];
22.       }
23.       s_arrPrevPosition[MAX_PREV_PAGE - 1] = GetBytePosition();
24.     }
25.
26.     //刷新新的一页
27.     NewPage();
28.   }
```

在"API 函数实现"区，首先实现 InitFatFsTest 函数，其主要作用是向 SD 卡挂载文件系统，并实现 GUI 界面与底层读/写函数的联系。

在 InitFatFsTest 函数实现区后为 FatFsTask 函数的实现代码，该函数每隔 20 ms 调用一次，通过调用 GUITask 完成相应的 GUI 任务。

在 FatFsTask 函数实现区后为 CreatReadProgressFile 函数的实现代码，该函数的功能是创建用来保存阅读进度的文件，如程序清单 8 - 17 所示。CreatReadProgressFile 函数首先检测保存文件的路径"0:/book/progress"是否存在，若路径不存在则通过 f_mkdir 函数创建该路径，最后通过 f_open 函数创建保存阅读进度的文件并检测函数返回值。

程序清单 8 - 17

```
1.    void CreatReadProgressFile(void)
2.    {
3.      static FIL s_fileProgressFile;        //进度缓存文件
4.      DIR          progressDir;             //目标路径
5.      FRESULT      result;                  //文件操作返回变量
6.
7.      //校验进度缓存路径是否存在,若不存在则创建该路径
8.      result = f_opendir(&progressDir,"0:/book/progress");
9.      if(FR_NO_PATH == result)
10.     {
11.       f_mkdir("0:/book/progress");
12.     }
13.     else
14.     {
15.       f_closedir(&progressDir);
16.     }
17.
18.     //检查文件是否存在,如不存在则创建
19.     result = f_open(&s_fileProgressFile, "0:/book/progress/progress.txt", FA_CREATE_NEW | FA_READ);
20.     if(FR_OK != result)
21.     {
22.       printf("CreatReadProgressFile:文件已存在\r\n");
23.     }
24.     else
25.     {
26.       printf("CreatReadProgressFile:创建文件成功\r\n");
27.       f_close(&s_fileProgressFile);
28.     }
29.   }
```

在 CreatReadProgressFile 函数实现区后为 SaveReadProgress 函数的实现代码,该函数用于保存阅读进度,在获取当前字节在文本中的位置及文本的总大小后,将其写入保存阅读进度的文件中。

在 SaveReadProgress 函数实现区后为 DeleteReadProgress 函数的实现代码,该函数用于删除阅读进度,如程序清单 8 - 18 所示,通过调用 f_unlink 函数将保存阅读进度的文件删除。

程序清单 8 - 18

```
1.    void DeleteReadProgress(void)
2.    {
3.      f_unlink("0:/book/progress/progress.txt");
4.      printf("DeleteReadProgress:删除成功\r\n");
5.    }
```

8.3.5　ProcKeyOne.c 文件

在 ProcKeyOne.c 文件的"包含头文件"区包含代码＃include "FatFsTest.h"。这样就可以在 ProcKeyOne.c 文件中调用 FatFsTest 模块相应的 API 函数，通过按键完成对阅读进度的保存及删除。

在 ProcKeyDownKey1、ProcKeyDownKey2 及 ProcKeyDownKey3 函数中分别加入创建保存阅读进度文件、保存阅读进度及删除阅读进度的函数，如程序清单 8－19 所示。

程序清单 8－19

```
1.   void  ProcKeyDownKey1(void)
2.   {
3.     CreatReadProgressFile();
4.   }
5.
6.   void  ProcKeyDownKey2(void)
7.   {
8.     SaveReadProgress();
9.   }
10.
11.  void  ProcKeyDownKey3(void)
12.  {
13.    DeleteReadProgress();
14.  }
```

8.3.6　Main.c 文件

在 Proc2msTask 函数中调用 FatFsTask 函数和按键扫描函数，如程序清单 8－20 所示，即每 40 ms 执行一次 GUI 任务，以实现文件系统的读/写功能，每 2 ms 进行一次独立按键扫描，以完成按键任务。

程序清单 8－20

```
1.   static  void  Proc2msTask(void)
2.   {
3.     static u8 s_iCnt = 0;
4.     if(Get2msFlag())   //判断 2 ms 标志位状态
5.     {
6.       //调用闪烁函数
7.       LEDFlicker(250);
8.
9.       //文件系统任务
10.      s_iCnt ++ ;
11.      if(s_iCnt >= 20)
12.      {
13.        s_iCnt = 0;
14.        FatFsTask();
```

```
15.          }
16.
17.          //独立按键扫描任务
18.          ScanKeyOne(KEY_NAME_KEY1, ProcKeyUpKey1, ProcKeyDownKey1);
19.          ScanKeyOne(KEY_NAME_KEY2, ProcKeyUpKey2, ProcKeyDownKey2);
20.          ScanKeyOne(KEY_NAME_KEY3, ProcKeyUpKey3, ProcKeyDownKey3);
21.
22.          Clr2msFlag();   //清除 2 ms 标志位
23.      }
24.  }
```

8.3.7　实验结果

使用读卡器将 SD 卡在计算机上打开,将本书配套资料包中"08.软件资料\SD 卡文件"文件夹下的所有文件复制到 SD 卡根目录下,再将 SD 卡插入开发板,下载程序并进行复位。程序将打开位于 SD 卡根目录下的 book 文件夹中的 Holmes.txt 文件,可以观察到开发板上的 LCD 屏显示如图 8-5 所示的 GUI 界面。

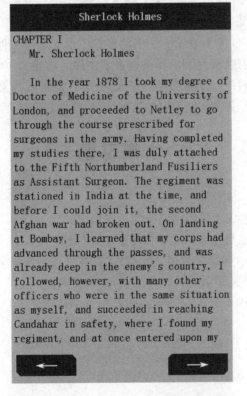

图 8-5　FatFs 与读/写 SD 卡实验 GUI 界面

此时,串口助手打印信息如图 8-6 所示。

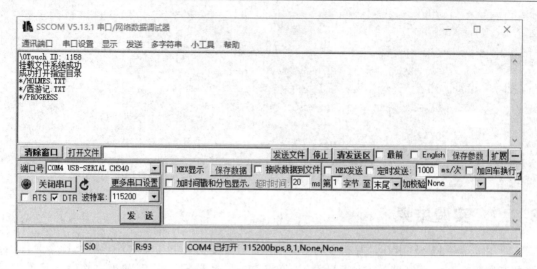

图 8 - 6　串口助手打印信息

本章任务

本章实验中,以在 LCD 屏上显示电子书的形式实现 FatFs 文件系统与读/写 SD 卡功能,并增加了通过独立按键创建、保存和删除阅读进度文件的功能。在本章实验的基础上,增加自动保存功能,即每隔一段时间自动保存阅读进度,并将存放进度的文件存入 SD 卡中,另外,在开发板通电或复位的时候,读取 SD 卡中的进度文件,并跳转进度至对应的页码。

本章习题

1. 简述文件系统的移植步骤。

2. 简述文件系统移植成功后的存储空间分布情况。

3. f_open 函数的功能是什么? 通过该函数实现打开一个文件名为 B. txt 且位于 SD 卡的文件 fdst_bin,并指定其读/写访问权限,若文件不存在则先创建该文件再打开。

4. 能否向 Flash 移植文件系统? 若可以,请尝试实现。

5. 调用 8.2.4 小节中的各个文件操作函数,验证函数功能。

第9章 中文显示实验

LCD 屏作为显示设备,不仅可以显示图形和英文字符,还可以显示中文字符,但中文字符的编码方式和显示方式与英文字符不同。本章将通过 LCD 屏显示中文电子书,介绍中文字符编码方式以及在 LCD 屏上实现中文字符显示的方法。

9.1 实验内容

本章的主要内容是学习字符编码、字库创建和字符索引的基本原理,掌握通过 LCD 屏显示中文字符的方法,最后基于 GD32F4 蓝莓派开发板在 LCD 屏上显示中文电子书,并实现通过 GUI 控件完成电子书的翻页功能。

9.2 实验原理

9.2.1 字符编码

微控制器只能存储二进制数据,因此在微控制器开发过程中涉及的数据,只能先转换成二进制数后,才能存储至相应的存储器单元。将对应的字符用二进制数表示的过程,称为字符编码,如 ASCII 码中的字符"A"可以使用"0x41"保存。转换成不同二进制数的过程对应的就是不同的编码方式,常见的字符编码方式有 ASCII 编码方式、GB2312 编码方式和 GBK 编码方式等。其中,ASCII 码用于保存英文字符,GB2312 和 GBK 除了可以用于保存英文字符外,还可以用于保存中文字符。ASCII 编码方式在《GD32F4 开发基础教程》的"OLED 显示实验"中已介绍,下面主要介绍 GB2312 编码方式和 GBK 编码方式。

1. GB2312 编码方式

使用 ASCII 编码方式已经足以实现英文字符的保存,英文单词的数量虽然多,但都由 26 个英文字母组成,因此仅用 1 字节编码长度即可表达所有英文字符。但对于汉字,如果类比英文字母,按照笔画的方式来保存,再将其组合成具体的文字,则这样的编码方式将会极其复杂。因此,通常使用二进制数编码来保存单个汉字。但汉字的数量较多,仅常用字就多达 6 000 个左右,此外,还有众多生僻字和繁体字。所以中文字符的编码需要使用 2 字节的编码长度。2 字节编码长度最多能表达 65 535 个字符,但实际上字库的保存并不需要用到全部空间,因为常用汉字加上生僻字和繁体字也仅有 20 000 多个,若参考 ASCII 码的方式按顺序来排列,不仅会浪费剩余的空间,而且不方便字符的检索。因此,GB2312 编码方式使用区位码来查找字

16	0	1	2	3	4	5	6	7	8	9
0		啊	阿	埃	挨	哎	唉	哀	皑	癌
1	蔼	矮	艾	碍	爱	隘	鞍	氨	安	俺
2	按	暗	岸	胺	案	肮	昂	盎	凹	敖
3	熬	翱	袄	傲	奥	懊	澳	芭	捌	扒
4	叭	吧	笆	八	疤	巴	拔	跋	靶	把
5	耙	坝	霸	罢	爸	白	柏	百	摆	佰
6	败	拜	稗	斑	班	搬	扳	般	颁	板
7	版	扮	拌	伴	瓣	半	办	绊	邦	帮
8	梆	榜	膀	绑	棒	磅	蚌	镑	傍	谤
9	苞	胞	包	褒	剥					

图 9-1　区位码定位图

符,它将字符分为 94 个区,每个区含有 94 个字符,一共 8 836 个编码,能够表达 8 836 个字符。在使用过程中,字符编码的第一字节(高字节)为区号,第二字节(低字节)为位号,根据对应的区号和位号即可查找到对应的字符。如图 9-1 所示为区位码定位图,其中 16 代表的是区号。以"啊"字为例,"啊"字对应的位为 01,因此"啊"字对应的区位码为"1601"。由于 GB2312 编码向下兼容 ASCII 码,因此,在实际的 GB2312 编码中,将区号和位号同时加上"0xA0"来区别 ASCII 编码段。最终"啊"字的 GB2312 编码为 0xB0A1。

2. GBK 编码方式

由于 GB2312 可以表示的汉字个数只有 6 000 多个(其余 2 000 多个为中文及日文等字符,不包含繁体字和生僻字),在特殊情况下,GB2312 的字符量可能无法满足使用需求,而在 GB2312 基础上产生的 GBK 编码方式能够很好地解决这一问题。GBK 编码方式能够保存 20 000 多个汉字,包括生僻字和繁体字,并同时兼容 GB2312 和 ASCII 编码方式。GBK 编码同样使用 1 字节或 2 字节空间来保存字符,使用 1 字节时,保存的字符与 ASCII 码对应;使用 2 字节时,保存的字符为中文及其他字符,在其编码区中,第一字节(区号)范围为 0x81~0xFE。由于 0x7F 不被使用,因此第二字节(位号)分为两部分,分别为 0x40~0x7E 和 0x80~0xFE(以 0x7F 为界)。并且其中与 GB2312 编码区重合的部分,字符相同,因此可以说 GB2312 码是 GBK 码的子集。本实验使用的字库即为 GBK 字库。

9.2.2　字模和字库的概念

如图 9-2 所示,假设在 LCD 16×16 区域显示中文字符"啊",则可以按照一定顺序,如从左往右、从上往下依次将像素点点亮或熄灭,遍历整个矩形区域后字符"啊"将显示在屏幕上。现在用一个 bit 表示一个像素点,假设 0 代表熄灭,1 代表点亮,则可以按照从左往右、从上往下的顺序依次将像素点数据保存到一个数组中,这个数组即为汉字"啊"的点阵数据,即字模。将所有汉字的点阵数据组合在一起并保存到一个文件中,就是一个汉字字库。

图 9-2　中文字符"啊"点阵示意图

9.2.3　LCD 显示字符的流程

由于本章实验需要显示一本中文电子书,需要使用的中文字符量较大,所以需要用到软件自动生成的字库文件。在本章实验中,提前生成了一个 GBK 字库文件并保存在 SD 卡相应目录下,供程序调用。另外,由于字库中的字符数量较多,而 GD32F470IIH6 微控制器的内存容量有限,因此本实验将字库文件保存在 SPI Flash 中,当程序需要显示中文字符时,可以访问 SPI Flash 获取对应字符的点阵数据。每个字符的点阵数据在 Flash 中都有相应的地址,在调用的时候根据 GBK 码计算地址值,即可显示中文字符。

　　本实验配套的电子书为 txt 文件,保存在 SD 卡相应目录中。文件中的文本为中文字符,当 FatFs 文件系统读取其中的数据时,所获取的数据为对应中文字符的 GBK 码。程序通过该数据即可计算相应的地址,并根据该地址获取对应字符的点阵数据并传到 LCD 驱动中,即可在 LCD 屏上显示对应的中文字符。

9.3　实验代码解析

9.3.1　FontLib 文件对

1. FontLib.h 文件

　　在 FontLib.h 文件的“API 函数声明”区,声明了 3 个 API 函数,如程序清单 9-1 所示。InitFontLib 函数用于初始化字库管理模块,UpdataFontLib 函数用于更新字库,GetCNFont24x24 函数用于获取 24×24 汉字点阵数据。

程序清单 9-1

```
void InitFontLib(void);                    //初始化字库管理模块
void UpdataFontLib(void);                  //更新字库
void GetCNFont24x24(u32 code, u8 * buf);   //获取 24×24 汉字点阵数据
```

2. FontLib.c 文件

　　在 FontLib.c 文件的“宏定义”区,定义了一个 FONT_FIL_BUF_SIZE 常量,用于设置字库缓冲区大小为 4 KB,如程序清单 9-2 所示。

程序清单 9-2

```
#define FONT_FIL_BUF_SIZE (1024 * 4)       //字库文件缓冲区大小(4KB)
```

　　在“内部函数声明”区,声明了 1 个内部函数,如程序清单 9-3 所示。CheckFontLib 函数用于校验字库。

程序清单 9-3

```
static u8 CheckFontLib(void);              //校验字库
```

　　在“内部函数实现”区,实现了 CheckFontLib 函数,如程序清单 9-4 所示。在本章实验中,可以使用保存在 SD 卡中的字库文件来更新 SPI Flash 内的字库。CheckFontLib 函数将 SD 卡中的字库与保存在 SPI Flash 内的字库进行对比,检查 SPI Flash 中的字库是否损坏。

　　① 第 3~10 行代码:定义 s_filFont 字库文件,用来保存文件的基本属性。两个字库缓冲区 fileBuf 和 flashBuf 分别保存 SD 卡中的字库和外部 Flash 中的字库,用以对比校验。

　　② 第 12~24 行代码:使用内存管理模块来申请动态内存并检查是否申请成功,然后使用 f_open 函数来打开保存在 SD 卡中的“GBK24.FON”文件。

　　③ 第 40~93 行代码:通过 while 语句将 SD 卡中的字库文件与 SPI Flash 中的字库文件进行比对,以检验 SPI Flash 中的字库是否损坏。

④ 第 96～100 行代码：关闭文件并释放相应内存空间。

程序清单 9 - 4

```
1.    static u8 CheckFontLib(void)
2.    {
3.        static FIL   s_filFont;           //字库文件(需是静态变量)
4.        FRESULT      result;              //文件操作返回变量
5.        u8 *         fileBuf;             //字库缓冲区,文件系统中的字库文件,由动态内存分配
6.        u8 *         flashBuf;            //字库缓冲区,Flash 中的字库文件,由动态内存分配
7.        u32          readNum;             //实际读取的文件数量
8.        u32          ReadAddr;            //读入 SPI Flash 地址
9.        u32          i;                   //循环变量
10.       u32          progress;            //进度
11.
12.       //申请动态内存
13.       fileBuf  = MyMalloc(SRAMIN, FONT_FIL_BUF_SIZE);
14.       flashBuf = MyMalloc(SRAMIN, FONT_FIL_BUF_SIZE);
15.       if((NULL == fileBuf) || (NULL == flashBuf))
16.       {
17.         MyFree(SDRAMEX, fileBuf);
18.         MyFree(SDRAMEX, flashBuf);
19.         printf("CheckFontLib:申请动态内存失败\r\n");
20.         return 0;
21.       }
22.
23.       //打开文件
24.       result = f_open(&s_filFont, "0:/font/GBK24.FON", FA_OPEN_EXISTING | FA_READ);
25.       if (result != FR_OK)
26.       {
27.         //释放内存
28.         MyFree(SDRAMEX, fileBuf);
29.         MyFree(SDRAMEX, flashBuf);
30.
31.         //打印错误信息
32.         printf("CheckFontLib:打开字库文件失败\r\n");
33.         return 0;
34.       }
35.
36.       //读取数据并逐一比较整个字库,若有一个不同则表示字库损坏
37.       printf("CheckFontLib:开始校验字库\r\n");
38.       ReadAddr = 0;
39.       progress = 0;
40.       while(1)
41.       {
42.         //进度输出
43.         if((100 * s_filFont.fptr / s_filFont.fsize) >= (progress + 15))
```

```
44.    {
45.        progress = 100 * s_filFont.fptr / s_filFont.fsize;
46.        printf("CheckFontLib:校验进度:%%%d\r\n", progress);
47.    }
48.
49.    //从文件中读取数据到缓冲区
50.    result = f_read(&s_filFont, fileBuf, FONT_FIL_BUF_SIZE, &readNum);
51.    if (result != FR_OK)
52.    {
53.        //关闭文件
54.        f_close(&s_filFont);
55.
56.        //释放内存
57.        MyFree(SDRAMEX, fileBuf);
58.        MyFree(SDRAMEX, flashBuf);
59.
60.        //打印错误信息
61.        printf("CheckFontLib:读取数据失败\r\n");
62.        return 0;
63.    }
64.
65.    //从 SPI Flash 中读取数据
66.    GD25Q16Read(flashBuf, readNum, ReadAddr);
67.
68.    //逐一比较
69.    for(i = 0; i < readNum; i++)
70.    {
71.        //发现字库损坏
72.        if(flashBuf[i] != fileBuf[i])
73.        {
74.            //关闭文件
75.            f_close(&s_filFont);
76.
77.            //释放内存
78.            MyFree(SDRAMEX, fileBuf);
79.            MyFree(SDRAMEX, flashBuf);
80.            return 1;
81.        }
82.    }
83.
84.    //更新读取地址
85.    ReadAddr = ReadAddr + readNum;
86.
87.    //判断文件是否读/写完成
88.    if((s_filFont.fptr >= s_filFont.fsize) || (FONT_FIL_BUF_SIZE != readNum))
```

```
89.      {
90.        printf("CheckFontLib:校验进度:%%100\r\n");
91.        break;
92.      }
93.    }
94.
95.    //关闭文件
96.    f_close(&s_filFont);
97.
98.    //释放内存
99.    MyFree(SDRAMEX, fileBuf);
100.   MyFree(SDRAMEX, flashBuf);
101.
102.   return 0;
103. }
```

在"API 函数实现"区,首先实现的是 InitFontLib 函数,如程序清单 9-5 所示。

① 第 4 行代码:本实验中的字库文件保存在 SPI Flash 中,首先通过 InitGD25QXX 函数初始化 SPI Flash 芯片。

② 第 7~15 行代码:使用 CheckFontLib 函数校验字库,校验成功则不需要更新字库,否则使用 UpdataFontLib 函数从 SD 卡中更新 SPI Flash 内的字库文件。

程序清单 9-5

```
1.    void InitFontLib(void)
2.    {
3.      //初始化 SPI Flash
4.      InitGD25QXX();
5.
6.      //更新字库
7.      if(0 != CheckFontLib())
8.      {
9.        printf("FontLib:字库损坏,需要更新字库!!! \r\n");
10.       UpdataFontLib();
11.     }
12.     else
13.     {
14.       printf("FontLib:字库校验成功\r\n");
15.     }
16.   }
```

在 InitFontLib 函数实现区后为 UpdataFontLib 函数的实现代码,如程序清单 9-6 所示。

① 第 3~8 行代码:与字库校验函数类似,通过文件系统使用 SD 卡中的字库文件,首先创建字库文件对象,字库缓冲区 fontBuf 用来暂存字库数据。

② 第 11~16 行代码:使用内存管理模块创建暂存字库的动态内存。

③ 第 34~71 行代码:通过 while 语句,读取 SD 卡中的字库文件至缓冲区,并将该文件存储到 SPI Flash 中。

程序清单 9 - 6

```
1.    void UpdataFontLib(void)
2.    {
3.        static FIL s_filFont;              //字库文件(需是静态变量)
4.        FRESULT    result;                 //文件操作返回变量
5.        u8 *       fontBuf;                //字库缓冲区,由动态内存分配
6.        u32        readNum;                //实际读取的文件数量
7.        u32        writeAddr;              //写入 SPI Flash 地址
8.        u32        progress;               //进度
9.
10.       //申请 4 KB 内存
11.       fontBuf = MyMalloc(SRAMIN, FONT_FIL_BUF_SIZE);
12.       if(NULL == fontBuf)
13.       {
14.         printf("UpdataFontLib:申请动态内存失败\r\n");
15.         return;
16.       }
17.
18.       //打开文件
19.       result = f_open(&s_filFont, "0:/font/GBK24.FON", FA_OPEN_EXISTING | FA_READ);
20.       if (result != FR_OK)
21.       {
22.         //释放内存
23.         MyFree(SDRAMEX, fontBuf);
24.
25.         //打印错误信息
26.         printf("UpdataFontLib:打开字库文件失败\r\n");
27.         return;
28.       }
29.
30.       //分批次读取数据并写到 SPI Flash 中
31.       printf("UpdataFontLib:开始更新字库\r\n");
32.       writeAddr = 0;
33.       progress = 0;
34.       while(1)
35.       {
36.         //进度输出
37.         if((100 * s_filFont.fptr / s_filFont.fsize)>= (progress + 15))
38.         {
39.           progress = 100 * s_filFont.fptr / s_filFont.fsize;
40.           printf("UpdataFontLib:更新进度:%%%d\r\n", progress);
41.         }
42.
43.         //从文件中读取数据到缓冲区
44.         result = f_read(&s_filFont, fontBuf, FONT_FIL_BUF_SIZE, &readNum);
```

```
45.        if (result != FR_OK)
46.        {
47.            //关闭文件
48.            f_close(&s_filFont);
49.
50.            //释放内存
51.            MyFree(SDRAMEX, fontBuf);
52.
53.            //打印错误信息
54.            printf("UpdataFontLib:读取数据失败\r\n");
55.            return;
56.        }
57.
58.        //将字库数据写入 SPI Flash
59.        GD25Q16Write(fontBuf, readNum, writeAddr);
60.
61.        //更新写入地址
62.        writeAddr = writeAddr + readNum;
63.
64.        //判断文件是否读/写完成
65.        if((s_filFont.fptr >= s_filFont.fsize) || (FONT_FIL_BUF_SIZE != readNum))
66.        {
67.            printf("UpdataFontLib:更新进度:%%100\r\n");
68.            printf("UpdataFontLib:更新字库完毕\r\n");
69.            break;
70.        }
71.    }
72.
73.    //关闭文件
74.    f_close(&s_filFont);
75.
76.    //释放内存
77.    MyFree(SDRAMEX, fontBuf);
78.
79.    //更新成功提示
80.    printf("UpdataFontLib:更新字库成功\r\n");
81. }
```

在 UpdataFontLib 函数实现区后为 GetCNFont24x24 函数的实现代码,如程序清单 9-7 所示。该函数有两个输入参数 code 和 buf,分别代表汉字的 GBK 码和汉字的点阵数据缓冲区。

① 第 8~9 行代码:将 GBK 码拆分为高 8 位和低 8 位分别保存在 gbkH 和 gbkL 变量中,用于判断区号和位号。

② 第 21~33 行代码:在 GBK 编码方式中,由于低位 0x7F 没有使用,所以地址查询分为两段。当 $0x40 \leqslant gbkL \leqslant 0x7E$ 时,$addr = ((gbkH - 0x81) \times 190 + (gbkL - 0x40)) \times 72$;当

0x80≤gbkL≤0xFE 时，addr＝((gbkH－0x81)×190＋(gbkL－0x41))×72。

程序清单 9-7

```
1.    void GetCNFont24x24(u32 code，u8 * buf)
2.    {
3.      u8  gbkH，gbkL；          //GBK 码高位、低位
4.      u32 addr；               //点阵数据在 SPI Flash 中的地址
5.      u32 i；                  //循环变量
6.
7.      //拆分 GBK 码高位、低位
8.      gbkH = code >> 8；
9.      gbkL = code & 0xFF；
10.
11.     //校验高位
12.     if((gbkH < 0x81) || (gbkH > 0xFE))
13.     {
14.       for(i = 0；i < 72；i++)
15.       {
16.         buf[i] = 0；
17.       }
18.       return；
19.     }
20.
21.     //低位处在 0x40~0x7E 范围
22.     if((gbkL >= 0x40) && (gbkL <= 0x7E))
23.     {
24.       addr = ((gbkH - 0x81) * 190 + (gbkL - 0x40)) * 72；
25.       GD25Q16Read(buf，72，addr)；
26.     }
27.
28.     //低位处在 0x80~0xFE 范围
29.     else if((gbkL >= 0x80) && (gbkL <= 0xFE))
30.     {
31.       addr = ((gbkH - 0x81) * 190 + (gbkL - 0x41)) * 72；
32.       GD25Q16Read(buf，72，addr)；
33.     }
34.
35.     //出错
36.     else
37.     {
38.       for(i = 0；i < 72；i++)
39.       {
40.         buf[i] = 0；
41.       }
42.     }
43.   }
```

9.3.2 TLILCD.c 文件

在 TLILCD.c 文件的"包含头文件"区的最后,添加了代码#include "FontLib.h"。

在"API 函数实现"区的 LCDShowChar 函数中添加了中文显示的实现代码,如程序清单 9-8 所示。

① 第 9 行代码:定义了 cnBuf 数组作为汉字点阵数据缓冲区。

② 第 32~39 行代码:添加了适配汉字字符大小的代码,需要注意的是汉字显示暂时只支持 24 号字体。

③ 第 53~67 行代码:添加了获取汉字字符点阵数据的代码。

程序清单 9-8

```
1.   void LCDShowChar(u32 x, u32 y, EnumTLILCDFont font, EnumTLILCDTextMode mode, u32 textColor,
     u32 backColor, u32 code)
2.   {
3.      u8  byte;              //当前点阵数据
4.      u32 i, j;             //循环变量
5.      u32 y0;              //纵坐标起点
6.      u32 height;          //字符高度
7.      u32 bufSize;         //点阵数据字节数
8.      u8 * enBuf;          //ASCII 码点阵数据首地址
9.      static u8  cnBuf[72];  //汉字点阵数据缓冲区
10.     u8 * codeBuf;         //字符点阵数据首地址,二选一
11.
12.     //获取字符高度
13.     switch (font)
14.     {
15.     case LCD_FONT_12: height = 12; break;
16.     case LCD_FONT_16: height = 16; break;
17.     case LCD_FONT_24: height = 24; break;
18.     default: return;
19.     }
20.
21.     //计算点阵数据字节数
22.     if(code < 0x80)        //ASCII 码
23.     {
24.       switch (font)
25.       {
26.       case LCD_FONT_12: bufSize = 12; break;
27.       case LCD_FONT_16: bufSize = 16; break;
28.       case LCD_FONT_24: bufSize = 36; break;
29.       default: return;
30.       }
31.     }
32.     else //中文
```

```
33.    {
34.      switch (font)
35.      {
36.      case LCD_FONT_24: bufSize = 72; break;
37.      default: return;
38.      }
39.    }
40.
41.    //获取点阵数据
42.    if(code < 0x80) //ASCII 码
43.    {
44.      switch (font)
45.      {
46.      case LCD_FONT_12: enBuf = (u8 * )asc2_1206[code - ' ']; break;
47.      case LCD_FONT_16: enBuf = (u8 * )asc2_1608[code - ' ']; break;
48.      case LCD_FONT_24: enBuf = (u8 * )asc2_2412[code - ' ']; break;
49.      default: return;
50.      }
51.      codeBuf = enBuf;
52.    }
53.    else //中文
54.    {
55.      if(LCD_FONT_24 == font)
56.      {
57.        GetCNFont24x24(code, cnBuf);
58.      }
59.      else
60.      {
61.        for(i = 0; i < bufSize; i++)
62.        {
63.          cnBuf[i] = 0xFF;
64.        }
65.      }
66.      codeBuf = cnBuf;
67.    }
68.
69.    //记录纵坐标起点
70.    y0 = y;
71.
72.    //按照高位在前,从上到下,从左往右扫描顺序显示
73.    ...
74.  }
```

9.3.3 FatFsTest.c 文件

在"FatFs 与读/写 SD 卡实验"中实现了在 GD32F4 蓝莓派开发板上显示英文电子书,本实验将使用同样的 GUI 框架显示中文电子书,因此需要修改 FatFsTest.c 文件中相应的函数。如程序清单 9-9 所示,在"内部函数实现"区的 NewPage 函数中添加了相应的代码,用于显示中文字符。下面按照顺序解释说明 NewPage 函数中添加的语句。

① 第 4 行代码:定义 cnChar 用于保存汉字的 GBK 码。

② 第 8 行代码:将 cnChar 初始化为 0。

③ 第 14~33 行代码:添加中文显示的部分代码。其中第 14 行代码用于判断第一字节是否大于或等于 0x81,如果满足条件则使用 GBK 编码方式进行解码。在第 32 行代码中,通过调用 LCDShowChar 函数进行中文字符显示。

④ 第 36~48 行代码:由于中文字符的列空间比英文字符多 1 倍,需要重新计算列计数。

程序清单 9-9

```
1.   static void NewPage(void)
2.   {
3.       ...
4.       u16 cnChar;                    //中文符号
5.       ...
6.       while(1)
7.       {
8.         cnChar = 0;
9.
10.        //从缓冲区中读取 1 字节数据
11.        ...
12.
13.        //中文
14.        else if(newchar >= 0x81)
15.        {
16.          //保存高字节
17.          cnChar = newchar << 8;
18.
19.          //从缓冲区中读取 1 字节数据
20.          if(0 == ReadBookByte((char *)&newchar, &visibleLen))
21.          {
22.            s_iEndFlag = 1;
23.            return;
24.          }
25.
26.          //组合成一个完整的汉字内码
27.          cnChar = cnChar | newchar;
28.
29.          //显示
30.          x = BOOK_X0 + FONT_WIDTH * rowCnt;
```

```
31.          y = BOOK_Y0 + FONT_HEIGHT * lineCnt;
32.          LCDShowChar(x, y, LCD_FONT_24, LCD_TEXT_TRANS, GUI_COLOR_BLACK, NULL, cnChar);
33.        }
34.
35.        //更新列计数(中文占2列)
36.        if(0 == cnChar)
37.        {
38.          rowCnt = rowCnt + 1;
39.        }
40.        else
41.        {
42.          rowCnt = rowCnt + 2;
43.        }
44.        x = BOOK_X0 + FONT_WIDTH * rowCnt;
45.        if(x > (BOOK_X1 - 2 * FONT_WIDTH))
46.        {
47.          rowCnt = 0;
48.        }
49.
50.      //更新行计数
51.      ...
52.      }
53.  }
```

9.3.4　GUIPlatform. c 文件

在本章实验中,使用 GUI 控件来显示电子书的标题,由于标题中含有中文字符,因此需要在 GUIDrawChar 函数中添加支持显示中文字符的部分代码,如程序清单 9 - 10 中的第 5~8 行代码所示。

程序清单 9 - 10

```
1.   void GUIDrawChar(u32 x, u32 y, u32 code, EnumGUIFont font, u32 backColor,u32 textColor, u32 mode)
2.   {
3.     ...
4.     //字符显示
5.     else
6.     {
7.       LCDShowChar(x, y, charFont, charMode, textColor, backColor, code);
8.     }
9.   }
```

9.3.5　实验结果

将 SD 卡插入开发板,下载程序并进行复位。程序将打开位于 SD 卡根目录下的 book 文件夹中的"西游记. txt"文件,可以看到开发板的 LCD 屏上显示如图 9 - 3 所示的电子书界面,单击屏幕上的按钮可以实现左右翻页的功能,实现电子书的效果,表示实验成功。

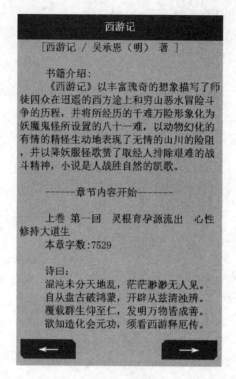

图 9-3 中文显示实验 GUI 界面

本章任务

在本章实验中,介绍了中文编码的基本方式以及字库的生成和调用方法,最终实现了中文电子书功能。请尝试使用本章实验提供的字库,在 OLED 上显示中文字符"乐育科技"。

本章习题

1. 中文字符"你"对应的 GBK 编码是什么?

2. 什么是 Unicode 编码? 其存在的意义和作用是什么?

3. 如何使用字模生成软件生成 GB2132 字库?

第 10 章　CAN 通信实验

CAN 是 Controller Area Network 的缩写,即控制器局域网络,它由德国 BOSCH 公司开发,是国际上应用最广泛的现场总线之一。由于其具有高可靠性和良好的错误检测能力,因此被广泛应用于汽车计算机控制系统和环境温度恶劣、电磁辐射强及震动大的工业环境中。

10.1　实验内容

本章的主要内容是学习 CAN 总线的基本原理,包括 CAN 的物理层和协议层,了解 GD32F47x 系列微控制器上的 CAN 控制器和相关固件库函数,最后基于 GD32F4 蓝莓派开发板设计一个 CAN 通信实验,将 CAN 控制器配置为正常工作模式,采用 CAN 转 USB 模块连接开发板与计算机,通过操作 LCD 屏上的 GUI,实现开发板与计算机之间的数据通信。

10.2　实验原理

10.2.1　CAN 模块

CAN 模块电路原理图如图 10-1 所示,GD32F4 蓝莓派开发板上的 J_{705} 为 CAN 总线端口,端口连接至 CAN 总线收发芯片 TJA1050T 的 CANH 和 CANL 引脚上。TJA1050T 芯片的 RS 引脚接地,芯片工作在高速模式。芯片的 R 和 D 引脚通过 CAN_RX 和 CAN_TX 网络分别连接到双排排针座 J_{707} 的 1 和 2 号引脚上,同时 J_{707} 的 3、4 引脚分别与 GD32F470IIH6 微控制器的 PA11、PA12 相连。使用 CAN 总线通信时,需要用跳线帽将 CAN_RX、CAN_TX

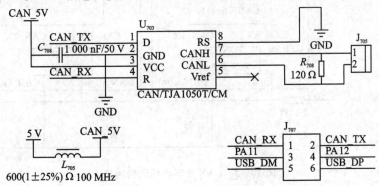

图 10-1　CAN 模块电路原理图

分别与 PA11、PA12 短接。

10.2.2 CAN 协议简介

1. CAN 物理层

与 I^2C 和 SPI 等具有时钟信号的同步通信方式不同,CAN 为异步通信,不需要通过时钟信号进行同步,且不使用地址来区分不同节点。CAN 只具有 CAN_High 和 CAN_Low 两条信号线,共同构成一组差分信号线,以差分信号的形式进行通信。

(1) 总线网络

CAN 物理层的形式主要有两种:闭环总线通信网络和开环总线通信网络。

CAN 闭环总线通信网络如图 10 - 2 所示,它是一种遵循 ISO 11898 - 2 标准的高速、短距离"闭环网络",总线最大长度为 40 m,通信速度最高为 1 Mbps,总线的两端各要求有一个 120 Ω 的电阻,用于避免信号的反射和回波。

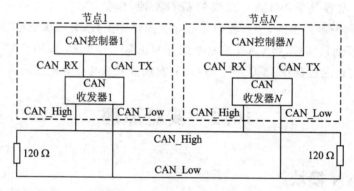

图 10 - 2　CAN 闭环总线通信网络

CAN 开环总线通信网络如图 10 - 3 所示,它是遵循 ISO 11898 - 3 标准的低速、远距离"开环网络",它的最大传输距离为 1 km,最高通信速度为 125 Kbps,两根总线是独立的,不形成闭环,并且要求每根总线上各串联一个 2.2 kΩ 的电阻。

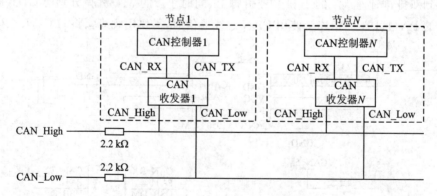

图 10 - 3　CAN 开环总线通信网络

（2）通信节点

CAN 总线上可以挂载多个通信节点，节点之间的信号都通过总线传输。由于 CAN 通信协议不对节点进行地址编码，而是对数据内容进行编码，因此只要总线的负载足够，理论上网络中的节点个数不受限制。

（3）差分信号

与使用单条信号线的电压表示逻辑的方式不同，差分信号传输时需要两条信号线，通过这两条信号线的电压差值来表示逻辑 0 和 1。相较于单信号线的传输方式，使用差分信号传输具有抗干扰能力强和时序定位精确的优点。在 USB 协议、RS485 协议、以太网协议及 CAN 协议的物理层中，都使用了差分信号传输。由于 CAN 总线协议的物理层只有一对差分线，总线在同一时刻只能表示一个信号，因此对通信节点而言，CAN 通信是半双工的，收发数据需要分时进行，同一时刻只能有一个通信节点发送信号，其余的节点只能接收信号。

CAN 协议中对其使用的差分信号线 CAN_High 和 CAN_Low 做了规定，如表 10-1 所列。在 CAN 协议中，逻辑 0 称为显性电平，逻辑 1 称为隐性电平。以高速 CAN 协议的典型值为例，表示逻辑 1（隐性电平）时，CAN_High 和 CAN_Low 线上的电压均为 2.5 V，电压差为 0 V；表示逻辑 0（显性电平）时，CAN_High 线上的电压为 3.5 V，CAN_Low 线上的电压为 1.5 V，电压差为 2 V。

表 10-1　CAN 协议标准表示的信号逻辑

信　号	高　速						低　速					
	隐性电平（逻辑 1）			显性电平（逻辑 0）			隐性电平（逻辑 1）			显性电平（逻辑 0）		
	最小值	典型值	最大值	最小值	典型值	最大值	最小值	典型值	最大值	最小值	典型值	最大值
CAN_High/V	2.0	2.5	3.0	2.75	3.5	4.5	1.6	1.75	1.9	3.85	4.0	5
CAN_Low/V	2.0	2.5	3.0	0.5	1.5	2.25	3.1	3.25	3.4	0	1.0	1.15
电压差/V	−0.5	0	0.05	1.5	2.0	3.0	−0.3	−1.5	—	0.3	3.0	—

假如有两个 CAN 通信节点，在同一时刻，其中一个节点输出隐性电平，另一个节点输出显性电平，CAN 总线的"线与"特性将使其处于显性电平状态。

2. CAN 协议层

（1）时序与同步

CAN 协议属于异步通信协议，没有时钟信号线，连接在同一个总线网络上的各个节点使用约定的波特率进行通信。CAN 还会使用"位同步"的方式来抗干扰、吸收误差，实现对总线电平信号的正确采样，确保通信时序正常。

为了实现位同步，CAN 协议把每一个数据位的时序分解成如图 10-4 所示的 SS 段、PTS 段、PBS1 段和 PBS2 段，这 4 段的长度相加即为 CAN 协议中一位数据的长度。分解后最小的时间单位为 Tq，一个完整的位通常由 8Tq～25Tq 组成。为便于表示，图 10-4 中所示的高电平或低电平分别代表信号逻辑 1 或逻辑 0。

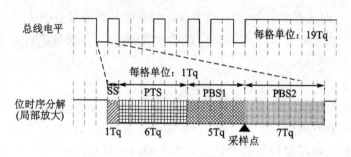

图 10 - 4　CAN 位时序分解

在图 10-4 中,CAN 通信信号的一个数据位的长度为 19Tq,其中 SS 段占 1Tq,PTS 段占 6Tq,PBS1 段占 5Tq,PBS2 段占 7Tq。信号的采样点位于 PBS1 段与 PBS2 段之间,通过控制各段的长度,可以实现采样点位置的偏移,以便准确采样。每段的作用如表 10-2 所列。

表 10 - 2　各段作用

段名称	作　用	Tq 数
同步段 (SS:Synchronization Segment)	若通信节点检测到总线上信号的跳变沿被包含在 SS 段的范围之内,则表示节点与总线的时序是同步的	1
传播时间段 (PTS:Propagation Time Segment)	用于补偿网络的物理延时时间 (注:在 GD32 中,PTS 段包含在 PBS1 段)	1~8
相位缓冲段 1 (PBS1:Phase Buffer Segment 1)	用于吸收累计误差。当信号边沿不在 SS 段中时,可在此段进行补偿。PBS1 加长或 PBS2 缩短的最大限度由 SJW 决定	1~8
相位缓冲段 2 (PBS2:Phase Buffer Segment 2)		2~8
再同步补偿宽度 (SJW:reSynchronization Jump Width)	因时钟频率偏差、传送延时等,各单元有同步误差。SJW 为补偿此误差的最大值。SJW 加大后允许误差加大,但通信速度下降	1~4

CAN 实现位同步的方式可以分为硬同步和重新同步。

1) 硬同步

当总线出现从隐性电平到显性电平的跳变时,节点将其视为位的起始段(SS),以获得同步,如图 10-5 所示。

图 10 - 5　硬同步示意图

硬同步仅当存在"帧起始信号"时起作用,而在连续发送一帧数据时,无法确保后续数据的位时序都是同步的。但重新同步可解决该问题。

2）重新同步

在一帧很长的数据内,如果节点信号与总线信号的相位存在偏移,则需要重新同步。每当节点检测出电平跳变存在滞后或提前时,节点上的控制器会根据 SJW 值,通过加长 PBS1 段或缩短 PBS2 段的方式以调整同步,但最大调整量不能超过 SJW 值。当控制器设置的 SJW 极限值较大时,可以吸收的误差加大,但会导致通信速度下降。

当节点检测出跳变沿有 2Tq 的滞后时,PSB1 段末尾将会插入相应的长度(即 2Tq)以调整同步,如图 10 - 6 所示。

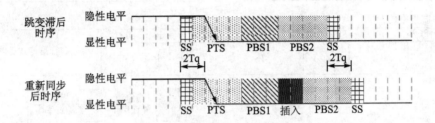

图 10 - 6　跳变滞后情况下的重新同步

当节点检测出跳变沿有 2Tq 的提前时,PSB2 段末尾将会减小相应的长度(即 2Tq)以调整同步,如图 10 - 7 所示。

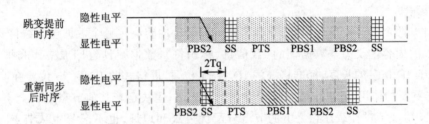

图 10 - 7　跳变提前情况下的重新同步

(2) 帧结构

前面介绍了 CAN 协议中 1 位数据的传输方式,下面介绍 CAN 的帧结构。当数据包被传输到其他设备时,只要设备按规定的格式解读,就能还原出原始数据,这样的报文(Message)就被称为 CAN 的数据帧(Frame)。CAN 一共规定了 5 种类型的帧(见表 10 - 3),本章仅对最主要的数据帧做简要介绍。

表 10 - 3　帧的种类及用途

帧	帧用途
数据帧	用于发送单元向接收单元传送数据的帧
遥控帧	用于接收单元向具有相同 ID 的发送单元请求数据的帧
错误帧	用于当检测出错误时向其他单元通知错误的帧
过载帧	用于接收单元通知其尚未做好接收准备的帧
帧间隔	用于将数据帧及遥控帧与前面的帧分离开来的帧

数据帧构成如图 10-8 所示,数据帧以 1 个显性位开始,7 个连续的隐性位结束,在它们之间还包含仲裁段、控制段、数据段、CRC 段和 ACK 段。

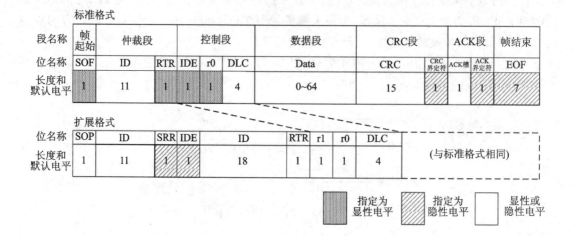

图 10-8 数据帧构成

1)帧起始

表示数据帧的开始,以一个显性位开始。只有总线空闲时,才允许发送此信号。

2)仲裁段

当同时有两个报文被发送时,总线会根据仲裁段的内容决定哪个数据包能被传输。

仲裁段的内容主要为本数据帧的 ID 信息(标识符),数据帧具有标准格式和扩展格式两种,区别在于 ID 信息的长度,标准格式的 ID 为 11 位,扩展格式的 ID 为 29 位。在 CAN 协议中,ID 起着重要的作用,它决定着数据帧发送的优先级,也决定着其他节点是否会接收这个数据帧。CAN 协议不对挂载在它之上的节点分配优先级和地址,也不区分主从节点,对总线的占有权是由信息的重要性决定的。对于重要的信息,需要打包上一个优先级高的 ID,使它能够及时地发送出去。优先级分配原则使 CAN 的扩展性大大加强,在总线上增加或减少节点并不影响其他设备。

报文的优先级,是通过对 ID 的仲裁来确定的。根据前面对物理层的分析,如果总线上同时出现显性电平和隐性电平,总线的状态会被置为显性电平,CAN 正是利用总线的线与特性进行仲裁的。假如两个节点同时竞争 CAN 总线的占有权,当它们发送报文时,若首先出现隐性电平,则会失去对总线的占有权,进入接收状态。仲裁过程如图 10-9 所示,在开始阶段,两个设备发送的电平一致,所以它们持续发送数据,到达阴影处时,节点 1 发送隐性电平,而此时节点 2 发送显性电平,由于总线的线与特性,总线上的电平信号将与节点 2 保持一致,报文继续发送,而此时节点 1 仲裁失利,将会停止发送并转为接收状态,待总线空闲时再继续重传报文。

仲裁段 ID 的优先级也影响着接收设备对报文的回应。因为在 CAN 总线上,数据以广播的形式发送,所有连接在 CAN 总线的节点都会收到其他节点发出的有效数据,因而 CAN 控制器具有根据 ID 过滤报文的功能,它可以控制节点只接收某些 ID 的报文。

仲裁段除了报文 ID 外,还有 RTR、IDE 和 SRR 位。

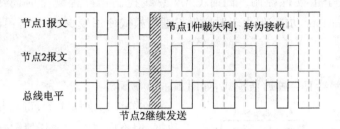

图 10 - 9　仲裁过程

RTR 位(Remote Transmission Request Bit),远程传输请求位,用于区分数据帧和遥控帧。当 RTR 位为显性电平时表示数据帧,为隐性电平时表示遥控帧。

IDE 位(Identifier Extension Bit),标识符扩展位,用于区分标准格式与扩展格式。当 IDE 位为显性电平时表示标准格式,为隐性电平时表示扩展格式。

SRR 位(Substitute Remote Request Bit),只存在于扩展格式,用于替代标准格式中的 RTR 位。由于扩展帧中的 SRR 位为隐性位,RTR 在数据帧为显性位,所以在两个 ID 相同的标准格式报文与扩展格式报文中,标准格式的优先级较高。

3) 控制段

控制段中的 r1 和 r0 为保留位,默认设置为显性位。控制段最主要的是 DLC 段(Data Length Code),即为数据长度码,由 4 个数据位组成,用于表示本报文中的数据段含有的字节数,可取值为 0~8。

4) 数据段

数据段可包含 0~8 字节的数据。

5) CRC 段

CRC 段是检查帧传输错误的帧。由根据多项式生成的 15 位 CRC 值和 1 位的 CRC 界定符构成。CRC 的计算范围包括帧起始、仲裁段、控制段和数据段。

6) ACK 段

发送节点在 ACK 槽(ACK Slot)发送的是隐性位,而接收节点则在这一位中发送显性位以示应答,在 ACK 槽和帧结束之间由 ACK 界定符间隔开。

7) 帧结束

帧结束 EOF(End Of Frame)表示该帧的结束,由 7 个连续的隐性位构成。为了避免总线在帧结束标志之外出现 7 个连续的隐性位,CAN 协议引入位重填机制,当总线出现 5 个相同的隐性位时插入 1 位显性位,或当总线出现 5 个相同的显性位时插入 1 位隐性位,确保总线上不会连续出现 6 个相同的位。在接收节点上做相应的逆向处理,即可保证数据传输的准确性。

10.2.3　GD32F4xx 系列微控制器的 CAN 外设简介

GD32F4xx 系列微控制器所搭载的 CAN 总线控制器遵循 CAN 总线协议 2.0A、2.0B、ISO 11891 - 1:2015 和 BOSCH CAN - FD 规范,可以处理总线上的数据收发,具有 28 个过滤器用于筛选并接收用户需要的消息。用户可以通过 3 个发送邮箱将待发送数据传输至总线,邮箱发送的顺序由发送调度器决定,并通过 2 个深度为 3 的接收 FIFO 获取总线上的数据,接收 FIFO 的管理完全由硬件控制。同时 CAN 总线控制器硬件支持时间触发通信(Time-trigger Communication)功能,但由于时间触发通信模式使用较少,本章暂不涉及。

1. 通信模式

CAN 总线控制器有 4 种通信模式,如图 10-10 所示。

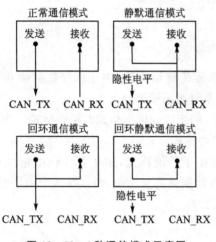

图 10-10 4 种通信模式示意图

在静默通信模式下,可以从 CAN 总线接收数据,但不向总线发送任何数据。该模式可以用来监控 CAN 网络上的数据传输。

回环通信模式通常用于 CAN 通信自测。在该模式下,由 CAN 总线控制器发送的数据可以被自己接收并存入接收 FIFO,同时这些发送数据也送至 CAN 网络。但接收端只接收本节点发送端的内容,不接收来自总线上的内容。

回环静默通信模式是以上两种模式的结合。在该模式下,节点既不从总线上接收数据,也不向总线发送数据,其发送的数据仅可以被自己接收。与回环通信模式类似,回环静默通信模式通常用于 CAN 通信自测,但又不对总线产生任何干扰。

正常(Normal)通信模式指节点既可以从 CAN 总线接收数据,也可以向 CAN 总线发送数据。

2. 位时序与同步

与 CAN 通信协议不同,GD32F4xx 系列微控制器的 CAN 总线控制器将位时间分为 3 部分。

① 同步段(Synchronization Segment),记为 SS,该段占用 1 个时间单元(1Tq)。

② 位段 1(Bit Segment 1),记为 BS1,该段占用 1~16 个时间单元。相对于 CAN 协议而言,BS1 相当于 PDS 和 PBS1。

③ 位段 2(Bit Segment 2),记为 BS2,该段占用 1~8 个时间单元。相对于 CAN 协议而言,BS2 相当于 PBS2。

采样点位于 BS1 与 BS2 的交界处,设置各段的最终目的,是为了能在正确的时间内采集总线电平信号。

再同步补偿宽度 SJW 对 CAN 网络节点同步误差进行补偿,占用 1~4 个时间单元。

有效跳变定义为:在 CAN 控制器,没有发送隐性位时,一个位时间内显性位到隐性位的第一次转变。如果有效跳变在 BS1 期间被检测到,而不是 SS 期间,则 BS1 将最多被延长 SJW,因此采样点延时。相反,如果有效跳变在 BS2 期间被检测到,而不是 SS 期间,则 BS2 将最多被缩短 SJW,因此采样点提前。配置 CAN 控制器时仅需要写入 SJW 值,剩余工作将由硬件来完成。SJW 值越大,CAN 总线的通信速度越慢。

对比 CAN 协议,GD32 CAN 控制器的位时序如图 10-11 所示。

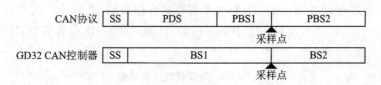

图 10-11　CAN 控制器与 CAN 协议位时序对比

3. 波特率

波特率指每秒传输码元的数目,而比特率为每秒传输的比特(bit)数。由于 CAN 传输协议使用 NRZ 编码(即高电平表示 1,低电平表示 0),此时比特率与波特率在数值上相等。

波特率的计算公式如下:

$$BaudRate = \frac{1}{T_{Tq} \cdot T_{1bit}}$$

其中,单个时间单元的时长为

$$T_{Tq} = \frac{1}{\dfrac{f_{APB1}}{Prescaler}} = \frac{Prescaler}{f_{APB1}}$$

一个数据位所包含的时间单元数:

$$T_{1bit} = T_{SS} + T_{BS1} + T_{BS2} = N \cdot T_q$$

注意:在实际通信中采用的波特率不能超过 CAN 总线规定的通信最高速率 1 Mbps。

4. 过滤器

I^2C 总线协议采用地址来区分节点,而在 CAN 协议中,消息的标识符与节点地址无关,但与消息内容有关。因此,发送节点将报文广播给所有接收器时,接收节点会根据报文标识符的值来确定软件是否需要该消息。为了简化软件的工作,GD32F4xx 系列微控制器的 CAN 外设接收报文前会先使用验收过滤器检查,只接收需要的报文到 FIFO 中。如果使能了过滤器,且报文的 ID 与所有过滤器的配置都不匹配,CAN 控制器就会丢弃该报文,不存入接收 FIFO。每个 FIFO 至少使能一个过滤器,否则所有报文均视为无效。在同一个 FIFO 中使用多个过滤器时,只要报文能通过任意一个激活的过滤器,则该帧就视为有效报文。

根据过滤 ID 长度分类,CAN 过滤器的工作模式有以下两种:

① 一个 32 位过滤器,检查 SFID[10:0]、EFID[17:0]、IDE 和 RTR 位。

② 两个 16 位过滤器,检查 SFID[10:0]、RTR、IDE 和 EFID[17:15]。

根据过滤模式分类,有以下两种模式:

① 标识符列表模式:对于一个待过滤的数据帧的标识符(Identifier),标识符列表模式用来表示与预设的标识符列表中能够匹配则通过,否则丢弃。把要接收报文的 ID 列成表,要求报文 ID 与列表中的某一个标识符完全一致才可以接收。

② 掩码模式:对于一个待过滤的数据帧的标识符(Identifier),掩码模式用来指定哪些位必须与预设的标识符相同,哪些位无需判断。把可接收报文 ID 的某几位作为列表,这几位被称为掩码。当掩码位为 1 时表示该位需要与预设 ID 值一致,为 0 则表示该位可以不一致。可以把它理解成关键字搜索,只要掩码(关键字)相同,就符合要求。如表 10-4 所列,在掩码模

式下,第一个寄存器存储要筛选的 ID,第二个寄存器存储掩码,掩码为 1 的部分表示该位必须
与 ID 中的内容一致,筛选的结果为表中第三行的 ID 值,它是一组包含多个 ID 的值,其中 x 表
示该位可以为 1 或 0。

表 10 - 4   掩码模式工作示意

ID	1	0	0	1
掩 码	1	1	0	0
筛选的 ID	1	0	x	x

综合上述筛选 ID 长度与过滤模式,过滤器的 4 种工作模式及对应的寄存器配置如图 10 - 12
所示。其中,表格内为寄存器名称及所处的位段。

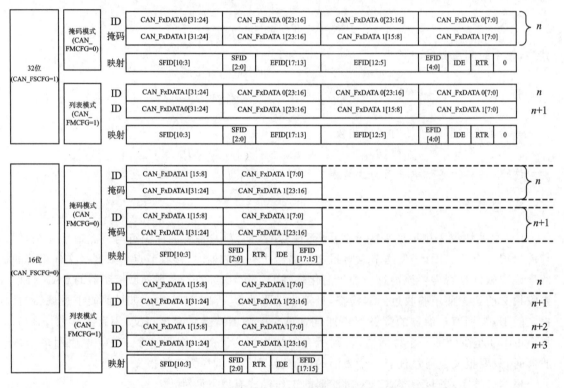

图 10 - 12   过滤器的 4 种工作模式及对应的寄存器配置

在实际配置过程中,需要根据所采用的过滤器工作模式和长度,利用固件库函数配置相对
应的过滤器单元。过滤序号将自动编号并存储到接收 FIFO 邮箱属性寄存器(CAN_
RFIFOMPx)中。如果一个帧通过了 FIFO0 中过滤序号 10(Filter Number＝10)的过滤单元,
那么该帧的过滤索引为 10,这时 CAN_RFIFOMPx 中的 FI 值为 10。

10.2.4　CAN 数据接收和数据发送路径

CAN 数据接收过程如图 10 - 13 所示,具体为:①CAN 控制器检测到总线上有数据传送,
将通过过滤器判断是否接收该数据帧;②如果数据帧通过过滤器,则被保存至 CAN 接收邮
箱,并产生中断,将数据复制到接收结构体中,最后通过 EnQueue 函数将数据保存到数据接收

缓冲区;③通过在 CAN 顶层应用中每隔一段时间调用 ReadCAN0 函数,将数据从接收缓冲区取出,并且显示在 GUI 上。

图 10 - 13　CAN 数据接收过程

　　CAN 数据发送过程如图 10 - 14 所示,具体为:①用户在 GUI 中输入 ID 并发送数据,单击 Send 按钮后 CAN 顶层调用 WriteCAN0 函数;②WriteCAN0 函数为发送管理结构体各成员赋值,最后调用 can_message_transmit 函数,将数据传送至 CAN 发送邮箱,最终由硬件发送到 CAN 总线上。

图 10 - 14　CAN 数据发送过程

10.2.5　CAN 部分固件库函数

　　下面简要介绍本章实验中用到的部分固件库函数,这些函数均在 gd32f4xx_can.h 文件中声明,在 gd32f4xx_can.c 文件中实现。

1. can_init

can_init 函数的功能是初始化 CAN 外设,具体描述如表 10 - 5 所列。

表 10 - 5　can_init 函数的描述

函数名	can_init
函数原型	ErrStatus can_init(uint32_t can_periph, can_parameter_struct * can_parameter_init)
功能描述	初始化 CAN 外设
输入参数 1	CANx(x =0,1):CAN 外设选择
输入参数 2	can_parameter_init:初始化结构体,结构体成员参考表
输出参数	无
返回值	ErrStatus:SUCCESS 或 ERROR,配置成功或失败

can_parameter_struct 结构体成员变量定义如表 10 - 6 所列。

表 10 - 6　can_parameter_struct 结构体成员变量定义

成员名称	功能描述
working_mode	工作模式(CAN_NORMAL_MODE, CAN_LOOPBACK_MODE, CAN_SILENT_MODE,CAN_SILENT_LOOPBACK_MODE)
resync_jump_width	再同步补偿宽度(CAN_BT_SJW_xTQ)(x=1,2,3,4)

成员名称	功能描述
time_segment_1	位段 1(CAN_BT_BS1_xTQ)(x=1,2,3,…,16)
time_segment_2	位段 2(CAN_BT_BS2_xTQ)(x=1,2,3,…,16)
time_triggered	时间触发通信模式(ENABLE,DISABLE)
auto_bus_off_recovery	自动离线恢复(ENABLE,DISABLE)
auto_wake_up	自动唤醒(ENABLE,DISABLE)
auto_retrans	自动重传(ENABLE,DISABLE)
rec_fifo_overwrite	接收 FIFO 满时覆盖(ENABLE,DISABLE)
trans_fifo_order	发送 FIFO 顺序(ENABLE,DISABLE) (为 ENABLE 时按照存入发送邮箱的先后顺序发送)
prescaler	波特率分频系数(整数)

2. can_filter_init

can_filter_init 函数的功能是初始化 CAN 过滤器,具体描述如表 10 - 7 所列。

表 10 - 7　can_filter_init 函数的描述

函数名	can_filter_init
函数原型	void can_filter_init(can_filter_parameter_struct * can_filter_parameter_init);
功能描述	CAN 过滤器初始化
输入参数	can_filter_parameter_init:过滤器初始化结构体
输出参数	无
返回值	void

can_filter_parameter_struct 结构体成员变量定义如表 10 - 8 所列。

表 10 - 8　can_filter_parameter_struct 结构体成员变量的定义

成员名称	功能描述
filter_list_high	过滤器列表数高位(4 位十六进制整数)
filter_list_low	过滤器列表数低位(4 位十六进制整数)
filter_mask_high	过滤器掩码数高位(4 位十六进制整数)
filter_mask_low	过滤器掩码数低位(4 位十六进制整数)
filter_fifo_number	接收 FIFO 编号(0,1)
filter_number	过滤器索引号(0,1,2,…,13)
filter_mode	过滤模式:列表模式/掩码模式 (CAN_FILTERMODE_LIST,CAN_FILTERMODE_MASK)
filter_bits	过滤器位宽(CAN_FILTERBITS_xBIT)(x=16,32)
filter_enable	过滤器是否工作(ENABLE,DISABLE)

其中,filter_list_high、filter_list_low、filter_mask_high 和 filter_mask_low 结构体成员的内容会在不同的过滤模式、过滤器位宽下对应不同的内容,如表 10-9 所列。假设现在有 4 个各不相同的 ID,其命名为 IDx(x=1,2,3,4)。

表 10-9　不同模式下各结构体成员的内容

模　式	filter_list_high	filter_list_low	filter_mask_high	filter_mask_low
32 位列表模式	ID1 的高 16 位	ID1 的低 16 位	ID2 的高 16 位	ID1 的低 16 位
16 位列表模式	ID1 的完整值	ID2 的完整值	ID3 的完整值	ID4 的完整值
32 位掩码模式	ID1 的高 16 位	ID1 的低 16 位	ID1 高 16 位掩码	ID1 低 16 位掩码
16 位掩码模式	ID1 的完整值	ID2 的完整值	ID1 的完整掩码	ID2 的完整掩码

3. can_message_transmit

can_message_transmit 函数的功能是传输 CAN 报文,具体描述如表 10-10 所列。

表 10-10　can_message_transmit 函数的描述

函数名	can_message_transmit
函数原型	uint8_t can_message_transmit(uint32_t can_periph, can_trasnmit_message_struct * transmit_message)
功能描述	CAN 传输报文
输入参数 1	CANx(x=0,1):CAN 外设选择
输入参数 2	transmit_message:报文发送结构体
输出参数	无
返回值	0x00~0x03:发送邮箱序号

can_trasnmit_message_struct 结构体定义如表 10-11 所列。

表 10-11　can_trasnmit_message_struct 结构体的定义

成员名称	功能描述
tx_sfid	标准格式帧标识符(0~0x7FF)
tx_efid	扩展格式帧标识符(0~0x1FFFFFFF)
tx_ff	帧格式:标准格式/扩展格式(CAN_FF_STANDARD,CAN_FF_EXTENDED)
tx_ft	帧类型:数据帧/远程帧(CAN_FT_DATA,CAN_FT_REMOTE)
tx_dlen	数据长度(0~8)
tx_data[8]	数据值

每当需要发送数据时,先为 tx_data 成员赋值,再调用 can_message_transmit 函数。

```
transmit_message.tx_data[0] = 10;
can_message_transmit(CAN0, &transmit_message);
```

4. can_message_receive

can_message_receive 函数的功能是接收 CAN 报文,具体描述如表 10-12 所列。

表 10 - 12　can_message_receive 函数的描述

函数名	can_message_receive
函数原型	void can_message_receive(uint32_t can_periph, uint8_t fifo_number, can_receive_message_struct * receive_message);
功能描述	CAN 接收报文
输入参数 1	CANx(x=0,1):CAN 外设选择
输入参数 2	CAN_FIFOx:FIFO 编号(x=0,1)
输入参数 3	receive_message:接收报文结构体
输出参数	无
返回值	void

can_receive_message_struct 结构体成员变量定义如表 10-13 所列。

表 10 - 13　can_receive_message_struct 结构体成员变量的定义

成员名称	功能描述
rx_sfid	标准格式帧标识符(0~0x7FF)
rx_efid	扩展格式帧标识符(0~0x1FFFFFFF)
rx_ff	帧格式:标准格式/扩展格式(CAN_FF_STANDARD, CAN_FF_EXTENDED)
rx_ft	帧类型:数据帧/远程帧(CAN_FT_DATA, CAN_FT_REMOTE)
rx_dlen	数据长度(0~8)
rx_data[8]	数据值
rx_fi	过滤器

在本章实验中,首先初始化接收结构体:

```
can_receive_message_structreceive_message;    //初始化结构体
```

在中断服务函数中,调用 can_message_receive 函数将报文从 FIFO 复制到报文接收结构体,并将对应的值赋给相应的结构体成员。

```
can_message_receive(CAN0, CAN_FIFO0, &receive_message);
```

取出接收数据操作如下:

```
uint8_t can0_val_rx = 0;
can0_val_rx = receive_message.rx_data[0];
```

10.3　实验代码解析

10.3.1　CAN 文件对

1. CAN.h 文件

在 CAN.h 文件的"宏定义"区,首先定义了 CAN 的波特率,如程序清单 10-1 所示。在本实验中仅保留"♯define CAN_BAUDRATE 1000",将波特率设置为 1 Mbps。注释处给出了不同波特率下的宏定义,可根据实际需求进行选择。

程序清单 10 - 1

```
1.   //CAN 速度配置
2.   //1 Mbps
3.   #define CAN_BAUDRATE   1000
4.   //500 Kbps
5.   //#define CAN_BAUDRATE   500
6.   //250 Kbps
7.   //#define CAN_BAUDRATE   250
8.   //125 Kbps
9.   //#define CAN_BAUDRATE   125
10.  //100 Kbps
11.  //#define CAN_BAUDRATE   100
12.  //50 Kbps
13.  //#define CAN_BAUDRATE   50
14.  //20 Kbps
15.  //#define CAN_BAUDRATE   20
```

在"API 函数声明"区,声明了 3 个 API 函数,如程序清单 10 - 2 所示。InitCAN 函数用于初始化 CAN 模块,WriteCAN0 函数用于发送数据,ReadCAN0 函数用于接收数据。

程序清单 10 - 2

```
void InitCAN(void);                    //初始化 CAN 模块
void WriteCAN0(u32 id, u8 * buf, u32 len);    //CAN0 发送数据
u32  ReadCAN0(u8 * buf, u32 len);      //接收 CAN0 数据
```

2. CAN. c 文件

在 CAN. c 文件的"内部变量"区,首先声明了 s_structCANRecCirQue 变量用于存放 CAN 接收的数据,并定义了 s_arrRecBuf 数组作为 CAN 接收循环队列缓冲区,如程序清单 10 - 3 所示。

程序清单 10 - 3

```
static StructCirQue   s_structCANRecCirQue;     //CAN 接收循环队列
static unsigned char s_arrRecBuf[1024];         //CAN 接收循环队列缓冲区
```

在"内部函数声明"区,声明了 ConfigCAN0 函数,用于配置 CAN0,如程序清单 10 - 4 所示。

程序清单 10 - 4

```
static  void  ConfigCAN0(void);        //配置 CAN0
```

在"内部函数实现"区,首先实现了 ConfigCAN0 函数,如程序清单 10 - 5 所示。

① 第 3～4 行代码:定义 CAN 初始化结构体和 CAN 过滤器结构体。

② 第 6～19 行代码:使能 CAN0 时钟及相关 GPIO 口的时钟。CAN 通信采用的是 CAN0_RX 和 CAN_TX 两个引脚,分别连接到 PA11 和 PA12 引脚,因此通过 gpio_af_set、gpio_mode_set、gpio_output_options_set 三个函数,分别设置这两个引脚的复用功能、输出模

式和功能,并将 PA11 引脚配置为上拉输入模式,PA12 引脚配置为悬空输出模式。

③ 第 21~23 行代码:调用相关初始化函数,将所有相关寄存器恢复为初始值。

④ 第 25~66 行代码:can_init 函数用于初始化 GD32F4 蓝莓派开发板上的 CAN0 外设。首先将 CAN 配置为回环通信模式,BS1 长度设置为 5Tq,BS2 长度设置为 4Tq,分频系数设置为 5。由于 APB1 时钟总线速度为 50 MHz,故此时的通信波特率为

$$\text{BaudRate} = \cfrac{1}{\cfrac{5}{50} \times (1+5+4)} \text{ Mbps} = 1 \text{ Mbps}$$

⑤ 第 68 行~80 行代码:can_filter_init 函数用于初始化 CAN 过滤器。配置过滤器为 32 bit 长度的掩码模式,序号为 0。本实验中,需要接收数据的 ID 为 0x05A5,则设置过滤器列表寄存器过程如下:

根据图 10-12 可知,在其标准 ID 区域后面仍有 21 位数据,将其左移 21 位后,与 0xFFFF0000 相与(取高 16 位),最后得出高位设置为

```
can_filter_parameter.filter_list_high = (((uint32_t)0x5A5 << 21)&0xffff0000) >> 16;
```

关于低 16 位,只需与 0xFFFF 相与(取低 16 位),最后得出低位设置为

```
(((uint32_t)0x5A5 << 21)&0xffff)
```

设置过滤器掩码高低位均为 0xFFFF,即 ID 所有位均与 ID 一致才能通过过滤。此处的过滤器取值仅为示例,在实际应用中很少将掩码配置为全部筛选。

⑥ 第 82~84 行代码:通过 can_interrupt_enable 函数使能 FIFO0 非空中断,并通过 nvic_irq_enable 函数使能 CAN 中断。

程序清单 10-5

```
1.   static  void  ConfigCAN0(void)
2.   {
3.      can_parameter_struct        can_init_parameter;        //CAN 初始化参数
4.      can_filter_parameter_struct can_filter_parameter;      //CAN 过滤器初始化参数
5.
6.      //使能 RCU 相关时钟
7.      rcu_periph_clock_enable(RCU_CAN0);                      //使能 CAN 时钟
8.      rcu_periph_clock_enable(RCU_GPIOA);                     //使能 GPIOA 的时钟
9.
10.     //配置 CAN0 GPIO
11.     //TX
12.     gpio_af_set(GPIOA, GPIO_AF_9, GPIO_PIN_11);
13.     gpio_mode_set(GPIOA, GPIO_MODE_AF, GPIO_PUPD_PULLUP,GPIO_PIN_11);
14.     gpio_output_options_set(GPIOA, GPIO_OTYPE_PP, GPIO_OSPEED_MAX,GPIO_PIN_11);
15.
16.     //RX
17.     gpio_af_set(GPIOA, GPIO_AF_9, GPIO_PIN_12);
18.     gpio_mode_set(GPIOA, GPIO_MODE_AF, GPIO_PUPD_NONE.GPIO_PIN_12);
19.     gpio_output_options_set(GPIOA, GPIO_OTYPE_PP, GPIO_OSPEED_MAX,GPIO_PIN_12);
20.
21.     //初始化参数结构体
```

```
22.     can_struct_para_init(CAN_INIT_STRUCT, &can_init_parameter);        //CAN 参数设为默认值
23.     can_struct_para_init(CAN_FILTER_STRUCT, &can_filter_parameter);//过滤器参数设为默认值
24.
25.     //初始化 CAN0 寄存器
26.     can_deinit(CAN0);
27.
28.     //初始化 CAN0 参数
29.     can_init_parameter.time_triggered          = DISABLE;   //禁用时间触发通信
30.     can_init_parameter.auto_bus_off_recovery = DISABLE;   //通过软件手动从离线状态恢复
31.     can_init_parameter.auto_wake_up            = DISABLE;   //通过软件手动从睡眠工作模式唤醒
32.     can_init_parameter.auto_retrans            = DISABLE;   //使能自动重发
33.     can_init_parameter.rec_fifo_overwrite      = DISABLE;   //使能接收 FIFO 满时覆盖
34.     can_init_parameter.trans_fifo_order        = DISABLE;   //标识符(Identifier)较小的帧先发送
35.     can_init_parameter.working_mode            = CAN_NORMAL_MODE;   //正常通信模式
36.     can_init_parameter.resync_jump_width       = CAN_BT_SJW_1TQ;    //再同步补偿宽度
37.     can_init_parameter.time_segment_1          = CAN_BT_BS1_5TQ;    //位段 1
38.     can_init_parameter.time_segment_2          = CAN_BT_BS2_4TQ;    //位段 2
39.
40.     //1 Mbps
41. #if CAN_BAUDRATE == 1000
42.     can_init_parameter.prescaler = 5;
43.     //500 Kbps
44. #elif CAN_BAUDRATE == 500
45.     can_init_parameter.prescaler = 10;
46.     //250 Kbps
47. #elif CAN_BAUDRATE == 250
48.     can_init_parameter.prescaler = 20;
49.     //125 Kbps
50. #elif CAN_BAUDRATE == 125
51.     can_init_parameter.prescaler = 40;
52.     //100 Kbps
53. #elif  CAN_BAUDRATE == 100
54.     can_init_parameter.prescaler = 50;
55.     //50 Kbps
56. #elif  CAN_BAUDRATE == 50
57.     can_init_parameter.prescaler = 100;
58.     //20 Kbps
59. #elif  CAN_BAUDRATE == 20
60.     can_init_parameter.prescaler = 250;
61. #else
62.     #error "please select list can baudrate in private defines in main.c"
63. #endif
64.
65.     //初始化 CAN0
```

```
66.    can_init(CAN0, &can_init_parameter);
67.
68.    //初始化过滤器参数
69.    can_filter_parameter.filter_number    = 0;                              //过滤器单元编号
70.    can_filter_parameter.filter_mode      = CAN_FILTERMODE_MASK;            //掩码模式
71.    can_filter_parameter.filter_bits      = CAN_FILTERBITS_32BIT;           //32 位过滤器
72.    can_filter_parameter.filter_list_high = (((uint32_t)0x5A5 << 21)&0xffff0000) >> 16;
                                                                               //标识符高位
73.    can_filter_parameter.filter_list_low  = (((uint32_t)0x5A5 << 21)&0xffff);
                                                                               //标识符低位
74.    can_filter_parameter.filter_mask_high = 0xFFFF;                         //掩码高位
75.    can_filter_parameter.filter_mask_low  = 0xFFFF;                         //掩码低位
76.    can_filter_parameter.filter_fifo_number = CAN_FIFO0;                    //关联 FIFO
77.    can_filter_parameter.filter_enable    = ENABLE;                         //使能过滤器
78.
79.    //初始化过滤器
80.    can_filter_init(&can_filter_parameter);
81.
82.    //配置 CAN0 中断
83.    can_interrupt_enable(CAN0, CAN_INT_RFNE0);    //使能 FIFO0 非空中断 CAN0_RX1_IRQn
84.    nvic_irq_enable(CAN0_RX0_IRQn, 0, 0);         //使能 CAN 中断
85.  }
```

在 ConfigCAN0 函数实现区后为 CAN0_RX0_IRQHandler 中断服务函数的实现代码,如程序清单 10 - 6 所示。

① 第 1~6 行代码:当 CAN0 接收到数据时,调用 can_message_receive 函数把报文从 FIFO 复制到接收结构体。

② 第 8~13 行代码:报文成功通过 CAN 过滤器,接收结构体存储相关的信息后,对其再次进行简单的检查,检查其校验是否为标准格式。若是,则将数据保存到数据缓冲区。

程序清单 10 - 6

```
1.    void CAN0_RX0_IRQHandler (void)
2.    {
3.      //接收管理结构体
4.      static can_receive_message_struct s_structReceiveMessage;
5.      //获取 CAN 邮箱中的数据
6.      can_message_receive(CAN0, CAN_FIFO0, &s_structReceiveMessage);
7.      //校验是否为标准格式
8.      if(CAN_FF_STANDARD == s_structReceiveMessage.rx_ff)
9.      {
10.       //将数据保存到数据缓冲区
11.       EnQueue(&s_structCANRecCirQue, s_structReceiveMessage.rx_data, s_structReceiveMessage.rx_dlen);
12.     }
13.   }
```

在"API 函数实现"区,首先实现了 InitCAN 函数,如程序清单 10 - 7 所示。该函数的作用为初始化用于存放 CAN 接收和发送数据的队列,并且调用 ConfigCAN0 函数初始化 CAN0 外设。

① 第 5 行代码:初始化接收循环队列,其长度与接收循环队列缓冲区 s_arrRecBuf 相等。

② 第 6～9 行代码:将接收缓冲区 s_arrRecBuf 全部清零。

③ 第 11 行代码:调用 ClearQueue 函数,清空接收循环队列。

④ 第 12 行代码:调用 ConfigCAN0 函数,配置 CAN 的 GPIO。

程序清单 10 - 7

```
1.    void InitCAN(void)
2.    {
3.      u32 i;
4.      //初始化队列
5.      InitQueue(&s_structCANRecCirQue, s_arrRecBuf, sizeof(s_arrRecBuf) / sizeof(unsigned char));
6.      for(i = 0; i < sizeof(s_arrRecBuf) / sizeof(unsigned char); i++)
7.      {
8.        s_arrRecBuf[i] = 0;
9.      }
10.     //清空队列
11.     ClearQueue(&s_structCANRecCirQue);
12.     ConfigCAN0();               //配置 CAN 的 GPIO
13.   }
```

在 InitCAN 函数实现区后为 WriteCAN0 函数的实现代码,如程序清单 10 - 8 所示。

① 第 3～13 行代码:初始化发送管理结构体,其中 id 为用户在 GUI 中输入的 ID,为标准标识符,帧类型为数据帧。

② 第 17～29 行代码:dataRemain 变量表示剩余的字符数量,并且在 while 循环中作为执行判断条件。初始时,dataRemain 变量的值与数组长度相等,当需要发送的字符数量小于 8 时,dataRemain 变量将会被清零,此时循环只会执行一次。而当需要发送的字符数量大于或等于 8 时,由于 CAN 每次最多只能发送 8 个字符,此时 dataRemain 将会被减去 8,表示在本次循环中将发送 8 个字符,余下字符将会在下一次循环中发送。

③ 第 31～35 行代码:依次将缓冲区中的数据赋值给 CAN 发送结构体的 tx_data 成员,并由 sendCnt 变量记录已发送数据的数量,以便程序能够准确地从缓冲区读取剩余的字符。

④ 第 37 行代码:将发送数据的长度复制给 tx_dlen,设置发送数据量。

⑤ 第 39～51 行代码:调用 can_transmit_states 函数查询 CAN_TSTAT 寄存器的 MTFx、MTFNERx 及 TMEx 位。为保证数据发送顺序正确,等待 3 个发送邮箱都跳出 pending 状态时,程序方可继续执行,最终调用 can_message_transmit 函数发送数据。

程序清单 10 - 8

```
1.    void WriteCAN0(u32 id, u8 * buf, u32 len)
2.    {
3.      //发送管理结构体
4.      static can_trasnmit_message_struct s_structTransmitMessage;
5.      u32 sendCnt, sendLen, dataRemain, i;
6.
7.      //初始化发送管理结构体
8.      s_structTransmitMessage.tx_sfid = id;
9.      s_structTransmitMessage.tx_efid = 0x00;
```

```
10.    s_structTransmitMessage.tx_ft   = CAN_FT_DATA;
11.    s_structTransmitMessage.tx_ff   = CAN_FF_STANDARD;
12.    s_structTransmitMessage.tx_dlen = 1;
13.    s_structTransmitMessage.tx_data[0] = buf[0];
14.    //发送数据
15.    sendCnt = 0;
16.    dataRemain = len;
17.    while(dataRemain)
18.    {
19.      //一次最多发送8字节
20.      if(dataRemain >= 8)
21.      {
22.        sendLen = 8;
23.        dataRemain = dataRemain - 8;
24.      }
25.      else
26.      {
27.        sendLen = dataRemain;
28.        dataRemain = 0;
29.      }
30.      //从缓冲区中获取数据并保存到 s_structTransmitMessage 中
31.      for(i = 0; i < sendLen; i++)
32.      {
33.        s_structTransmitMessage.tx_data[i] = buf[sendCnt];
34.        sendCnt++;
35.      }
36.      //设置发送数据量
37.      s_structTransmitMessage.tx_dlen = sendLen;
38.      //等待3个邮箱均为空
39.      while(1)
40.      {
41.      if((CAN_TRANSMIT_PENDING != can_transmit_states(CAN0, 0)) &&
42.         (CAN_TRANSMIT_PENDING != can_transmit_states(CAN0, 1)) &&
43.         (CAN_TRANSMIT_PENDING != can_transmit_states(CAN0, 2)))
44.        {
45.          break;
46.        }
47.      }
48.      //发送
49.      can_message_transmit(CAN0, &s_structTransmitMessage);
50.    }
51.  }
```

在 WriteCAN0 函数实现区后为 ReadCAN0 函数的实现代码,如程序清单 10 - 9 所示。该函数在 CANTop. c 文件中被调用,将 CAN0 接收的数据存放在接收缓存器。首先调用

QueueLength 函数获取队列中的数据长度,再在队列中逐个读出,将数据返回至 CAN 应用层中,最终显示在 GUI 上。

程序清单 10-9

```
1.  u32 ReadCAN0(u8 * buf, u32 len)
2.  {
3.    u32 rLen, size;
4.
5.    //获取队列中数据量
6.    size = QueueLength(&s_structCANRecCirQue);
7.
8.    if(0 != size)
9.    {
10.     //从队列中读出数据
11.     rLen = DeQueue(&s_structCANRecCirQue, buf, len);
12.     return rLen;
13.   }
14.   else
15.   {
16.     //读取失败
17.     return 0;
18.   }
19. }
```

10.3.2　Main. c 文件

在 Proc2msTask 函数中调用 CANTopTask 函数,每 40 ms 执行一次 CAN 实验应用层模块任务,如程序清单 10-10 所示。

程序清单 10-10

```
1.  static void Proc2msTask(void)
2.  {
3.    static u8 s_iCnt = 0;
4.    if(Get2msFlag())            //判断 2 ms 标志位状态
5.    {
6.      //调用闪烁函数
7.      LEDFlicker(250);
8.
9.      //文件系统任务
10.     LEDFlicker(250);          //调用闪烁函数
11.     s_iCnt ++;
12.     if(s_iCnt >= 20)
13.     {
14.       s_iCnt = 0;
15.       CANTopTask();
16.     }
17.     Clr2msFlag();             //清除 2 ms 标志位
18.   }
19. }
```

10.3.3 实验结果

下载程序并进行复位,可以观察到开发板上的 LCD 屏幕显示 CAN 通信实验的 GUI 界面。检查 J$_{707}$ 跳线帽是否接至 CAN 一侧。将 CAN 转 USB 模块的 USB 端接入计算机,模块将会亮起黄灯,打开设备管理器查看模块对应的串口号(这里为 COM9)。使用公对母头杜邦线将模块的 TX 引脚接到开发板 J$_{705}$ 上的 CANH 接口,将 RX 引脚接到 CANL 接口,如图 10-15 所示。

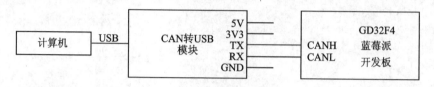

图 10-15　模块连接示意图

1. 将数据从计算机发送到开发板

打开配套资料包"\02.相关软件"文件夹下的"UART 转 CAN 配置软件.exe"软件,单击"串口设置"弹出如图 10-16 所示对话框,设置端口和波特率,单击"打开"按钮。若未能检测到串口,请检查模块是否亮起黄色 LED 灯以及端口号是否与模块对应。

当配置软件显示如图 10-17 右侧所示内容时,说明模块连接成功且正常工作。然后参考图 10-17 左侧内容进行配置。

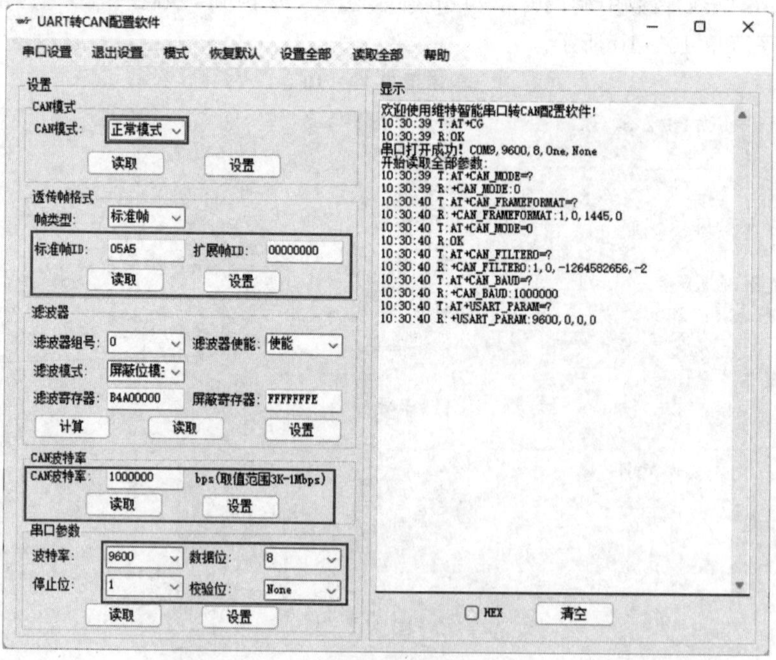

图 10-16　配置软件串口设置

图 10-17　配置软件主界面

单击"滤波器"栏下的"计算"按钮设置滤波器(过滤器),进入如图 10-18 所示的滤波器计算界面。在"可通过 ID 栏"中输入 5A5,"帧格式"选择"标准帧","帧类型"选择"数据帧",并单击"添加"按钮。

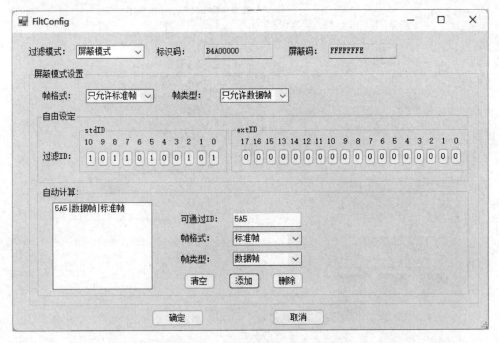

图 10-18　计算机端软件滤波器设置

单击"确定"按钮返回配置软件主界面。确保滤波器设置与图 10-17 中"滤波器"栏一致,则配置完成。完成上述设置后,单击上方菜单栏"设置全部"按钮,右侧显示区域出现如图 10-19 所示的提示信息,表示模块配置完成。

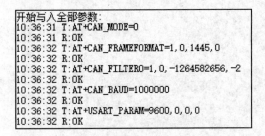

图 10-19　配置完成提示信息

单击"退出设置",进入发送界面,如图 10-20 所示。输入"123456"并单击"发送"按钮。数据发送成功后,开发板 LCD 屏上的终端将显示收到的数据,如图 10-21 所示。

2. 将数据从开发板发送到计算机

单击开发板屏幕上的 ID 框输入"5A5",并在 DATA 框中输入需要发送的数据"654321",单击 SEND 按钮发送数据,如图 10-21 所示。

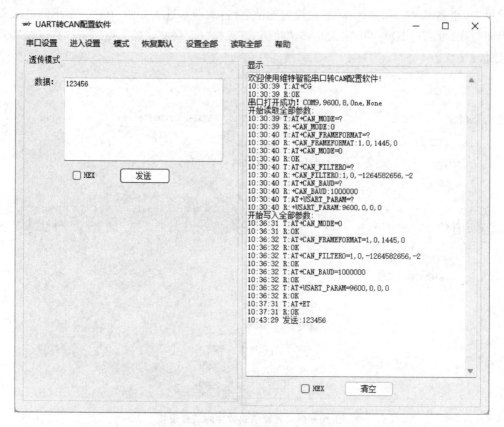

图 10 − 20　配置软件发送界面

图 10 − 21　CAN 通信实验 GUI 界面

　　数据发送成功后,计算机端 UART 转 CAN 配置软件的显示区域将会显示收到的数据, 如图 10 − 22 所示。

　　至此,计算机成功与开发板通信,表明 CAN 通信实验成功。

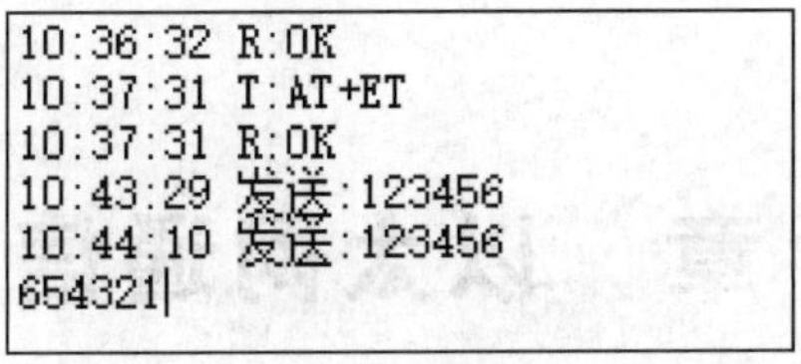

10:36:32 R:OK
10:37:31 T:AT+ET
10:37:31 R:OK
10:43:29 发送:123456
10:44:10 发送:123456
654321

图 10－22　计算机成功接收数据

本章任务

在实际应用中，CAN 将挂载多个不同的节点，以完成多个模块间的通信需求。在 GD32F4 蓝莓派开发板中，CAN_High 和 CAN_Low 两条信号线间并联了一个 120 Ω 的终端电阻，便于两个设备之间形成闭环总线网络。在本章实验的基础上，尝试将两块开发板按照图 10－23 所示的接线方式相连接，实现两块开发板之间的相互通信。

CANH
开发板A
CANL
CANH
开发板B
CANL

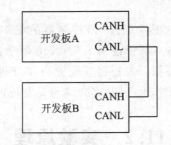

图 10－23　两板通信接线示意图

本章习题

1. CAN 协议如何实现位同步？

2. CAN 协议中的数据帧分为哪几段？简述各段的作用。

3. 若 APB1 时钟总线的频率为 60 MHz，且 BS1 与 BS2 均占用 4Tq，SJW 设置为 2Tq，预分频系数为 12，请计算当前参数下的波特率。

4. 简述过滤器的 4 种不同工作模式，以及其对应的配置方式。

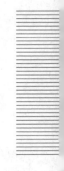

第 11 章　以太网通信实验

以太网是当前应用最普遍的局域网技术,其特点是原理简单、易于实现,同时成本又低,已逐渐发展成为业界主流的局域网技术。随着"物联网"通信时代的到来,基于嵌入式技术的系统开发在物联网中得到了广泛应用,因此,如何针对嵌入式系统扩展以太网通信功能,对于实现数据互通和实时共享具有重要的现实意义。

11.1　实验内容

本章的主要内容是介绍 GD32F470IIH6 微控制器的 ENET 外设、LAN8720 模块、LwIP 软件协议栈和 TCP/IP 协议,并重点解释说明 LAN8720 驱动代码。最后通过 LwIP 的 RAW API 编制接口,基于 GD32F4 蓝莓派开发板将其配置为 TCP 服务器,并将开发板与计算机连接,使用计算机端的网络调试助手作为 TCP 客户端与开发板进行通信。

11.2　实验原理

11.2.1　以太网模块

GD32F4 蓝莓派开发板带有以太网 RJ45 端口(HR911105A),其他设备通过该端口连接至以太网控制器 LAN8720 可实现以太网通信,以太网模块的电路原理图如图 11-1 所示。其中 RXER/PHYAD0 引脚悬空,LED1/REGOFF 和 LED2/nINTSEL 引脚分别与下拉电阻相连。LAN8720 通过 11 根信号线与 GD32F470IIH6 微控制器相连,如表 11-1 所列。

表 11-1　LAN8720 引脚连接表

序　号	名　　称	说　　明	引　脚
1	RMII_MDIO	SMI 数据线	PA2
2	RMII_MDC	SMI 时钟线	PC1
3	RMII_TXD[1:0]	RMII 数据发送数据线	PG14、PG13
4	RMII_TX_EN	RMII 数据发送使能线	PB11
5	RMII_RXD[1:0]	RMII 数据接收数据线	PC5、PC4
6	RMII_CRS_DV	RMII 载波侦听信号线	PA7
7	RMII_REF_CLK	RMII 参考时钟线	PA1
8	RMII_RST	芯片复位引脚	PC3

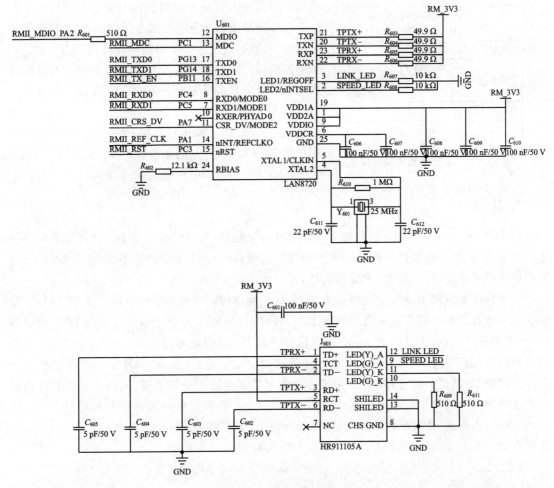

图 11-1　以太网模块电路原理图

11.2.2　网络协议简介

在计算机网络中要做到有条不紊地交换数据,就必须遵守一些约定。目前,国际上应用最广泛的为 TCP/IP 协议。TCP/IP 是一个庞大的协议族,IP 协议和 TCP 协议是其中非常重要的两个协议,因此用 TCP/IP 来表示整个协议大家族。

TCP/IP 协议栈是一系列网络协议的总和,是构成网络通信的核心骨架,它定义了电子设备如何连入因特网,以及数据如何在它们之间进行传输。标准的 TCP/IP 协议采用 4 层结构,分别为应用层、传输层、网络层和网络接口层。但是在介绍原理时,通常把网络接口层区分为物理层和数据链路层,如图 11-2 所示。

其中,位于顶层的应用层通过应用进程间的交互来完成特定网络应用,定义应用进程间通信和交互的规则。互联网中使用应用层协议非常多,如域名系统 DNS、HTTP 协议、支持电子邮件的 SMTP 协议等。运输层负责向两台主机中进程之间的通信提供通用的数据传输服务,应用进程利用该服务传送应用层报文,主要使用 TCP 协议和 UDP 协议。网络层使用 IP 协议,负责为分组交换网上的不同主机提供通信服务。在发送数据时,网络层把运输产生的报文段

应用层	各种应用层协议 (HTTP、FTP、SMTP等)
传输层	TCP、UDP
网络层	ICMP IGMP IP ARP
数据链路层	MAC
物理层	物理传输介质

图 11-2 TCP/IP 协议栈分层

或用户数据报封装成分组或包进行传输。网络层的另一个任务就是要选择合适的路由,使源主机运输层传下来的分组,能够通过网络中的路由器找到目的主机。数据链路层(MAC)将源计算机网络层的数据可靠地传输到相邻节点的目标计算机的网络层。在两个相邻节点之间传送数据时,数据链路层将网络层交下来的 IP 数据包组装成帧,每一帧包括数据和一些控制信息(例如同步信息、地址信息、差错控制等)。物理层(PHY)则规定了传输信号所需的物理电平、介质特征。

1. IP 协议

IP 协议(Internet Protocol)是整个 TCP/IP 协议栈的核心协议,也是最重要的互联网协议之一。由于 IP 协议在发送数据时不需要先建立连接,每一个分组(IP 数据报)独立发送,因此所传送的分组可能出错、丢失、重复和失序,同时也不能保证数据交付的时限。

为了标识互联网中每台主机的身份,每个接入网络中的主机都会被分配一个 IP 地址。IP 协议负责将数据报从源主机发送到目标主机,通过 IP 地址作为唯一识别。目前 IPv4 网络使用 32 位地址,以点分十进制表示,如 192.168.0.1。IPv4 的地址已经在 2011 年被耗尽,为解决该问题,目前正逐步切换至采用 128 位地址的 IPv6。

在发送 IP 数据报的过程中,IP 协议还可能对数据报进行分片处理,同时在接收数据报的时候还可能需要对分片的数据报进行重装等。一个 IP 数据报由首部和数据两部分组成。首部共 20 字节,描述 IP 数据报的一些信息,是所有 IP 数据报必须有的。在 LwIP 协议栈的 ip.h 文件中定义了 ip_hdr 结构体作为 IP 数据报的首部,代码如下:

```
PACK_STRUCT_BEGIN
struct ip_hdr {
  /* 版本 / 首部长度 */
  PACK_STRUCT_FIELD(u8_t _v_hl);
  /* 服务类型 */
  PACK_STRUCT_FIELD(u8_t _tos);
  /* 数据总长度 */
  PACK_STRUCT_FIELD(u16_t _len);
  /* 标识字段 */
  PACK_STRUCT_FIELD(u16_t _id);
  /* 标志与偏移 */
  PACK_STRUCT_FIELD(u16_t _offset);
#define IP_RF 0x8000U            /* 保留的标志位 */
#define IP_DF 0x4000U            /* 不分片标志位 */
#define IP_MF 0x2000U            /* 更多分片标志 */
#define IP_OFFMASK 0x1fffU       /* 用于分片的掩码 */
  /* 生存时间 */
  PACK_STRUCT_FIELD(u8_t _ttl);
```

```
    /* 上层协议 */
    PACK_STRUCT_FIELD(u8_t _proto);
    /* 校验和 */
    PACK_STRUCT_FIELD(u16_t _chksum);
    /* 源 IP 地址和目的 IP 地址 */
    PACK_STRUCT_FIELD(ip_addr_p_t src);
    PACK_STRUCT_FIELD(ip_addr_p_t dest);
} PACK_STRUCT_STRUCT;
PACK_STRUCT_END
```

2. TCP 协议

TCP 是 Transmission Control Protocol 的缩写,即传输控制协议,是一种面向连接的、可靠的、基于字节流的运输层通信协议,也是最常用的传输层协议。在使用 TCP 协议之前,必须先通过双方的 IP 地址建立 TCP 连接,数据传送完毕后,必须释放已经建立的连接。每一条 TCP 连接之间只能是点对点的。与 IP 协议不提供可靠传输服务不同,TCP 提供可靠交付的服务,传送的数据无差错、不丢失、不重复,并能按序到达。TCP 提供全双工通信,在建立连接后,允许通信双方的应用进程在任何时候都能发送数据。TCP 连接的两端都设有发送缓存和接收缓存,临时存放双向通信的数据。对可靠性要求高的通信系统往往使用 TCP 传输数据,例如应用层中的 HTTP、FTP 和 SSH 等协议。有关 TCP 连接的建立过程、拥塞控制、报文结构等这里不做详细介绍,感兴趣的读者可查阅相关资料自行学习了解。

3. 网络端口

TCP 协议的连接包括上层应用间的连接,而传输层与上层协议通过端口号进行识别,如 IP 协议中以 IP 地址作为识别一样。端口号的取值范围为 0~65 535,这些端口标识着上层应用的不同线程,一个主机内可能只有一个 IP 地址,但是可能有多个端口号,每个端口号表示不同的应用线程。一台拥有 IP 地址的主机可以提供许多服务,例如 Web 服务、FTP 服务、SMTP 服务等,这些服务完全可以通过 1 个 IP 地址来实现,并通过"IP 地址+端口号"来区分主机不同的线程。常见的 TCP 协议端口号有 21、53 和 80 等,其中 80 端口号最常见,也是 HTTP 服务器默认开放的端口。本实验中使用的 8080 端口在 TCP/IP 协议中没有固定用途,可以自行定义为任何服务的端口。

11.2.3　以太网外设 ENET 简介

GD32F470IIH6 微控制器内部集成了一个以太网外设 ENET,用于实现 MAC 层。ENET 采用 DMA 优化数据帧的发送与接收性能,支持 MII(媒体独立接口)与 RMII(简化的媒体独立接口)两种与物理层(PHY)通信的标准接口,实现以太网数据帧的发送与接收。ENET 模块遵循 IEEE 802.3—2002 标准和 IEEE 1588—2008 标准。图 11-3 所示是 ENET 的功能框图,该框图涵盖内容丰富。下面依次介绍 ENET 中以太网 PHY、站点管理接口、MII 与 RMII 数据接口和 MAC 数据包发送与接收。

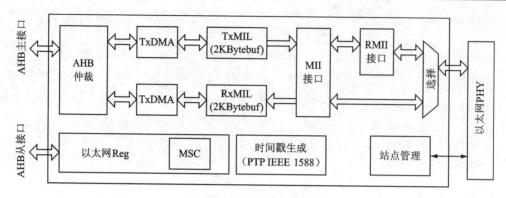

图 11-3   ENET 功能框图

1. 以太网 PHY

以太网 PHY 指外部实现物理层的硬件,物理层一般由一个 PHY 芯片实现其功能。本实验中的物理层由 LAN8720 芯片完成。

2. 站点管理接口

站点管理接口即 SMI 接口,SMI 是 MAC 内核访问 PHY 寄存器的接口。通过 SMI 接口能够读/写物理层 PHY 芯片中的寄存器,从而实现对 PHY 芯片的控制。SMI 接口由两根信号线组成,分别为数据线 MDIO 和时钟线 MDC。SMI 接口可以支持最多访问 32 个 PHY,但在任意时刻只能访问一个 PHY 芯片的一个寄存器。站点管理接口与 PHY 连接方式如图 11-4 所示。

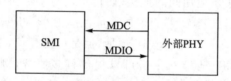

图 11-4   站点管理接口与 PHY 连接示意图

使用 SMI 读/写数据时需要提前将要传输的数据写入 ENET_MAC_PHY_DATA 寄存器中,并对 ENET_MAC_PHY_CTL 寄存器相关位进行操作:首先设置 PHY 设备地址和将要操作的 PHY 寄存器地址,并将 PW 位置 1,使能写模式;然后将 PB 位置 1 开始数据发送,在发送过程中 PB 位一直为 1,直到发送完成后硬件会自动清除 PB 位。

SMI 读数据的同时需要对 ENET_MAC_PHY_CTL 寄存器相关位进行操作:首先设置 PHY 设备地址和将要操作的寄存器地址,并将 PW 位置 0,使能读模式;然后将 PB 位置 1 开始数据接收,在接收过程中 PB 一直为 1,直到接收完成后硬件会自动清除 PB 位。

3. MII 与 RMII 数据接口

MII 与 RMII 接口均为 MAC 控制器(ENET)与 PHY 设备进行数据传输的接口,其中 RMII 为 MII 的简化版本,MII 需要 16 根信号线,RMII 只需要 7 根。如图 11-5 和图 11-6 所示分别为 MII 和 RMII 的连接示意图。关于信号线的详细介绍请参考《GD32F4xx 用户手册》。这里需要注意的是 MII 和 RMII 接口的时钟源，MII 使用外部 25 MHz 时钟作为 TX_CLK 和 RX_CLK 的时钟，RMII 使用同时接入 MAC 模块和 PHY 模块的 50 MHz 时钟。在本实验中使用的 PHY 设备为 LAN8720，该芯片只支持 RMII 接口，并且外接 25 MHz 晶振，通过内部 PLL 将频率提高到 50 MHz 供 RMII 使用。

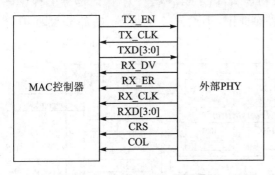

图 11 - 5　MII 信号线示意图

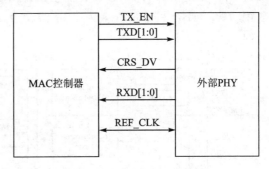

图 11 - 6　RMII 信号线示意图

4. MAC 数据包发送与接收

MAC 模块与 PHY 设备通常是通过数据包的格式进行数据收发的，MAC 数据包格式如图 11 - 7 所示。其中前导码用于使收发节点的时钟同步，内容为连续 7 字节的 0x55。帧首界定码用于区分前导段和数据段，内容为 0xD5。目标地址和源地址用于设置 MAC 地址。长度/类型部分描述了数据包的长度和类型。MAC 客户端数据即核心数据段。填充段用于补全不足 64 字节的数据。帧校验序列保存了 CRC 校验序列，用于检错。

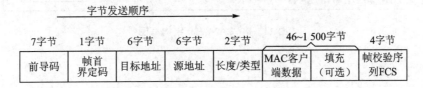

图 11 - 7　MAC 数据包格式

数据发送模块包括：TxDMA 控制器，用于从存储器中读取描述符和数据，以及将状态写入存储器。TxMTL 用于对发送数据的控制、管理和存储，内部含有 TxFIFO，用于缓冲待发送的数据。MAC 发送控制寄存器组，用于管理和控制数据帧的发送。数据发送由 ENET 中专用 DMA 控制器和 MAC 控制，在接收到应用程序发送指令后，DMA 将发送帧通过 AHB 总线从系统存储区读出并存入 TxFIFO 中。然后数据传输到 MAC 控制器，通过 MII/RMII 接口发送至以太网 PHY。当 MAC 控制器接收到来自 TxFIFO 的帧结束信号后，完成整个传输过程。

数据接收模块包括：RxDMA 控制器，用于从存储器中读取描述符，以及数据与状态写入存储器。RxMTL 用于对接收数据的控制、管理和存储，内部含有 RxFIFO，用于存储待转发到系统存储的帧数据。MAC 接收控制寄存器组，用于管理数据帧的接收和标识接收状态。MAC 内含有接收过滤器，采用多种过滤机制，滤除特定的以太网帧。数据接收到的数据包会首先存放在 RxFIFO，达到 FIFO 设定的阈值后会请求开启 DMA 传输。

11.2.4 LAN8720 简介

LAN8720 是一款集成度高、性价比高、引脚数少的以太网物理层收发器,共有 24 个引脚,支持 RMII 接口,与 HY911105A 插座相接构成物理层,由于引脚数较少,因此部分引脚存在复用功能。如图 11-8 所示为 LAN8720 的结构框图,下面对 LAN8720 的部分设置进行介绍。

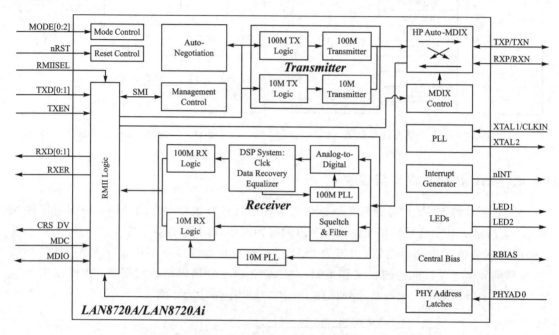

图 11-8 LAN8720 结构框图

1. nINT 引脚

nINT 引脚可以作为中断输出,也可以作为参考时钟输出(REFCLKO)。通过 LED2 引脚进行设置,因此 LED2 引脚也为 nINTSEL 引脚,用于选择中断引脚输出模式。当芯片复位后读取 LED2 引脚的电平可以设置不同的模式,本实验的 LED2 引脚外接下拉电阻,因此 nINT 引脚用作参考时钟输出模式。在参考时钟输出模式下,LAN8720 会将 25 MHz 的外部晶振提高到 50 MHz,并通过引脚输出给 RMII 作参考时钟。

2. 1.2 V 内部稳压器配置

LAN8720 需要 1.2 V 的电压给 VDDCR 供电,由于内部集成了 1.2 V 稳压器,因此可以通过 LED1 引脚进行配置。此时 LED1 引脚为 REGOFF 引脚,用于开启内部 1.2 V 稳压器。本实验中,LED1 引脚外接下拉电阻,因此默认开启内部 1.2 V 稳压器。

11.2.5 LwIP 简介

LwIP 是 Light weight IP 的缩写,即轻量化的 TCP/IP 协议,是瑞典计算机科学院(SICS)

Adam Dunkels 开发的一个小型开源的 TCP/IP 协议栈。LwIP 消耗少量的资源就可以实现一个较为完整的 TCP/IP 协议栈,在保持主要功能的基础上减少对 RAM 的占用,提供对 ARP 协议、TCP 协议、UDP 协议、IP 协议和 DHCP 协议等常用互联网协议的支持。另外 LwIP 既可以移植到操作系统上运行,也可以在无操作系统的情况下独立运行,但只能使用编程较为复杂的 RAW API 编程接口。在本章实验中采用的 LwIP 版本为 1.4.1。更多有关 LwIP 的详细信息,可前往 LwIP 官方网站查询。

11.3 实验代码解析

11.3.1 LAN8720 文件对

1. LAN8720. h 文件

在 LAN8720.h 文件的"API 函数声明区",声明了 1 个 API 函数,如程序清单 11-1 所示。该函数用于初始化 LAN8720 模块。

程序清单 11-1

```
void InitLAN8720(void);            //初始化以太网网卡驱动模块
```

2. LAN8720. c 文件

在 LAN8720.c 文件的"内部函数声明"区,定义了 3 个内部函数,其名称和功能如程序清单 11-2 所示。

程序清单 11-2

```
static void ConfigRCU(void);       //配置 RCU 时钟
static void ConfigGPIO(void);      //配置 GPIO
static void Reset(void);           //复位 LAN8720
```

下面将对 LAN8720.c 文件中部分重要函数进行介绍。在 LAN8720.c 文件的"内部函数实现"区,首先实现了 ConfigRCU 函数,用于开启对应的时钟,如程序清单 11-3 所示。

程序清单 11-3

```
1.    static void ConfigRCU(void)
2.    {
3.      rcu_periph_clock_enable(RCU_SYSCFG);
4.      rcu_periph_clock_enable(RCU_ENET);
5.      rcu_periph_clock_enable(RCU_ENETTX);
6.      rcu_periph_clock_enable(RCU_ENETRX);
7.      rcu_periph_clock_enable(RCU_GPIOA);
8.      rcu_periph_clock_enable(RCU_GPIOB);
9.      rcu_periph_clock_enable(RCU_GPIOC);
10.     rcu_periph_clock_enable(RCU_GPIOG);
11.   }
```

在 ConfigRCU 函数实现区后为 ConfigGPIO 函数的实现代码。如程序清单 11-4 所示,该函数用于初始化 LAN8720 使用到的引脚,具体引脚功能请参考表 11-1。

程序清单 11-4

```
1.    static void ConfigGPIO(void)
2.    {
3.      //ETH_MDIO
4.      gpio_af_set(GPIOA, GPIO_AF_11, GPIO_PIN_2);
5.      gpio_mode_set(GPIOA, GPIO_MODE_AF, GPIO_PUPD_NONE, GPIO_PIN_2);
6.      gpio_output_options_set(GPIOA, GPIO_OTYPE_PP, GPIO_OSPEED_MAX, GPIO_PIN_2);
7.      ...
8.    }
```

在 ConfigGPIO 函数实现区后为 Reset 函数的实现代码。如程序清单 11-5 所示,该函数用于复位 LAN8720 模块。

程序清单 11-5

```
1.    static void Reset(void)
2.    {
3.      gpio_bit_reset(GPIOC, GPIO_PIN_3);
4.      DelayNms(100);
5.      gpio_bit_set(GPIOC, GPIO_PIN_3);
6.    }
```

在"API 函数实现"区,为 InitLAN8720 函数的实现代码,如程序清单 11-6 所示。该函数用于初始化以太网网卡驱动模块。

① 第 6~12 行代码:对 LAN8720 使用到的 GPIO 和时钟进行初始化,并对 LAN8720 进行复位操作。

② 第 15 行代码:使用 syscfg_enet_phy_interface_config 函数选择 ENET 使用 RMII 模式。

③ 第 18 行代码:复位 ENET 模块,为初始化做准备。

④ 第 21 行代码:对 ENET 寄存器进行复位。

⑤ 第 30 行代码:使用 enet_init 函数对 ENET 外设进行初始化,输入参数为 ENET_AUTO_NEGOTIATION、ENET_AUTOCHECKSUM_DROP_FAILFRAMES 和 ENET_BROADCAST_FRAMES_PASS,分别表示设置 ENET 通信方式为 PHY 自协商、使能 IP 帧校验和功能并将帧过滤功能设置为接收所有帧。

程序清单 11-6

```
1.    void InitLAN8720(void)
2.    {
3.      ErrStatus status = ERROR;
4.
5.      //使能 RCU
6.      ConfigRCU();
7.
8.      //配置 GPIO
9.      ConfigGPIO();
10.
```

```
11.     //硬复位 LAN8720
12.     Reset();
13.
14.     //配置使用 RMII
15.     syscfg_enet_phy_interface_config(SYSCFG_ENET_PHY_RMII);
16.
17.     //复位以太网模块
18.     enet_deinit();
19.
20.     //软复位
21.     status = enet_software_reset();
22.     if(ERROR == status)
23.     {
24.       while(1){}
25.     }
26.
27.     //配置以太网
28.     //enet_initpara_config(HALFDUPLEX_OPTION, ENET_CARRIERSENSE_ENABLE|ENET_RECEIVEOWN_
        //ENABLE|ENET_RETRYTRANSMISSION_DISABLE|ENET_BACKOFFLIMIT_10|ENET_DEFERRALCHECK_DISABLE);
29.     //enet_initpara_config(DMA_OPTION, ENET_FLUSH_RXFRAME_ENABLE | ENET_SECONDFRAME_OPT_
        //ENABLE | ENET_NORMAL_DESCRIPTOR);
30.     status = enet_init(ENET_AUTO_NEGOTIATION, ENET_AUTOCHECKSUM_DROP_FAILFRAMES, ENET_
        BROADCAST_FRAMES_PASS);
31.     if(ERROR == status)
32.     {
33.       while(1){}
34.     }
35.   }
```

11.3.2　Main.c 文件

在 Proc2msTask 函数中调用 EnternetTask 函数，每 40 ms 执行一次以太网通信模块任务，如程序清单 11-7 所示。

程序清单 11-7

```
1.    static void Proc2msTask(void)
2.    {
3.      static u8 s_iCnt = 0;
4.      if(Get2msFlag())            //判断 2 ms 标志位状态
5.      {
6.        LEDFlicker(250);          //调用闪烁函数
7.        s_iCnt ++;
8.        if(s_iCnt >= 20)
9.        {
10.         s_iCnt = 0;
11.         EnternetTask();
12.       }
13.       Clr2msFlag();             //清除 2 ms 标志位
14.     }
15.   }
```

11.3.3 实验结果

下载程序并进行复位,开发板将自动显示初始化以太网的提示。选择以下的任意一种方式将开发板与计算机连接至同一网络环境下。

1. 将开发板与计算机连接

(1) 不使用路由器,直接使用网线连接

将 RJ45 网线的一端插入开发板,另一端接入计算机后,打开开发板电源。在计算机上打开串口助手,待开发板初始化完毕后,串口助手出现如图 11-9 所示的信息。

由于此连接方式不支持 DHCP(动态主机配置协议),因此应采用静态 IP 地址,在计算机中手动配置 IP 地址。打开计算机"控制面板"页面,进入"网络与共享中心",打开左侧"更改适配器设置",找到显示为未识别的以太网,如图 11-10 所示。

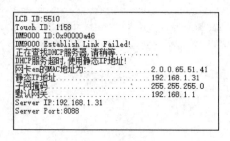

图 11-9 串口助手显示信息

图 11-10 未识别的以太网

右击打开属性窗口,选中"Internet 协议版本 4(TCP/IPv4)",单击"属性"按钮,如图 11-11 所示。

在"IP 地址"栏填入:192.168.1.x(x 为 2~254),确保该 IP 地址不与开发板 IP 地址相同,并且不与同一子网下的其他设备 IP 地址相同。"子网掩码""默认网关""首选 DNS 服务器"栏填入如图 11-12 所示的信息,然后保存设置。

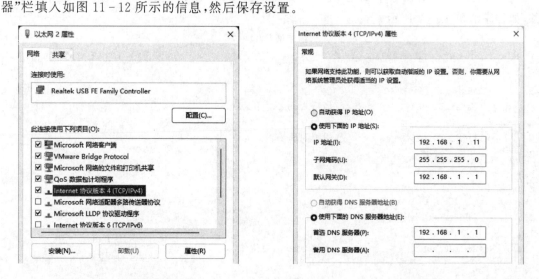

图 11-11 以太网属性设置

图 11-12 Internet 协议版本 4(TCP/IPv4)属性

（2）使用路由器

将开发板和计算机连接至同一个路由器后，打开开发板电源。在计算机上打开串口助手，待开发板初始化完毕后，串口助手出现如图 11 - 13 所示的信息，表示开发板成功获取路由器分配的 IP 地址。

```
LCD ID:5510
Touch ID: 1158
DM9000 ID:0x90000a46
DM9000 Speed:100Mbps,Duplex:Full duplex mode
正在查找DHCP服务器,请稍等...........
网卡en的MAC地址为:................2.0.0.65.51.41
通过DHCP获取到IP地址...............192.168.0.74
通过DHCP获取到子网掩码............255.255.255.0
通过DHCP获取到的默认网关..........192.168.0.1
Server IP:192.168.0.74
Server Port:8088
```

图 11 - 13　串口助手显示信息

2. 服务器端接收测试

使用上述任意一种方法进行网络连接后，等待开发板上出现以太网通信实验 GUI 界面，如图 11 - 14 所示。

打开资料包"\02.相关软件"下的"网络助手.exe"文件，设置协议类型为 TCP Client。设置远程主机地址为图 11 - 14 所示开发板屏幕右上方显示的 Sever IP，设置远端主机端口为开发板右上方显示的 Sever Port。网络调试助手设置界面如图 11 - 15 所示。

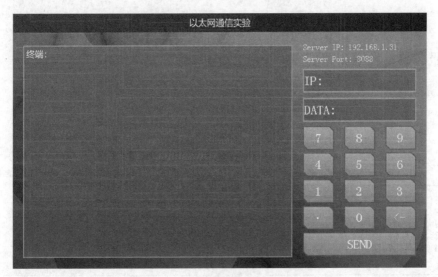

图 11 - 14　以太网通信实验 GUI 界面

单机网络调试助手左侧"连接"按钮建立连接，此时在数据发送区域输入任意数据并单击"发送"按钮，服务端将接收到该信息，并打印在 GUI 的终端中，如图 11 - 19 所示。通过网络调试助手收发的数据如图 11 - 16 所示。

图 11-15 网络调试助手设置界面

3. 服务器端发送测试

在计算机端的任意界面下,按快捷键 Win＋R 打开运行窗口,输入 cmd,如图 11-17 所示。

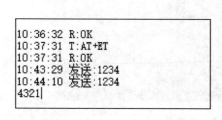

图 11-16 网络调试助手收发数据

图 11-17 Windows 运行窗口

按回车键后打开 Windows 命令提示符窗口,输入 ipconfig 后按回车键,出现本机的网络 IP 地址,如图 11-18 所示。

找到对应的 IPv4 地址后,输入至开发板右上角的 IP 栏中,并且填写需要发送的数据,如图 11-19 所示,然后单击 SEND 按钮发送,计算机的网络调试助手软件上将显示收到的数据,

图 11 - 18　Windows ipconfig

如图 11 - 16 所示。

图 11 - 19　数据收发成功

至此,成功实现了服务端与客户端之间的相互通信,以太网通信实验完成。

本章任务

本章实验以开发板为服务器端,计算机为客户端,实现了二者之间的通信。现尝试在本章实验工程的基础上,将 GD32F4 蓝莓派开发板和多台计算机接入同一网络环境下,并使用网络调试助手建立开发板与计算机之间的 TCP 连接,实现多客户端与服务器端的通信。

本章习题

1. 简述 LAN8720 初始化流程。
2. 简述 TCP/IP 协议层次结构及各层的作用。
3. 简述 IP 协议及 TCP 协议的通信特点。

第 12 章　USB 从机实验

USB 是 Universal Serial Bus 的缩写,即通用串行总线,是连接计算机系统与外部设备的一种串口总线标准,也是一种输入/输出接口的技术规范,被广泛应用于个人计算机和移动设备等信息通信产品,并扩展至摄影器材、数字电视(机顶盒)、游戏机等其他领域。USB 发展至今已经有 USB1.0/1.1/2.0/3.0 等多个版本,在 USB1.0 和 USB1.1 版本中,只支持 1.5 Mbps 的低速(low-speed)模式和 12 Mbps 的全速(full-speed)模式,在 USB2.0 中,又加入了 480 Mbps 的高速模式。目前最新的 USB 协议版本为 USB3.2 Gen2x2,传输速度可达 20 Gbps。

12.1　实验内容

本章的主要内容是学习 GD32F4 蓝莓派开发板上的 USB 外设及其电路原理图,掌握 USB 协议,包括其电气特性、传输方式和描述符等。最后基于 GD32F4 蓝莓派开发板设计一个 USB 从机实验,将开发板作为 HID 键盘设备连接至计算机,实现键盘输入功能。

12.2　实验原理

12.2.1　USB 模块

GD32F4 蓝莓派开发板具有 USB Type-C 接口,通过该接口可实现数据传输和电源输入,其电路原理图如图 12-1 所示。其中 Vbus 为总线电源,CC1 与 CC2 用于识别插入方向,分别连接 5.1 kΩ 的下拉电阻。USB_DP 连接 1.5 kΩ 的上拉电阻,表示该设备为全速设备或高速设备。当设备接入主机时,主机就可以通过该上拉电阻判断是否有 USB 设备接入。由于 USB Type-C 支持正反面插入,因此 A6、A7 与 B7、B6 均分别与 USB_DM(D−)和 USB_DP(D+)连接,构成半双工的差分信号线,以抵消长导线的电磁干扰。

注意:USB 插座没有直接连接到 GD32F470IIH6 微控制器上,而是通过 J_{707} 转接。在进行本章实验时,需要通过跳线帽将 PA11 和 PA12 分别连接到 USB_DM 和 USB_DP 引脚。

12.2.2　USB 协议简介

USB 是一种串行传输总线,它的出现主要是为了简化个人计算机与外围设备的连接。USB 具有许多优点,例如支持热插拔,能够即插即用,具有很强的扩展性及很高的传输速度,以及统一的标准、兼容性强、价格低等。但其缺点是只适合短距离传输,开发和调试难度较大。

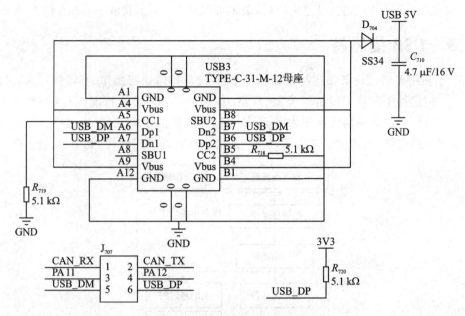

图 12 - 1　USB 模块电路原理图

12.2.3　USB 拓扑结构

　　USB 是一种主从结构的系统,分为主机(Host)与从机(Device)。所有的数据传输都由主机主动发起,而从机设备只能被动地应答。在 USB OTG 中,设备可以在从机与主机之间切换,实现设备与设备之间的连接。

　　USB 主机通常具有一个或多个主控器(Host controller)和根集线器(Root hub)。主控器主要负责处理数据,根集线器则提供一个连接主控器与设备之间的接口和通路。另外,还有 USB 集线器(USB hub),即 USB 拓展坞,可以对原有的 USB 口在数量上进行拓展,但是不能拓展出更多的带宽。

12.2.4　USB 电气特性

　　标准的 USB 连接线使用 4 芯电缆:5 V 电源线(Vbus)、差分数据线负(D-)、差分数据线正(D+)及地线(GND)。USB 使用差分信号来传输数据,因此有 2 条数据线,分别为 D+和 D-,使用 3.3 V 电压。在 USB 的低速和全速模式中,采用电压传输模式,而高速模式则采用电流传输模式。关于具体的电气参数,请参见 USB 协议文档《USB2.0 协议中文版》(位于本书配套资料包"09.参考资料\12.USB 从机实验参考资料"文件夹下)。

　　USB 使用不归零反转(NRZI)编码方式:信号电平翻转表示 0,信号电平不变表示 1,如图 12 - 2 所示。为了防止出现长时间电平未变化,在发送数据前要经过位填充处理:当遇到连续 6 个数据 1 时,就强制插入一个数据 0,该过程由硬件自动完成。

　　USB 协议还规定,设备在未配置之前,最多可以从

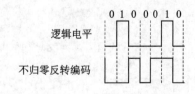

图 12 - 2　NRZI 编码方式

Vbus 上获取 100 mA 的电流,经过配置后,最多可以从 Vbus 上获取 500 mA 的电流。

12.2.5 USB 描述符

USB 主机需要通过设备描述符明确一个 USB 设备具体如何操作、有哪些行为,具体实现哪些功能。描述符中记录了设备的类型、厂商 ID 和产品 ID、端点情况、版本号等众多信息。以 USB1.1 协议中定义的描述符作为例子,其中包含设备描述符、配置描述符、端点描述符及可选的字符串描述符,如图 12 - 3 所示;另外,还有一些特殊的描述符,如 HID 描述符。

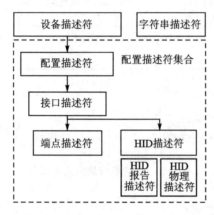

图 12 - 3　USB 描述符结构

从图 12 - 3 可以看出,USB 描述符之间的关系是一层一层的,顶层是设备描述符,然后是配置描述符、接口描述符,底层是端点描述符。其中一个设备描述符可以定义多个配置,一个配置描述符可以定义多个接口,一个接口描述符可以定义多个端点描述符或 HID 描述符。在主机获取描述符时,首先获取设备描述符,再获取配置描述符。接口描述符、端点描述符及特殊描述符等需要主机根据配置描述符中的配置集合的总长度一次性读回,不能单独返回给 USB 主机。本实验的配置描述符集合定义详见 12.3.1 小节的程序清单 12 - 2。字符串描述符则是单独获取的。

1. 设备描述符

设备描述符描述有关 USB 设备的相关信息,每个 USB 设备有且仅有一个设备描述符,在本实验中,USB 协议所包含的描述符均在 standard_hid_core. c 文件中定义,如下所示。

```
__ALIGN_BEGIN const usb_desc_dev hid_dev_desc __ALIGN_END =
{
    .header =
    {
        .bLength          = USB_DEV_DESC_LEN,
        .bDescriptorType  = USB_DESCTYPE_DEV
    },
    .bcdUSB               = 0x0200U,
    .bDeviceClass         = 0x00U,
    .bDeviceSubClass      = 0x00U,
```

```
    .bDeviceProtocol               = 0x00U,
    .bMaxPacketSize0               = USB_FS_EP0_MAX_LEN,
    .idVendor                      = USBD_VID,
    .idProduct                     = USBD_PID,
    .bcdDevice                     = 0x0100U,
    .iManufacturer                 = STR_IDX_MFC,
    .iProduct                      = STR_IDX_PRODUCT,
    .iSerialNumber                 = STR_IDX_SERIAL,
    .bNumberConfigurations         = USBD_CFG_MAX_NUM
};
```

其中 bDescriptorType 为描述符的类型常数,常用的描述符类型及其取值如表 12 - 1 所列。

USB 协议版本的格式为 JJ. M. N(JJ 为主要版本号,M 为次要版本号,N 为次要版本), bcdUSB 定义的格式为 0xJJMN,例如 USB2.0 写成 0200H;USB1.1,写成 0110H。

bDeviceClass、bDeviceSubClass 和 bDeviceProtocol 分别代表设备类型代码、子类型代码及协议代码,常用的设备类型代码如表 12 - 2 所列。如果 bDeviceClass 为 0,则 bDeviceSubClass 和 bDeviceProtocol 均为 0,表示由接口描述符来指定。

表 12 - 1　常用描述符类型

类　型	描述符	数　值
标准	设备描述符	0x01
	配置描述符	0x02
	字符串描述符	0x03
	接口描述符	0x04
	端点描述符	0x05
类别	HID 描述符	0x21
	HUB 描述符	0x29
HID 特定	报告描述符	0x22
	物理描述符	0x23

表 12 - 2　常见 USB 设备基本类

基本类	描　述
0x01	音频设备
0x02	通信设备
0x03	HID 设备
0x06	图像设备
0x07	打印机类设备
0x08	大容量存储设备
0x09	HUB 设备
0x0B	智能卡设备
0xFF	厂家自定义类设备

bMaxPacketSize0 表示端点 0 一次传输的最大字节数量(具体见后面表 12 - 4 中的“最大数据包长度”项)。

iManufacturer、iProduct 和 iSerialNumber 是 3 个字符串的索引值,当这些值不为 0 时,主机会利用这个索引值来获取相应的字符串。

一个 USB 可能有多个配置,bNumberConfigurations 用于标识当前设备有多少个配置。

USB 定义了设备类的类别码信息,可用于识别设备并且加载设备驱动。这种代码信息有 BaseClass(基本类)、SubClass(子类)和 Protocol(协议),共占 3 字节。有关 USB 设备基本类如表 12 - 2 所列。

2. 配置描述符

配置描述符描述了特定设备配置的信息,每个 USB 设备至少需要有一个配置描述符,其结构体定义如下:

```
config =
{
    .header =
    {
        .bLength          = sizeof(usb_desc_config),
        .bDescriptorType = USB_DESCTYPE_CONFIG
    },
    .wTotalLength        = USB_HID_CONFIG_DESC_LEN,
    .bNumInterfaces      = 0x01U,
    .bConfigurationValue = 0x01U,
    .iConfiguration      = 0x00U,
    .bmAttributes        = 0xA0U,
    .bMaxPower           = 0x32U
}
```

wTotalLength 为描述符的总长度,包含配置描述符、接口描述符、端点描述符等。

bNumInterfaces 表示当前配置下有多少个接口,单一功能设备只有一个接口,例如在本章实验中的接口只有一个。

一个 USB 设备可能有多个配置。bConfigurationValue 为当前配置的标识,主机通过该标识来选择所需配置。

iConfiguration 为描述该配置的字符串索引值,该值不为 0 时,主机会利用这个索引值来获取相应的字符串。

bmAttributes 表示一些设备的特性,D7 是保留位,默认为 1;D6 表示供电方式,0 是自供电,1 是总线供电;D5 表示是否支持远程唤醒;D4～D0 保留,默认为 0。

bMaxPower 为当前配置下所需要的电流,单位为 2 mA。如果一个设备最大耗电量为 100 mA,那么本参数设置为 0x32。

3. 接口描述符

接口描述符描述配置中的特定接口。一个配置提供一个或多个接口,每个接口可以具有 0 个或多个端点描述符。

```
.hid_itf =
{
    .header =
    {
        .bLength          = sizeof(usb_desc_itf),
        .bDescriptorType = USB_DESCTYPE_ITF
    },
    .bInterfaceNumber    = 0x00U,
    .bAlternateSetting   = 0x00U,
```

```
    .bNumEndpoints        = 0x01U,
    .bInterfaceClass      = USB_HID_CLASS,
    .bInterfaceSubClass   = USB_HID_SUBCLASS_BOOT_ITF,
    .bInterfaceProtocol   = USB_HID_PROTOCOL_KEYBOARD,
    .iInterface           = 0x00U
}
```

bInterfaceNumber 为该接口的序号,如果一个配置有多个接口,则每个接口都有一个独立的编号,从 0 开始递增。

bAlternateSetting 为备用接口编号,一般很少用,本实验中设置为 0。

bInterfaceClass、bInterfaceSubClass 和 bInterfaceProtocol 的作用是,当 bDeviceClass 为 0 时,即指示用接口描述符来标识类别时,用接口类、接口子类、接口协议来说明此 USB 设备功能所属的类别。有关 USB 设备类型编号的常用值见表 12-2,在本实验中 bInterfaceClass 的值为 0x03,表示该设备为 HID 类设备。

4. 端点描述符

端点(Endpoint)是 USB 设备上可被独立识别的端口,是 USB 设备中可以进行数据收发的最小单元。每个 USB 设备必须要有一个端点 0,其作用是对设备和设备枚举进行控制,因此也被称为控制端点。端点 0 的数据传输方向是双向的,而其他端点均为单向。除了控制端点,每个 USB 设备允许有一个或多个非 0 端点。低速设备最多有 2 个非 0 端点。高速和全速设备最多支持 15 个端点。

```
.hid_epin =
{
    .header =
    {
        .bLength          = sizeof(usb_desc_ep),
        .bDescriptorType  = USB_DESCTYPE_EP
    },
    .bEndpointAddress     = HID_IN_EP,
    .bmAttributes         = USB_EP_ATTR_INT,
    .wMaxPacketSize       = HID_IN_PACKET,
    .bInterval            = 0x40U
}
```

bEndpointAddress 为端点的逻辑地址,其 Bit3~Bit0 为端点编号,Bit6~Bit4 默认为 0,Bit7 表示传输方向,0 对应输出,1 对应输入。

bmAttributes 为端点属性,00 表示控制传输,01 表示同步传输,10 表示批量传输,11 表示中断传输。

wMaxPacketSize 表示当前配置下此端点能够接收或发送的最大数据包的大小。

bInterval 表示查询时间,即主机多久和设备通信一次,以 1 ms(帧)和 125 μs(微帧)为单位。

5. 字符串描述符和语言 ID 描述符

在 USB 协议中,字符串描述符是可选的,其结构体定义如下。语言 ID 描述符是特殊的字符串描述符,用于通知主机其他字符串描述符里面的字符串为何种语言。最常用的语言编码为美式英语,编码为 0x0409。主机需要先获取语言 ID 描述符,才能正确解析字符串描述符。

```
static __ALIGN_BEGIN const usb_desc_LANGID usbd_language_id_desc __ALIGN_END =
{
    .header =
    {
        .bLength         = sizeof(usb_desc_LANGID),
        .bDescriptorType = USB_DESCTYPE_STR
    },
    .wLANGID             = ENG_LANGID
};
```

例如,本实验定义的字符串如下:

```
void * const usbd_hid_strings[] =
{
    [STR_IDX_LANGID]  = (uint8_t *)&usbd_language_id_desc,
    [STR_IDX_MFC]     = (uint8_t *)&manufacturer_string,
    [STR_IDX_PRODUCT] = (uint8_t *)&product_string,
    [STR_IDX_SERIAL]  = (uint8_t *)&serial_string
};
```

所使用的设备描述符(均在 standard_hid_core.c 文件中定义)申请了 3 个非 0 的索引值,分别是厂商字符串(iManufacturer)、产品字符串(iProduct)和产品序列号(iSerialNumber),其索引值分别为 1,2,3,USB 主机通过字符串描述符和索引值获取对应的字符串。当索引值为 0 时,表示获取语言 ID。

12.2.6 HID 协议

HID 是 Human Interface Device 的缩写,即人体学接口设备,是指用于和人体交互的设备,例如鼠标、键盘,游戏手柄和打印机等。现代主流操作系统都能识别标准 USB HID 设备,无须专门的驱动程序。

HID 设备的描述符主要包括 5 个 USB 标准描述符(设备描述符、配置描述符、接口描述符、端点描述符和字符串描述符)和 3 个 HID 设备类特定描述符(HID 描述符、报告描述符和物理描述符)。HID 描述符的结构体定义如下:

```
.hid_vendor =
{
    .header =
    {
        .bLength         = sizeof(usb_desc_hid),
        .bDescriptorType = USB_DESCTYPE_HID
    },
```

```
    .bcdHID                  = 0x0111U,
    .bCountryCode            = 0x00U,
    .bNumDescriptors         = 0x01U,
    .bDescriptorType         = USB_DESCTYPE_REPORT,
    .wDescriptorLength       = USB_HID_REPORT_DESC_LEN,
}
```

bcdHID 为 4 位十六进制的 BCD 码,1.0 即 0x0100,1.1 即 0x0101,2.0 即 0x0200。

bNumDescriptors 为 HID 设备支持的下级描述符的数量。**注意**:下级描述符分为报告描述符和物理描述符。bNumDescriptors 表示报告描述符和物理描述符的个数总和。

bDescriptorType 表示下级描述符的类型,例如报告描述符的类型编号为 0x22。

wDescriptorLength 表示下级描述符的长度。

报告描述符用于描述 HID 设备所上报数据的用途及属性,每个 HID 设备至少有一个报告描述符,物理描述符是可选的,并不常用。

12.2.7　USB 通信协议

USB 数据由二进制数字串构成,采用最低有效位(LSB)先行的传输方式,由数字串组成域,多个域组成一个包,再由多个包组成事务,最后由多个事务组成一次传输,其结构关系如图 12-4 所示。

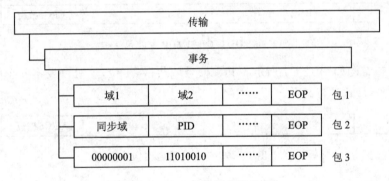

图 12-4　USB 数据传输结构

1. 包(Packet)

USB 总线上传输的数据以包为基本单位,所有数据都是经过打包后在总线上传输的,包的基本结构如图 12-5 所示。

同步域	PID域	包内容	EOP

图 12-5　USB 包基本结构

一个包被分成不同的域,所有的包以同步域开始,不同种类的包含有不同的包内容,最终都以包结束符 EOP 域结束。

① 同步域:表示数据传输的开始,同步主机端和设备端的时钟。对于全速和低速设备,同步域使用的是 00000001;而对于高速设备,同步域使用的是 31 个 0 加 1 个 1。

② PID(Packet Identifier)域:表示一个包的类型,共 8 位,其中 USB 协议使用的只有 4 位(PID[3:0]),剩余 4 位(PID[7:4])为 PID[3:0]的取反,用于校验。有关 USB 协议规定的 PID 取值,请参见表 12-3。

③ EOP(包结束符):表示一个包的结束,对于全速设备和低速设备而言,EOP 是一个约为 2 个数据位宽的单端 0 信号(SE0),即 D+和 D−同时都保持为低电平。

不同的包内容将产生不同类型的包,分为令牌包、数据包和握手包。

(1) 令牌包(Token Packet)

令牌包用来启动一次 USB 传输。因为 USB 为主从结构,主机需要发送一个令牌通知设备做出相应的响应。每个令牌包的末尾都有一个 5 位的 CRC 校验,它只校验 PID 之后的数据。令牌包分为 4 种,分别为输出(OUT)、输入(IN)、建立(SETUP)和帧起始(SOF,Start of Frame)。

① 输出(OUT)令牌包:通知设备输出一个数据包;

② 输入(IN)令牌包:通知设备返回一个数据包;

③ 建立(SETUP)令牌包:只用在控制传输中,通知设备输出一个数据包;

④ 帧起始(SOF)令牌包:在每帧(或微帧)开始时发送,它以广播的形式发送。

OUT、IN、SETUP 令牌包结构如图 12-6 所示。其中地址域(ADDR)共占 11 位,低 7 位为设备地址,高 4 位为端点地址。

同步域	PID域	地址域	CRC5校验	EOP

图 12-6　OUT、IN、SETUP 令牌包结构

SOF 令牌包结构如图 12-7 所示。其中帧号域共占 11 位,主机每发出一个帧,帧号都会自动加 1,达到 0x7FF 时将清零。

同步域	PID域	帧号域	CRC5校验	EOP

图 12-7　SOF 令牌包结构

(2) 数据包(Data Packet)

数据包用于传输数据,也用于传输 USB 描述符,其结构如图 12-8 所示。在 USB1.1 协议中,只有两种数据包:DATA0 和 DATA1,用于实现主机和设备传输错误检测及重发机制。在 USB2.0 中又增加了 DATA2 和 MDATA 包,主要用在高速分裂事务和高速高带宽同步中。其中数据包中特有的数据域长度为 0~1 024 字节。

同步域	PID域	数据域	CRC16校验	EOP

图 12-8　数据包结构

不同类型的数据包用于在握手包出错时进行纠错。当数据包成功发送或接收时,数据包的类型会切换(例如在 DATA0 与 DATA1 之间切换)。当检测到收发双方所使用的数据包类型不同时,说明此时传输发生了错误。

(3) 握手包(Handshake Packet)

握手包内容仅由 PID 域组成,用于表示一次传输是否被对方确认,是最简单的一种数据包,其结构如图 12-9 所示。

其中 PID 域标志了当前握手包的具体类型,主要分为 ACK、NAK、STALL 和 NYET 这 4 种。其中,主机和设备都可以用 ACK 来确认,而余下 3 种包只能由设备返回。

同步域	PID域	EOP

图 12-9　握手包结构

不同类型的包除了组成结构不同外,其 PID 域也会有相应的区别,如表 12-3 所列。

表 12-3　USB 协议规定的 PID

PID 类型	PID 名称	PID[3:0]	说　明
令牌包	输出(OUT)令牌包	0001	通知设备输出一个数据包
	输入(IN)令牌包	1001	通知设备返回一个数据包
	建立(SETUP)令牌包	0101	只用在控制传输中,通知设备输出一个数据包
	帧起始(SOF)令牌包	1101	在每帧(或微帧)开始时发送,以广播的形式发送
数据包	DATA0	0011	不同类的数据包(USB1.1)
	DATA1	1011	
	DATA2	0111	不同类的数据包(USB2.0 补充)
	MDATA	1111	
握手包	ACK	0010	正确接收数据,并且有足够的空间来容纳数据
	NAK	1010	表示没有数据需要返回,或者数据正确接收但没有足够的空间来容纳,不表示数据出错
	STALL	1110	错误状态,表示设备无法执行该请求,或端点被挂起
	NYET	0110	只在 USB2.0 的高速设备输出事务中使用,表示数据正确接收但设备没有足够的空间来接收下一个数据
特殊包	PRE	1100	前导(令牌包)
	ERR	1100	错误(握手包)
	SPLIT	1000	分裂事务(令牌包)
	PING	0100	PING 测试(令牌包)
	—	0000	保留,未使用

2. 事务(Transaction)

在 USB 上数据信息的一次接收或发送的处理过程称为事务,分为 3 种类型:

① Setup 事务:主要向设备发送控制命令;
② Data IN 事务:主要从设备读取数据;
③ Data OUT 事务:主要向设备发送数据。

除同步传输事务外,USB 所有类型的事务(Setup 事务、IN 事务、OUT 事务)都由 3 个包

(令牌包、数据包、握手包)组成,而同步传输事务由 2 个包组成(令牌包、数据包),没有握手包。所有传输事务的令牌包都是由主机发起的,数据包含有需要传输的数据,握手包由数据接收方发起,回应数据是否正常接收。

3. 传输(Transfer)

USB 协议规定了 4 种传输类型:控制传输、批量传输、同步传输和中断传输。其中,除控制传输外,其他类型的传输每传输一次数据都是一个事务,控制传输可能包含多个事务。

(1) 控制(Control)传输

控制传输适用于非周期性且突发的数据传输。当设备接入主机时,需要通过控制传输获取 USB 设备的描述符,完成 USB 设备的枚举。控制传输是双向的,必须由 IN 和 OUT 两个方向上的特定端点号的控制端点来完成两个方向上的控制传输。

(2) 批量(Bulk)传输

批量传输适用于那些需要大数据量传输,但是对实时性、延时和带宽没有严格要求的应用。大容量传输可以占用任意可用的数据带宽。批量传输是单向的,可以用单向的批量传输端点来实现某个方向的批量传输。

(3) 同步(Isochronous)传输

同步传输用于传输那些需要保证带宽,并且不能延时的信息。整个带宽都将用于保证同步传输的数据完整,并且不支持出错重传。同步传输总是单向的,可以使用单向的同步端点来实现某个方向上的同步传输。

(4) 中断(Interrupt)传输

中断传输用于频率不高,但对周期有一定要求的数据传输。中断传输具有保证的带宽,并能在下个周期对先前错误的传输进行重传。中断传输总是单向的,可以用单向的中断端点来实现某个方向上的中断传输。本实验中的 HID 键盘即采用了中断传输方式。

4 种传输方式对比如表 12-4 所列。

表 12-4 4 种传输方式对比

传输模式	控制传输			批量传输			中断传输			同步传输		
传输速率	高速	全速	低速	高速	全速	低速	高速	全速	低速	高速	全速	低速
带宽	保证			没有保证			有限的保留带宽			保证、传输率固定		
	最多 20%	最多 10%	最多 10%				23.4 Mbps	62.5 Kbps	800 bps		999 Kbps	2.9 Mbps
最大数据包长度	64	64	8	512	54	—	1 024	64	8	1 024	1 023	—
传输错误管理	握手包、PID 翻转			握手包、PID 翻转			握手包、PID 翻转			无		

12.2.8　USB 枚举

USB 枚举是 USB 设备调试中一个很重要的环节。USB 主机在检测到设备插入后,需要对设备进行枚举。枚举过程采用的是控制传输模式,从设备读取一些信息,了解设备类型和通信方式,主机可以根据这些信息来加载合适的驱动程序。USB 枚举流程如图 12 - 10 所示。

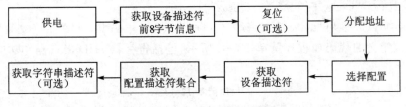

图 12 - 10　USB 设备枚举流程

12.2.9　USBFS 模块简介

USB 全速(USBFS)控制器为便携式设备提供了一套 USB 通信解决方案。USBFS 可以作为一个主机、一个设备或一个 DRD(双角色设备)使用,不仅支持 USB2.0 全速(12 Mbps)和低速(1.5 Mbps)主机模式,还支持 USB2.0 全速(12 Mbps)设备模式。

USBFS 包含了一个内部的全速 USB PHY(物理层),所以对于全速和低速操作,不再需要外部 PHY 芯片。USBFS 可提供 USB2.0 协议所定义的 4 种传输方式(控制传输、批量传输、中断传输和同步传输)。

根据 USB 标准定义,USBFS 模块所使用的 USB 时钟需要配置为 48 MHz,该 48 MHz USB 时钟由系统内部时钟产生,并且其时钟源和分频器需要在 RCU 模块中配置。

12.3　实验代码解析

12.3.1　standard_hid_core 文件对

1. standard_hid_core.h 文件

standard_hid_core.c 与 standard_hid_core.h 为 GD 官方提供的 HID_keyboard 例程源码,下面对该文件中的部分代码进行解释说明。standard_hid_core.h 文件首先对 HID 进行了相关配置和宏定义,包括 HID 配置描述符和 HID 报告描述符的总长度、空指令,如程序清单 12 - 1 所示。

程序清单 12 - 1

1.	#define USB_HID_CONFIG_DESC_LEN	0x22U
2.	#define USB_HID_REPORT_DESC_LEN	0x29U
3.		
4.	#define NO_CMD	0xFFU

程序清单 12 - 2 所示为 HID 的标准集合,包含了协议、空闲状态、数据包和 I/O 传输完成状态。

程序清单 12 - 2

```
1.    typedef struct {
2.        uint32_t protocol;
3.        uint32_t idle_state;
4.
5.        uint8_t data[HID_IN_PACKET];
6.        __IO uint8_t prev_transfer_complete;
7.    } standard_hid_handler;
```

API 函数定义的代码如程序清单 12 - 3 所示,包括寄存器 HID 接口操作功能、发送键盘报告的函数。

程序清单 12 - 3

```
1.    /* register HID interface operation functions */
2.    uint8_t hid_itfop_register (usb_dev * udev, hid_fop_handler * hid_fop);
3.    /* send keyboard report */
4.    uint8_t hid_report_send (usb_dev * udev, uint8_t * report, uint32_t len);
```

2. standard_hid_core. c 文件

在 standard_hid_core. c 文件中,首先定义了供应商 VID 和产品识别码 PID。

程序清单 12 - 4

#define USBD_VID	0x28e9U
#define USBD_PID	0x0380U

hid_dev_desc 结构体的初始化代码如程序清单 12 - 5 所示。这段语句为 device_descripter 各成员赋初值,未提及的结构体成员值将被初始化为 0。此语法需要 C99 支持,因此在 keil 中选择 C99 模式,如图 12 - 11 所示,否则会导致编译出错。

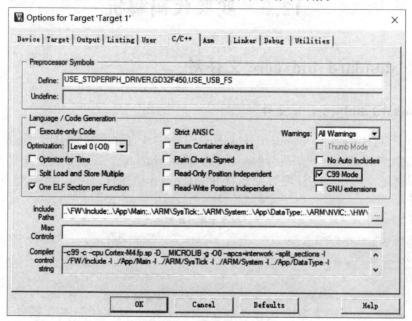

图 12 - 11   选择 C99 Mode

关于各描述符的结构说明,请参见 12.2.5 小节中的 USB 设备描述符部分内容。

```
1.   __ALIGN_BEGIN const usb_desc_dev hid_dev_desc __ALIGN_END =
2.   {
3.       .header =
4.       {
5.           .bLength            = USB_DEV_DESC_LEN,
6.           .bDescriptorType    = USB_DESCTYPE_DEV
7.       },
8.       .bcdUSB                 = 0x0200U,
9.       .bDeviceClass           = 0x00U,
10.      .bDeviceSubClass        = 0x00U,
11.      .bDeviceProtocol        = 0x00U,
12.      .bMaxPacketSize0        = USB_FS_EP0_MAX_LEN,
13.      .idVendor               = USBD_VID,
14.      .idProduct              = USBD_PID,
15.      .bcdDevice              = 0x0100U,
16.      .iManufacturer          = STR_IDX_MFC,
17.      .iProduct               = STR_IDX_PRODUCT,
18.      .iSerialNumber          = STR_IDX_SERIAL,
19.      .bNumberConfigurations  = USBD_CFG_MAX_NUM
20.  };
```

hid_config_desc 结构体的初始化代码如程序清单 12-6 所示,包含配置描述符、接口描述符和 HID 描述符。

① 第 3~16 行代码:配置描述符初始化。

② 第 18~32 行代码:接口描述符初始化。其中第 27 行代码将接口描述符中的 bNumEndpoints 赋值为 0x01U,表示该接口下拥有一个端点;第 28 行代码 bInterfaceClass 赋值为 USB_HID_CLASS(0x03U),表明设备为 HID 类。

③ 第 34~46 行代码:HID 描述符初始化。

④ 第 48~60 行代码:端点描述符初始化。

```
1.   __ALIGN_BEGIN const usb_hid_desc_config_set hid_config_desc __ALIGN_END =
2.   {
3.       .config =
4.       {
5.           .header =
6.           {
7.               .bLength            = sizeof(usb_desc_config),
8.               .bDescriptorType = USB_DESCTYPE_CONFIG
9.           },
10.          .wTotalLength           = USB_HID_CONFIG_DESC_LEN,
11.          .bNumInterfaces         = 0x01U,
12.          .bConfigurationValue    = 0x01U,
```

```
13.        .iConfiguration      = 0x00U,
14.        .bmAttributes        = 0xA0U,
15.        .bMaxPower           = 0x32U
16.      },
17.
18.      .hid_itf =
19.      {
20.        .header =
21.        {
22.          .bLength          = sizeof(usb_desc_itf),
23.          .bDescriptorType  = USB_DESCTYPE_ITF
24.        },
25.        .bInterfaceNumber   = 0x00U,
26.        .bAlternateSetting  = 0x00U,
27.        .bNumEndpoints      = 0x01U,
28.        .bInterfaceClass    = USB_HID_CLASS,
29.        .bInterfaceSubClass = USB_HID_SUBCLASS_BOOT_ITF,
30.        .bInterfaceProtocol = USB_HID_PROTOCOL_KEYBOARD,
31.        .iInterface         = 0x00U
32.      },
33.
34.      .hid_vendor =
35.      {
36.        .header =
37.        {
38.          .bLength          = sizeof(usb_desc_hid),
39.          .bDescriptorType  = USB_DESCTYPE_HID
40.        },
41.        .bcdHID             = 0x0111U,
42.        .bCountryCode       = 0x00U,
43.        .bNumDescriptors    = 0x01U,
44.        .bDescriptorType    = USB_DESCTYPE_REPORT,
45.        .wDescriptorLength  = USB_HID_REPORT_DESC_LEN,
46.      },
47.
48.      .hid_epin =
49.      {
50.        .header =
51.        {
52.          .bLength          = sizeof(usb_desc_ep),
53.          .bDescriptorType  = USB_DESCTYPE_EP
54.        },
55.        .bEndpointAddress   = HID_IN_EP,
56.        .bmAttributes       = USB_EP_ATTR_INT,
57.        .wMaxPacketSize     = HID_IN_PACKET,
58.        .bInterval          = 0x40U
59.      }
60.  };
```

语言 ID 描述符和字符串描述符的初始化代码如程序清单 12-7 所示。其中语言 ID 定义语言为美式英语。在设备描述符中,若 iManufacturer 字符串索引值为 STR_IDX_MFC,则对应从字符串描述符获取到的字符串为第 20 行代码中的"GigaDevice",以此类推。

程序清单 12 - 7

```
1.    / * USB language ID Descriptor * /
2.    static __ALIGN_BEGIN const usb_desc_LANGID usbd_language_id_desc __ALIGN_END =
3.    {
4.        .header =
5.        {
6.            .bLength          = sizeof(usb_desc_LANGID),
7.            .bDescriptorType = USB_DESCTYPE_STR
8.        },
9.        .wLANGID             = ENG_LANGID
10.   };
11.
12.   / * USB manufacture string * /
13.   static __ALIGN_BEGIN const usb_desc_str manufacturer_string __ALIGN_END =
14.   {
15.       .header =
16.       {
17.           .bLength          = USB_STRING_LEN(10U),
18.           .bDescriptorType = USB_DESCTYPE_STR,
19.       },
20.       .unicode_string = {'G', 'i', 'g', 'a', 'D', 'e', 'v', 'i', 'c', 'e'}
21.   };
22.
23.   / * USB product string * /
24.   static __ALIGN_BEGIN const usb_desc_str product_string __ALIGN_END =
25.   {
26.       .header =
27.       {
28.           .bLength          = USB_STRING_LEN(17U),
29.           .bDescriptorType = USB_DESCTYPE_STR,
30.       },
31.       .unicode_string = {'G', 'D', '3', '2', '-','U', 'S', 'B', '_', 'K', 'e', 'y', 'b', 'o', 'a', 'r', 'd'}
32.   };
33.
34.   / * USBD serial string * /
35.   static __ALIGN_BEGIN usb_desc_str serial_string __ALIGN_END =
36.   {
37.       .header =
38.       {
39.           .bLength          = USB_STRING_LEN(12U),
40.           .bDescriptorType = USB_DESCTYPE_STR,
41.       }
42.   };
```

```
43.
44.   void * const usbd_hid_strings[] =
45.   {
46.       [STR_IDX_LANGID]   = (uint8_t *)&usbd_language_id_desc,
47.       [STR_IDX_MFC]      = (uint8_t *)&manufacturer_string,
48.       [STR_IDX_PRODUCT]  = (uint8_t *)&product_string,
49.       [STR_IDX_SERIAL]   = (uint8_t *)&serial_string
50.   };
```

HID 报告描述符的定义代码如程序清单 12-8 所示。该描述符用于描述一个报告及报告所表示的数据信息。

程序清单 12-8

```
1.    __ALIGN_BEGIN const uint8_t hid_report_desc[USB_HID_REPORT_DESC_LEN] __ALIGN_END =
2.    {
3.        0x05, 0x01,   /* USAGE_PAGE (Generic Desktop) */
4.        0x09, 0x06,   /* USAGE (Keyboard) */
5.        0xa1, 0x01,   /* COLLECTION (Application) */
6.
7.        0x05, 0x07,   /* USAGE_PAGE (Keyboard/Keypad) */
8.        0x19, 0xe0,   /* USAGE_MINIMUM (Keyboard LeftControl) */
9.        0x29, 0xe7,   /* USAGE_MAXIMUM (Keyboard Right GUI) */
10.       0x15, 0x00,   /* LOGICAL_MINIMUM (0) */
11.       0x25, 0x01,   /* LOGICAL_MAXIMUM (1) */
12.       0x95, 0x08,   /* REPORT_COUNT (8) */
13.       0x75, 0x01,   /* REPORT_SIZE (1) */
14.       0x81, 0x02,   /* INPUT (Data,Var,Abs) */
15.
16.       0x95, 0x01,   /* REPORT_COUNT (1) */
17.       0x75, 0x08,   /* REPORT_SIZE (8) */
18.       0x81, 0x03,   /* INPUT (Cnst,Var,Abs) */
19.
20.       0x95, 0x06,   /* REPORT_COUNT (6) */
21.       0x75, 0x08,   /* REPORT_SIZE (8) */
22.       0x25, 0xFF,   /* LOGICAL_MAXIMUM (255) */
23.       0x19, 0x00,   /* USAGE_MINIMUM (Reserved (no event indicated)) */
24.       0x29, 0x65,   /* USAGE_MAXIMUM (Keyboard Application) */
25.       0x81, 0x00,   /* INPUT (Data,Ary,Abs) */
26.
27.       0xc0          /* END_COLLECTION */
28.   };
```

HID 报告传输函数如程序清单 12-9 所示,该函数在键盘位置上报时被调用。首先将传输完成标志置为 0,再调用端点发送函数 usbd_ep_send 发送数据,最后返回 USB 设备的 OK 状态。

```
1.    uint8_t hid_report_send (usb_dev * udev, uint8_t * report, uint32_t len)
2.    {
3.        standard_hid_handler * hid = (standard_hid_handler * )udev ->dev.class_data[USBD_HID_
          INTERFACE];
4.
5.        hid ->prev_transfer_complete = 0U;
6.
7.        usbd_ep_send(udev, HID_IN_EP, report, len);
8.
9.        return USBD_OK;
10.   }
```

12.3.2　Keyboard 文件对

1. Keyboard.h 文件

Keyboard.h 文件中"宏定义"区的部分宏定义如程序清单 12－10 所示。首先定义了键盘的 HID 码表,根据 HID 协议,每一个键盘上的按键都有其固定的值。

```
1.    //键盘 HID 码表
2.    #define KEYBOARD_NULL              0    //no event indicated
3.    #define KEYBOARD_ERROR_ROLL_OVER   1    //Error Roll Over
4.    #define KEYBOARD_POST_Fail         2    //POST Fail
5.    #define KEYBOARD_Error_Undefined   3    //Error Undefined
6.    #define KEYBOARD_A                 4    //KEYBOARD a and A
7.    ...
8.    //控制键
9.    #define SET_LEFT_CTRL     ((u8)(1 << 0))
10.   #define SET_LEFT_SHIFT    ((u8)(1 << 1))
11.   #define SET_LEFT_ALT      ((u8)(1 << 2))
12.   ...
```

在"API 函数声明"区,声明了 2 个 API 函数,如程序清单 12－11 所示。InitKeyboard 用于初始化 USB 键盘驱动,SendKeyVal 用于发送键值给计算机。

```
1.    //初始化 USB 键盘驱动
2.    void InitKeyboard(void);
3.
4.    //发送键值给计算机
5.    u8 SendKeyVal(u8 keyFunc, u8 key0, u8 key1, u8 key2, u8 key3, u8 key4, u8 key5);
```

2. Keyboard.c 文件

在 Keyboard.c 文件的"内部变量"区,首先声明 USB 基本参数变量 s_structHIDKeyboard 和接口处理变量 s_structFopHandler,然后定义键值缓冲区 s_arrKeyValue[8],初始化缓冲区为空标志位为 1,表示缓冲区为空,如程序清单 12 - 12 所示。

程序清单 12 - 12

```
1.   //HID 相关变量
2.   static usb_core_driver s_structHIDKeyboard;
3.   static hid_fop_handlers_structFopHandler;
4.
5.   //键盘键值缓冲区
6.   static u8 s_arrKeyValue[8];        //键值缓冲区
7.   static u8 s_arrKeyEmpty = 1;       //缓冲区为空标志位
```

在"内部函数实现"区,实现了 HID 预配置函数,如程序清单 12 - 13 所示。该函数用于初始化按键、键盘等设备。在此为空,因为在 GUIKeyBoard 中已经对键盘进行配置,所以此处无需初始化。

程序清单 12 - 13

```
1.   static void HidPreConfig (void)
2.   {
3.
4.   }
```

HID 数据处理函数 HidDataProcess 如程序清单 12 - 14 所示,用于发送按键数据。判断上次传输是否完成,若已完成且缓冲区非空,则将键值依次复制到缓冲区中并标记缓冲区为空,最后上报键值。

程序清单 12 - 14

```
1.   static void HidDataProcess(usb_dev * udev)
2.   {
3.     u32 i;
4.
5.     //获取 HID 句柄
6.     standard_hid_handler * hid = (standard_hid_handler * )udev ->dev.class_data[USBD_HID_
       INTERFACE];
7.
8.     //若上次传输已完成则上报键值
9.     if(hid ->prev_transfer_complete)
10.    {
11.      //缓冲区非空
12.      if(1 != s_arrKeyEmpty)
13.      {
14.        //标记缓冲区为空
15.        s_arrKeyEmpty = 1;
16.
17.        //依次复制键值到 HID 缓冲区
18.        for(i = 0; i < HID_IN_PACKET; i ++)
19.        {
20.          hid ->data[i] = s_arrKeyValue[i];
21.          s_arrKeyValue[i] = 0;
```

```
22.         }
23.
24.         //上报键值
25.         hid_report_send(udev, hid->data, HID_IN_PACKET);
26.       }
27.     }
28.  }
```

USBFS 唤醒中断服务函数 USBFS_WKUP_IRQHandler 如程序清单 12-15 所示。本章在 usbd_conf.h 文件中,进行了 USE_IRC48M 宏定义。

① 第 3~7 行代码:当 USB 处于低功耗模式时,若未定义 USE_IRC48M,则使能 PLL 时钟。

② 第 8~14 行代码:将 USE_IRC48M 宏定义打开后,配置内部高速 48 MHz 晶振时钟。

③ 第 16~17 行代码:使能 USB 时钟。

④ 第 20 行代码:清除中断挂起标志,使用 EXTI_18 将 USB 设备从低功耗模式中唤醒。

程序清单 12-15

```
1.   void USBFS_WKUP_IRQHandler(void)
2.   {
3.     if(s_structHIDKeyboard.bp.low_power)
4.     {
5.       #ifndef USE_IRC48M
6.         rcu_pll48m_clock_config(RCU_PLL48MSRC_PLLQ);
7.         rcu_ck48m_clock_config(RCU_CK48MSRC_PLL48M);
8.       #else
9.
10.        //配置内部 48 MHz 晶振
11.        rcu_osci_on(RCU_IRC48M);
12.        while (SUCCESS != rcu_osci_stab_wait(RCU_IRC48M)){}
13.        rcu_ck48m_clock_config(RCU_CK48MSRC_IRC48M);
14.      #endif
15.
16.      rcu_periph_clock_enable(RCU_USBFS);
17.      usb_clock_active(&s_structHIDKeyboard);
18.    }
19.
20.    exti_interrupt_flag_clear(EXTI_18);
21.  }
```

USBFS 中断服务函数 USBFS_IRQHandler 如程序清单 12-16 所示,实现对按键中断响应的处理。

程序清单 12-16

```
1.   void USBFS_IRQHandler(void)
2.   {
3.     usbd_isr(&s_structHIDKeyboard);
4.   }
```

在"API 函数实现"区,首先实现了 InitKeyboard 函数,如程序清单 12 - 17 所示。

① 第 4～5 行代码:将 HID 句柄配置 HID 预函数及数据处理函数。

② 第 8～9 行代码:USB 预配置,配置 GPIO,使能 RCU 时钟。

③ 第 13 行代码:根据前面配置的 HID 功能,注册 HID 接口。

④ 第 16～17 行代码:初始化 USB。初始化 USB 的 device 模式并加载驱动程序,配置 USB 中断。

⑤ 第 20～24 行代码:配置 CTC 时钟。

⑥ 第 27 行代码:标记缓冲区为空。

程序清单 12 - 17

```
1.    void InitKeyboard(void)
2.    {
3.        //配置 HID 句柄
4.        s_structFopHandler.hid_itf_config = HidPreConfig;
5.        s_structFopHandler.hid_itf_data_process = HidDataProcess;
6.
7.        //USB 预配置
8.        usb_gpio_config(); //配置 GPIO
9.        usb_rcu_config();   //使能 RCU 时钟
10.
11.
12.       //HID 注册
13.       hid_itfop_register (&s_structHIDKeyboard, &s_structFopHandler);
14.
15.       //USB 初始化
16.       usbd_init (&s_structHIDKeyboard, USB_CORE_ENUM_FS, &hid_desc, &usbd_hid_cb);
17.       usb_intr_config();
18.
19.       //配置 CTC
20.   #ifdef USE_IRC48M
21.       rcu_periph_clock_enable(RCU_CTC);
22.       ctc_config();
23.
24.   #endif
25.
26.       //标记缓冲区为空
27.       s_arrKeyEmpty = 1;
28.   }
```

在 InitKeyboard 函数实现区后为 SendKeyVal 函数的实现代码,如程序清单 12 - 18 所示。

① 第 6 行代码:首先使用 s_arrKeyEmpty 标志判断上次传输是否完成。若已完成,则继续进行处理。若上次传输未完成,则返回 1。

② 第 9～19 行代码:s_arrKeyValue 为 8 字节大小的无符号字符型数组,在 Keyboard.c 文件"内部变量"区声明。USB - HID 上报按键键值时固定为 8 字节,其中第 1 字节为功能按

键值,第 2 字节必须为 0,余下为普通按键值。最后标记键值缓冲区非空。

③ 第 29 行代码:调用 HidDataProcess 函数上报按键数据,最多支持同时上报 6 个普通按键,此时程序将上报获取的键值。

程序清单 12 - 18

```
1.    u8 SendKeyVal(u8 keyFunc, u8 key0, u8 key1, u8 key2, u8 key3, u8 key4, u8 key5)
2.    {
3.      u8 ret;
4.
5.      //若是上次传输完成则开启新一次传输
6.      if(1 == s_arrKeyEmpty)
7.      {
8.        //将键值保存到发送缓冲区
9.        s_arrKeyValue[0] = keyFunc;
10.       s_arrKeyValue[1] = 0;
11.       s_arrKeyValue[2] = key0;
12.       s_arrKeyValue[3] = key1;
13.       s_arrKeyValue[4] = key2;
14.       s_arrKeyValue[5] = key3;
15.       s_arrKeyValue[6] = key4;
16.       s_arrKeyValue[7] = key5;
17.
18.       //上报键值缓冲区非空
19.       s_arrKeyEmpty = 0;
20.
21.       ret = 0;
22.     }
23.     else
24.     {
25.       ret = 1;
26.     }
27.
28.     //上报键值
29.     s_structFopHandler.hid_itf_data_process(&s_structHIDKeyboard);
30.
31.     return ret;
32.   }
```

12.3.3   KeyboardTop. c 文件

在 KeyboardTop. c 文件的"内部变量"区,首先声明 s_structGUIDev 结构体,并且定义了键值转换数组 s_arrKeyTable,用于将 GUI 回传的键值转为 HID 协议的键值,如程序清单 12 - 19 所示。

```
1.    static StructGUIDev s_structGUIDev; //GUI 设备结构体
2.
3.    //键值转换,GUI 传回来的键值与 HID 键值不一致,需要做转换
4.    //GUI 键值编号是从左往右,从上往下,从 0 开始编号
5.    static u8 s_arrKeyTable[] =
6.    {
7.      //第一行
8.      KEYBOARD_ESC, KEYBOARD_1, KEYBOARD_2, KEYBOARD_3, KEYBOARD_4, KEYBOARD_5, KEYBOARD_6,
          KEYBOARD_7,
9.      KEYBOARD_8, KEYBOARD_9, KEYBOARD_0, KEYBOARD_MINUS, KEYBOARD_EQUAL, KEYBOARD_BACKSPACE,
10.     ...
11.     //第五行
12.     KEYBOARD_LEFT_CTRL, KEYBOARD_LEFT_WIN, KEYBOARD_LEFT_ALT, KEYBOARD_SPACEBAR, KEYBOARD_
          RIGHT_ALT,
13.     KEYBOARD_RIGHT_CTRL,
14.   };
```

在"内部函数实现"区,首先实现了 KeyCallback 按键回调函数,如程序清单 12-20 所示。

① 第 3~10 行代码:定义临时缓冲变量 funcKey(用于存储功能键的键值)和临时缓冲数组 key,并全部初始化为 0。

② 第 13~68 行代码:循环检测是否有功能按键或普通按键被按下。如果有,则进行键值转换。当键值超过 6 个时,终止当前循环。

③ 第 71 行代码:调用 SendKeyVal 函数依次上报功能键值 funcKey 和普通键值 key。

由于功能按键(如 Shift、Alt、Ctrl 等)是单独上报的,因此可以实现组合键功能(例如 Ctrl+Z)。按下功能按键后需要发送空按键指令给计算机以取消功能键状态,GUI 按键扫描检测到没有按键按下时也会调用一次此回调函数,用以清除控制键状态。

```
1.    static void KeyCallback(StructGUIButtonResult * result)
2.    {
3.      u8 i, funcKey, key[6];
4.
5.      //初始化键值
6.      funcKey = 0;
7.      for(i = 0; i < 6; i++)
8.      {
9.        key[i] = 0;
10.     }
11.
12.     //获取键值填入临时缓冲区
13.     for(i = 0; i < result->num; i++)
14.     {
15.       //左 Ctrl 键
16.       if(GUI_BUTTON_LCTRL == result->button[i])
```

```
17.        {
18.            funcKey = funcKey | SET_LEFT_CTRL;
19.        }
20.
21.        //右 Ctrl 键
22.        else if(GUI_BUTTON_RCTRL == result ->button[i])
23.        {
24.            funcKey = funcKey | SET_RIGHT_CTRL;
25.        }
26.
27.        //左 Shift 键
28.        else if(GUI_BUTTON_LSHIFT == result ->button[i])
29.        {
30.            funcKey = funcKey | SET_LEFT_SHIFT;
31.        }
32.
33.        //右 Shift 键
34.        else if(GUI_BUTTON_RSHIFT == result ->button[i])
35.        {
36.            funcKey = funcKey | SET_RIGHT_SHIFT;
37.        }
38.
39.        //左 Alt 键
40.        else if(GUI_BUTTON_LALT == result ->button[i])
41.        {
42.            funcKey = funcKey | SET_LEFT_ALT;
43.        }
44.
45.        //右 Alt 键
46.        else if(GUI_BUTTON_RALT == result ->button[i])
47.        {
48.            funcKey = funcKey | SET_RIGHT_ALT;
49.        }
50.
51.        //Windows 键
52.        else if(GUI_BUTTON_WIN == result ->button[i])
53.        {
54.            funcKey = funcKey | SET_LEFT_WINDOWS;
55.        }
56.
57.        //键值转换并保存到键值缓冲区
58.        if(GUI_BUTTON_NONE != result ->button[i])
59.        {
60.            key[i] = s_arrKeyTable[result ->button[i]];
61.        }
62.
63.        //只获取前 6 个键值
64.        if(i >= 5)
65.        {
66.            break;
```

```
67.        }
68.    }
69.
70.    //上报键值
71.    while(0 ! = SendKeyVal(funcKey, key[0], key[1], key[2], key[3], key[4], key[5]));
72. }
```

在"API 函数实现"区,首先实现了 InitKeyboardTop 函数,如程序清单 12 - 21 所示。该函数用于初始化 USB 键盘顶层模块,在 Main. c 文件中被调用。

程序清单 12 - 21

```
1.  void InitKeyboardTop(void)
2.  {
3.    //初始化 USB 键盘驱动
4.    InitKeyboard();
5.
6.    //设置按键扫描频率
7.    s_structGUIDev.scanTime = 100;
8.
9.    //设置回调函数
10.   s_structGUIDev.scanCallback = KeyCallback;
11.
12.   //初始化 GUI 界面设计
13.   InitGUI(&s_structGUIDev);
14. }
```

12.3.4　Main. c 文件

在 Proc2msTask 函数中调用 KeyboardTopTask 函数,每 40ms 执行一次 USB 键盘扫描任务,如程序清单 12 - 22 所示。

程序清单 12 - 22

```
1.  static  void  Proc2msTask(void)
2.  {
3.    static u8 s_iCnt = 0;
4.    if(Get2msFlag())          //判断 2 ms 标志位状态
5.    {
6.      LEDFlicker(250);        //调用闪烁函数
7.
8.      s_iCnt ++ ;
9.      if(s_iCnt >= 20)
10.     {
11.       s_iCnt = 0;
12.       KeyboardTopTask();
13.     }
14.     Clr2msFlag();           //清除 2 ms 标志位
15.   }
16. }
```

12.3.5　实验结果

用跳线帽将 J$_{707}$ 上的 PA11 和 PA12 分别与 USB_DM 和 USB_DP 短接,然后双击打开资料包"\02. 相关软件\USB Virtual Com Port Driver_v2.0.2.2673\x64"文件夹下的 USB Virtual Com Port Driver.exe 软件,安装 USB 设备驱动程序,接下来下载程序并进行复位。下载完成后,用 USB 线连接开发板上的 USB_SLAVE Type-C 接口和计算机。开发板上的 LCD 屏幕显示 USB 从机实验的 GUI 界面,即如图 12-12 所示的虚拟键盘,实验效果等同于将开发板作为外接键盘连接到计算机。单击屏幕上的任意按键,计算机上将产生相应的按键响应,组合按键也能正常响应,表示实验成功。

图 12-12　USB 从机实验 GUI 界面

本章任务

　　本章实验实现了以开发板为从机,模拟键盘与计算机通信的过程。现尝试在本章实验配套例程的基础上,编写程序实现键盘大小写状态提示功能,具体要求如下:按下虚拟键盘的 CapsLock 按键时,开发板上的绿灯 LED$_1$ 将会切换亮灭状态,并调用 GUIDrawTextLine 函数在 GUI 上显示当前的大小写状态。本章任务不要求读取计算机大小写状态,且默认开发板上电初始化时为小写状态,LED$_1$ 默认熄灭。因此,当按下 CapsLock 按键切换到大写输入状态时,LED$_1$ 点亮,再次按下 CapsLock 按键切换到小写输入状态时,LED$_1$ 熄灭。

本章习题

1. 简述 USB 描述符的层次结构。
2. 简述 USB 描述符的种类及其所包含的信息。
3. 简述 USB 协议的数据传输过程。
4. USB 协议有几种传输类型?简述其各自的特点。

第 13 章　录音播放实验

作为信息和能量的传播渠道之一,声音无疑是我们获取信息的重要方式,GD32F4 蓝莓派开发板上集成了喇叭和耳机插座等外设,还集成了具有编码解码功能的音频芯片,本章将学习通过 WM8978 音频芯片完成录音并播放的实验效果。

13.1　实验内容

本章实验的主要内容是学习音频编码解码芯片 WM8978,包括该芯片的数据传输方式和相关寄存器,了解芯片的工作过程,最后基于 GD32F4 蓝莓派开发板设计一个录音播放实验,将 SD 卡中的 WAV 文件的音频数据发送至 WM8978 芯片,通过喇叭播放音频。

13.2　实验原理

13.2.1　WM8978 芯片

WM8978 芯片是一个低功耗、高质量的立体声多媒体数字信号编码解码器,具有高级的片上数字信号处理功能,其 ADC 线路具有数字滤波功能,可以更好地完成各种滤波应用,并且由于结合了立体声差分麦克风的前置放大与扬声器、耳机和差分、立体声线输出的驱动,在应用时不需要功放等外部组件。

WM8978 芯片包含 1 个 5 波段硬件均衡器,1 个用于麦克风或 ADC 线路输入的混合信号电平自动控制器,1 个防止过载的数字限制器,并且还包含 PLL,可作为主机向其他设备提供时钟。

GD32F4 蓝莓派开发板上的音频模块电路原理图如图 13-1 所示,其中,WM8978 芯片的 SCLK、SDIN 引脚与微控制器的 PB6、PB7 引脚相连,作为 I^2C 接口传输数据;LRC、BCLK、ADCDAT、DACDAT 和 MCLK 等引脚则连接到微控制器的 PB12、PB13、PB14、PI3 和 PC6 引脚,这些引脚可被复用为 I^2S 接口功能传输音频数据。由于该芯片集成了相应的驱动,因此不需要添加功放,可直接与耳机、喇叭等设备相连。

WM8978 芯片部分引脚的名称和描述如表 13-1 所列。完整的引脚描述可参见文档《WM8978G》(位于本书配套资料包"09.参考资料\13.录音播放实验参考资料"文件夹下)中的 PIN DESCRIPTION 一节。

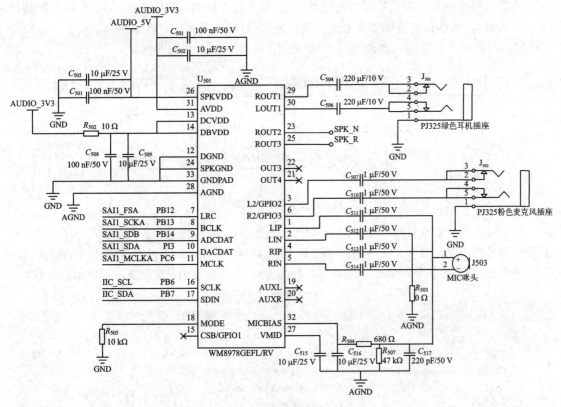

图 13-1　音频模块电路原理图

表 13-1　WM8978 芯片引脚描述

引脚号	引脚名称	描　　述
1、2、4、5	LIP、LIN、RIP、RIN	麦克风前置放大输入
3、6	L2/GPIO2、R2/GPIO3	通道线输入/GPIO 引脚
7	LRC	DAC 和 ADC 的采样率时钟
8	BCLK	数字音频位时钟
9、10	ADCDAT、DACDAT	数字音频数据输出、输入
11	MCLK	主时钟输入
15	CSB/GPIO1	微处理器片选/GPIO 引脚
16、17	SCLK、SDIN	微控制器时钟、数据输入

13.2.2　WM8978 芯片数据传输

　　微控制器和 WM8978 芯片之间的数据传输包括两部分：①双线接口/三线接口传输的数据，用于向寄存器写入相应的值来控制 WM8978 芯片；②通过 I^2S 接口传输的音频数据。

　　根据 13.2.1 小节中介绍的微控制器与 WM8978 芯片的连接情况可知，本实验采用双线接口完成微控制器对 WM8978 芯片的控制。双线接口的时序如图 13-2 所示，由于 WM8978

芯片内部通过 7 位数据表示寄存器的地址,同时每个寄存器的位数为 9 位,因此通过双线接口发送数据时,将数据最高位和寄存器地址组合发送,再将剩下的 8 位数据发送。由于该接口与 I^2C 接口的时序几乎完全一致,因此本实验采用 I^2C 接口控制 WM8978 芯片。

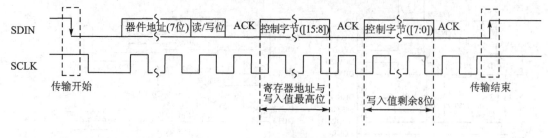

图 13-2 双线接口时序

WM8978 芯片的双线接口比较特殊,相比于其他 I^2C 接口,该接口不支持数据读取,因此在代码中通过数组来存储 WM8978 芯片的寄存器值,如程序清单 13-1 所示,该数组在 WM8978.c 文件中定义,当需要获取 WM8978 芯片寄存器的值时,使用数组中对应元素的值即可。

程序清单 13-1

```
static u16 s_arrWM8978RegValTable[58] =
{
  0x0000, 0x0000, 0x0000, 0x0000, 0x0050, 0x0000, 0x0140, 0x0000,
  0x0000, 0x0000, 0x00FF, 0x00FF, 0x0000, 0x0100, 0x00FF,
  0x00FF, 0x0000, 0x012C, 0x002C, 0x002C, 0x002C, 0x002C, 0x0000,
  0x0032, 0x0000, 0x0000, 0x0000, 0x0000, 0x0000, 0x0000, 0x0000,
  0x0038, 0x000B, 0x0032, 0x0000, 0x0008, 0x000C, 0x0093, 0x00E9,
  0x0000, 0x0000, 0x0000, 0x0000, 0x0003, 0x0010, 0x0010, 0x0100,
  0x0100, 0x0002, 0x0001, 0x0001, 0x0039, 0x0039, 0x0039, 0x0039,
  0x0001, 0x0001
};
```

向 WM8978 芯片寄存器写入数据的函数 WM8978WriteReg 如程序清单 13-2 所示,将数据组合后通过 I^2C 接口向 WM8978 发送数据,并且由于 WM8978 无法读出寄存器数据,发送完成后保存发送的数据至程序清单 13-1 中的数组。

程序清单 13-2

```
u8 WM8978WriteReg(u8 reg, u16 val)
{
  u8 writeReg, writeData;

  //写寄存器地址 + 数据的最高位
  writeReg = (reg << 1) | ((val >> 8) & 0x01);//7 位地址 + 1 位数据
  writeData = val & 0xFF;

  //写入
  if(0 != IICCommonWriteBytes(&s_structIICDev, writeReg, &writeData, 1))
  {
    //写入失败
    return 1;
  }
```

```
//保存寄存器值到本地
s_arrWM8978RegValTable[reg] = val;
return 0;
}
```

　　微控制器通过 I²S 接口传输音频数据至 WM8978 芯片,WM8978 芯片通过 DACDAT 接口获取音频数据后将其转化为模拟量,再经过一系列过程后通过喇叭或耳机播放;同时,WM8978 芯片可以通过麦克风或咪头等设备获取音频,将其转化为数字量后通过 ADCDAT 接口传输至微控制器完成录音。下面对 I²S 接口及传输协议进行介绍。

　　I²S(Inter IC Sound),即集成电路内置音频总线,是飞利浦公司为数字音频设备之间的音频数据传输而制定的一种总线标准,其引脚描述及对应的 WM8978 引脚如表 13-2 所列。

表 13-2　I²S 引脚描述及对应的 WM8978 引脚

I²S 引脚名	描　　述	对应 WM8978 引脚
WS	字选择,即左右时钟,用于切换左右声道数据,相当于音频采样率	LRC
CK	串行时钟,即位时钟,CK=声道数×WS×数据位宽	BCLK
ADD_SD	全双工模式下,用于主机获取数据(半双工则不需要该引脚)	ADCDAT
SD	用于主机输出数据	DACDAT
MCK	主时钟,MCK=128/256/512×WS	MCLK

　　随着技术的发展,在硬件接口不变的条件下,I²S 产生了多种数据格式,包括 LSB(右对齐)、MSB(左对齐)、飞利浦标准 I²S 等,并且采样率也从 16～32 位不等,本实验采用飞利浦标准,并将采样率设置为 16 位。

　　飞利浦标准下的 I²S 有 3 个特点:

　　① WS 为 0 时表示传输左声道数据,为 1 时表示传输右声道数据,WS 的电平在 CK 的下降沿变化。

　　② 发送机在 CK 的下降沿改变数据,接收机在 CK 的上升沿读取数据。

　　③ 数据从 WS 变化后的第二个 CK 脉冲开始发送,并且优先发送最高有效位(MSB),有利于不同位数的发送机、接收机互连。

　　I²S 时序图如图 13-3 所示。

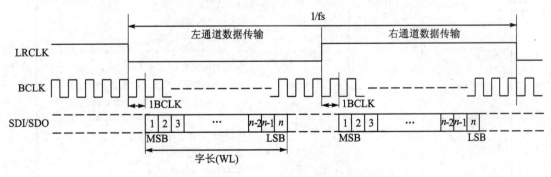

图 13-3　I²S 时序图

13.2.3 WM8978 芯片寄存器

WM8978 芯片具有 58 个寄存器,寄存器的地址为 0～57,即 0h～39h,部分寄存器描述如表 13-3 所列。完整的寄存器描述可参见文档《WM8978G》中的 REGISTER MAP 一节。

表 13-3 WM8978 部分寄存器位描述

寄存器地址	位 域	位域名称	描 述
0(0h)	[8:0]	Software reset	写入任意值复位芯片
1(1h)	[3]	BIASEN	模拟放大器偏置控制。 0:失能; 1:使能
	[1:0]	VMIDSEL	VMID 引脚的参考阻抗。 00:off(开路); 01:75 kΩ; 10:300 kΩ; 11:5 kΩ
2(02h)	[6]	SLEEP	运行模式选择。 0:正常运行模式; 1:节电(备用)模式
3(03h)	[1]	DACENR	右通道 DAC 控制。 0:右通道 DAC 失能; 1:右通道 DAC 使能
4(04h)	[6:5]	WL	音频数据有效位数(字长)。 00:16 位; 01:20 位; 10:24 位; 11:32 位
	[4:3]	FMT	音频数据格式。 00:右对齐; 01:左对齐; 10:飞利浦模式; 11:DSP/PCM 模式
6(06h)	[0]	MS	设置时钟源(主从机)。 0:外部输入 BCLK 和 LRC 时钟(从机); 1:内部输出 BCLK 和 LRC 时钟(主机)
10(0Ah)	[3]	DACOSR128	DAC 采样率设置。 0:64×(低速时钟); 1:128×(最佳 SNR)

寄存器地址	位　域	位域名称	描　述
10(0Eh)	[3]	ADCOSR128	ADC 采样率设置。 0：64×(低速时钟)； 1：128×(最佳 SNR)
50(32h)	[0]	DACL2LMIX	左 ADC 输出至左声道混频器。 0：关闭； 1：打开
52(34h)	[5:0]	LOUT1VOL	左耳机输出音量。 000000：−57 dB； ... 111001：0 dB； ... 111111：+6 dB

13.2.4　WAV 文件格式

WAV 即 WAVE 文件，是计算机领域常用的数字化声音文件格式之一，符合 RIFF (Resource Interchange File Format)文件规范，是微软专门为 Windows 系统定义的波形文件格式(Waveform Audio)，因此可用于保存 Windows 平台的音频信息资源，该格式同时被 Windows 平台及其应用程序所广泛支持。WAV 格式也支持 MSADPCM、CCITT A LAW 等多种压缩运算法，支持多种音频数字、取样频率和声道，标准格式化的 WAV 文件使用 44.1 kHz 的取样频率，16 位量化数字。

WAV 文件是由若干个 Chunk 组成的，包括以下组成部分：RIFF WAVE Chunk、Format Chunk、Fact Chunk(可选)和 Data Chunk，通常在程序中采用结构体定义不同的块。每个 Chunk 由块标识符区域(4 字节)、数据大小区域(4 字节)和数据三部分组成。

其中块标识符区域由 4 个 ASCII 码构成，数据大小区域则记录数据区域的长度(单位为字节)，因此每个 Chunk 的大小为数据大小加 8 字节。

1. RIFF 块

RIFF 块的标识符为 RIFF，即 0X46464952，其数据段为 WAVE，表示文件为 WAV 文件，即 0X45564157，RIFF 块在程序中的定义如程序清单 13 - 3 所示。

程序清单 13 - 3

```
typedef __packed struct
{
    u32 chunkID;        //chunk id；这里固定为 RIFF，即 0X46464952
    u32 chunkSize;      //集合大小；文件总大小为 8
    u32 format;         //格式；WAVE，即 0X45564157
}StructChunkRIFF;
```

2. Format 块

Format 块的标识符为 fmt,即 0X20746D66,其数据段记录文件的各种信息,通常大小为 16 字节,部分 WAV 文件增加了 2 字节的附加信息,Format 块在程序中的定义如程序清单 13-4 所示。

程序清单 13-4

```
typedef __packed struct
{
    u32 chunkID;          //chunk id;这里固定为 fmt,即 0X20746D66
    u32 chunkSize;        //子集合大小(不包括 ID 和 Size);这里为 20
    u16 audioFormat;      //音频格式;0X10,表示线性 PCM;0X11 表示 IMA ADPCM
    u16 numOfChannels;    //通道数量;1 表示单声道;2 表示双声道
    u32 sampleRate;       //采样率;0X1F40,表示 8 kHz
    u32 byteRate;         //字节速率
    u16 blockAlign;       //块对齐(字节)
    u16 bitsPerSample;    //单个采样数据大小;4 位 ADPCM,设置为 4
    // u16 byteExtraData;  //附加的数据字节;2 个;线性 PCM,没有这个参数
    // u16 extraData;  //附加的数据,单个采样数据块大小;0X1F9;505 字节线性 PCM,没有这个参数
}StructChunkFMT;
```

3. Fact 块

Fact 块的标识符为 fact,即 0X74636166,其数据段记录录音文件采样的数量,Fact 块在程序中的定义如程序清单 13-5 所示。

程序清单 13-5

```
typedef __packed struct
{
    u32 chunkID;          //chunk id;这里固定为 fact,即 0X74636166
    u32 chunkSize;        //子集合大小(不包括 ID 和 Size);这里为 4
    u32 numOfSamples;     //采样的数量
}StructChunkFACT;
```

4. Data 块

Data 块的标识符为 data,即 0X61746164,其数据段记录录音文件的数据,Data 块在程序中的定义如程序清单 13-6 所示,由于录音文件的数据较大,因此该结构体不包含数据区域,在 WAV 文件中,Data 块后为音频数据。

程序清单 13-6

```
typedef __packed struct
{
    u32 chunkID;          //chunk id;这里固定为 data,即 0X61746164
    u32 chunkSize;        //子集合大小(不包括 ID 和 Size);文件大小为 60
}StructChunkDATA;
```

13.3　实验代码解析

13.3.1　WM8978 文件对

1. WM8978. h 文件

在 WM8978. h 文件的"宏定义"区,进行了 WM8978 芯片的器件地址及各波段频率的宏定义。

在"API 函数声明"区,声明了 14 个 API 函数,如程序清单 13 - 7 所示。

① 第 1 行代码:InitWM8978 函数用于初始化 WM8978 模块。

② 第 2～3 行代码:WM8978WriteReg 和 WM8978ReadReg 函数用于读/写 WM8978 芯片。

③ 第 4～6 行代码:WM8978ADDACfg、WM8978InputCfg 和 WM8978OutputCfg 函数用于配置 WM8978 的输入/输出。

④ 第 7～9 行代码:WM8978MICGain、WM8978LineinGain 和 WM8978AUXGain 函数用于设置 WM8978 输入/输出增益。

⑤ 第 10 行代码:WM8978I2SCfg 函数用于设置 I^2S 工作模式。

⑥ 第 11～14 行代码:WM8978HPvolSet、WM8978SPKvolSet、WM89783DSet 和 WM8978EQ3DDir 用于设置音量及音效。

程序清单 13 - 7

```
1.   u8    InitWM8978(void);                          //WM8978 模块初始化
2.   u8    WM8978WriteReg(u8 reg, u16 val);           //写寄存器
3.   u16   WM8978ReadReg(u8 reg);                      //读寄存器
4.   void WM8978ADDACfg(u8 dacen, u8 adcen);          //DAC/ADC 配置
5.   void WM8978InputCfg(u8 micen, u8 lineinen, u8 auxen);  //输入通道配置
6.   void WM8978OutputCfg(u8 dacen, u8 bpsen);        //WM8978 输出配置
7.   void WM8978MICGain(u8 gain);                      //MIC 增益设置
8.   void WM8978LineinGain(u8 gain);                   //Line in 增益设置
9.   void WM8978AUXGain(u8 gain);                      //PWM 音频增益设置
10.  void WM8978I2SCfg(u8 fmt, u8 len);               //设置 I²S 工作模式
11.  void WM8978HPvolSet(u8 voll, u8 volr);           //设置耳机左右声道音量
12.  void WM8978SPKvolSet(u8 volx);                    //设置喇叭音量
13.  void WM89783DSet(u8 depth);                       //设置 3D 环绕声
14.  void WM8978EQ3DDir(u8 dir);                       //设置 EQ/3D 作用方向
```

2. WM8978. c 文件

在 WM8978. c 文件的"内部函数声明"及"内部函数实现"区,声明并实现了完成 I^2C 协议的 6 个函数,包括 ConfigIICGPIO 和 ConfigSDAMode 等函数。

在"API 函数实现"区,首先实现了 InitWM8978 函数,如程序清单 13 - 8 所示。该函数首

先初始化 I²C 相应的引脚并配置相应的参数,其次向寄存器 0 写入相应值以软复位 WM8978,最后向 WM8978 各个寄存器写入相应值完成配置。

程序清单 13-8

```
1.    u8 InitWM8978(void)
2.    {
3.        u8 res;
4.
5.        //初始化 I²C 的 GPIO
6.        ConfigIICGPIO();
7.
8.        //配置 I²C
9.        s_structIICDev.deviceID      = WM8978_ADDR << 1;        //设备 ID
10.       s_structIICDev.SetSCL        = SetSCL;                  //设置 SCL 电平值
11.       s_structIICDev.SetSDA        = SetSDA;                  //设置 SDA 电平值
12.       s_structIICDev.GetSDA        = GetSDA;                  //获取 SDA 输入电平
13.       s_structIICDev.ConfigSDAMode = ConfigSDAMode;          //配置 SDA 输入输出方向
14.       s_structIICDev.Delay         = Delay;                  //延时函数
15.
16.       //软复位 WM8978
17.       res = WM8978WriteReg(0, 0);
18.       if(0 != res)
19.       {
20.           printf("InitWM8978: Fail to reset WM8978! \r\n");
21.           return 1;
22.       }
23.
24.       //以下为通用设置
25.       WM8978WriteReg(1, 0x1B);
          //R1,MICEN 设置为 1(MIC 使能),BIASEN 设置为 1(模拟器工作),VMIDSEL[1:0]设置为 11(5K)
26.       WM8978WriteReg(2, 0x1B0);     //R2,ROUT1,LOUT1 输出使能(耳机可以工作),BOOSTENR,BOOSTENL 使能
27.       WM8978WriteReg(3, 0x6C);      //R3,LOUT2,ROUT2 输出使能(喇叭工作),RMIX,LMIX 使能
28.       WM8978WriteReg(6, 0);         //R6,MCLK 由外部提供
29.       WM8978WriteReg(43, 1 << 4);   //R43,INVROUT2 反向,驱动喇叭
30.       WM8978WriteReg(47, 1 << 8);   //R47 设置,PGABOOSTL,左通道 MIC 获得 20 倍增益
31.       WM8978WriteReg(48, 1 << 8);   //R48 设置,PGABOOSTR,右通道 MIC 获得 20 倍增益
32.       WM8978WriteReg(49, 1 << 1);   //R49,TSDEN,开启过热保护
33.       WM8978WriteReg(49, 1 << 2);   //R49,SPEAKER BOOST,1.5x
34.       WM8978WriteReg(10, 1 << 3);   //R10,SOFTMUTE 关闭,128x 采样,最佳 SNR
35.       WM8978WriteReg(14, 1 << 3);   //R14,ADC 128x 采样率
36.       return 0;
37.   }
```

在 InitWM8978 函数实现区后为 WM8978WriteReg 和 WM8978ReadReg 函数的实现代码,WM8978WriteReg 函数如程序清单 13-2 所示,向 WM8978 寄存器写入相应值,WM8978ReadReg 函数则返回程序清单 13-1 所示数组的值,以返回 WM8978 寄存器值。

在 InitWM8978 函数实现区后为 WM8978ADDACfg 函数的实现代码,如程序清单 13 - 9
所示,该函数根据参数及程序清单 13 - 1 所示数组的值,向 WM8978 相应寄存器写入值以配
置 DAC 及 ADC 功能。

程序清单 13 - 9

```
1.    void WM8978ADDACfg(u8 dacen, u8 adcen)
2.    {
3.      u16 regval;
4.
5.      //设置 DAC
6.      regval = WM8978ReadReg(3);
7.      if(dacen)
8.      {
9.        regval |= 3 << 0;
10.     }
11.     else
12.     {
13.       regval &= ~(3 << 0);
14.     }
15.     WM8978WriteReg(3,regval);
16.
17.     //设置 ADC
18.     regval = WM8978ReadReg(2);
19.     if(adcen)
20.     {
21.       regval |= 3 << 0;
22.     }
23.     else
24.     {
25.       regval &= ~(3 << 0);
26.     }
27.     WM8978WriteReg(2,regval);
28.   }
```

在 WM8978ADDACfg 函数实现区后为 WM8978InputCfg 和 WM8978OutputCfg 函数的
实现代码,与 WM8978ADDACfg 类似,这两个函数根据参数及程序清单 13 - 1 所示数组的
值,向 WM8978 相应寄存器写入值以配置各个输入/输出通道。

在 WM8978OutputCfg 函数实现区后为 WM8978MICGain、WM8978LineinGain 和
WM8978AUXGain 函数的实现代码,这 3 个函数根据参数配置 MIC、Linein 和 AUX 等增益。

在 WM8978AUXGain 函数实现区后为 WM8978I2SCfg 函数的实现代码,如程序清单 13 - 10
所示,该函数根据参数向 WM8978 第 4 个寄存器写入相应值以配置 I^2S 标准及数据长度。

程序清单 13 - 10

```
1.    void WM8978I2SCfg(u8 fmt, u8 len)
2.    {
3.      fmt &= 0x03;
4.      len &= 0x03;
5.      WM8978WriteReg(4,(fmt << 3)|(len << 5));
6.    }
```

在 WM8978I2SCfg 函数实现区后为 WM8978HPvolSet 和 WM8978SPKvolSet 函数的实现代码,这两个函数根据参数配置 WM8978 寄存器的值以设置耳机和喇叭左右声道的音量大小。

在 WM8978SPKvolSet 函数实现区后为 WM89783DSet 和 WM8978EQ3DDir 函数的实现代码,WM89783DSet 函数根据参数向 WM8978 第 41 个寄存器写入相应值以设置 3D 环绕声强度,WM8978EQ3DDir 函数根据参数及程序清单 13-1 所示数组的值,向 WM8978 相应寄存器写入值以设置 EQ/3D 作用方向。

13.3.2 WavPlayer 文件对

1. WavPlayer. h 文件

在 WavPlayer. h 文件的"枚举结构体"区,添加了 WAV 文件的 RIFF 和 Format 等块的结构体声明,并添加了播放状态机枚举和 StructWavHeader 结构体的声明,如程序清单 13-11 所示。StructWavHeader 将上述 WAV 文件使用的结构体作为成员变量,方便调用录音文件,由于不使用压缩格式 IAM ADPCM 录音,因此不需要使用 Fact 块。

程序清单 13-11

```
1.   //WAV 播放状态机
2.   typedef enum
3.   {
4.     WAV_PLAYER_STATE_IDLE,        //空闲
5.     WAV_PLAYER_STATE_RESTART,     //重新播放,用于切歌
6.     WAV_PLAYER_STATE_START,       //开始播放
7.     WAV_PLAYER_STATE_PLAY,        //正在播放
8.     WAV_PLAYER_STATE_PAUSE,       //暂停
9.     WAV_PLAYER_STATE_FINISH,      //完成
10.  }EnumWavPlayerState;
11.
12.  //WAV 头
13.  typedef __packed struct
14.  {
15.    StructChunkRIFF riff;         //riff 块
16.    StructChunkFMT fmt;           //fmt 块
17.    // StructChunkFACT fact;      //fact 块线性 PCM,没有这个结构体
18.    StructChunkDATA data;         //data 块
19.  }StructWavHeader;
```

在"API 函数声明"区,声明了 8 个 API 函数,如程序清单 13-12 所示。InitWavPlayer 函数用于初始化 WAV 播放模块,WavPlayerPoll 函数用于进行 WAV 播放轮询任务,SetWavFileName 函数用于设置录音文件名,StartWavPlay 函数用于开始/继续播放录音,PauseWavPlay 函数用于暂停播放录音,IsWavPlayerIdle 函数用于判断 WAV 播放器是否为空闲状态,GetWavTime 和 GetWavPlayerState 函数用于获取歌曲播放时间及 WAV 播放器状态。

```
1.    void InitWavPlayer(void);                              //初始化 WAV 播放模块
2.    void WavPlayerPoll(void);                              //WAV 播放轮询任务
3.    void SetWavFileName(char * name);                      //设置录音文件名
4.    void StartWavPlay(void);                               //开始/继续播放录音
5.    void PauseWavPlay(void);                               //暂停播放录音
6.    u8   IsWavPlayerIdle(void);                            //判断 WAV 播放器是否为空闲
7.    void GetWavTime(u32 * currentTime, u32 * allTime);     //获取歌曲播放时间
8.    EnumWavPlayerState GetWavPlayerState(void);            //获取 WAV 播放器状态
```

2. WavPlayer. c 文件

在"API 函数实现"区,首先实现 InitWavPlayer 函数,该函数通过将 WAV 播放器的状态设置为空闲状态,以完成对播放器的初始化。

在 InitWavPlayer 函数实现区后为 WavPlayerPoll 函数的实现代码,如程序清单 13 - 13 所示。该函数用于实现 WAV 播放器的轮询任务,根据播放器的当前状态执行不同的命令,下面简要介绍该函数。

① 第 6～11 行代码:检测播放器是否处于空闲状态或暂停状态,若是则终止传输并设置标志位后返回,否则根据播放器的状态执行相应任务。

② 第 14～21 行代码:若为重新播放状态,则关闭音频文件后释放内存,并将变量 s_enumPlayerState 赋值为 WAV_PLAYER_STATE_START 以进入开始播放状态。

③ 第 24～79 行代码:若为开始播放状态,则校验文件名是否为空,并为音频文件名称及数据缓冲区申请内存,通过 f_open 函数打开音频文件后,读取第一批数据并获取相应的 fmt 块以获取码率、采样率等信息。其次通过 WM8978ADDACfg 等函数配置 WM8978 及 I^{2}S,根据块中的信息计算数据发送起始位置,并在清空字节计数后通过 f_lseek 函数设置文件读取位置,将传输标志设置为未开始传输后将变量 s_enumPlayerState 赋值为 WAV_PLAYER_STATE_PLAY 以进入正在播放状态。

④ 第 82～149 行代码:若为正在播放状态,则首先检测是否为第一次读取数据,若是则使用缓冲区 1,否则使用未使用缓冲区存放数据,通过 f_read 函数读取音频数据至缓冲区后记录播放位置,更新播放时间及进度,并将缓冲区末尾,即非音频数据部分进行清零;其次若为第一次读取数据,则开启 DMA 双通道传输;最后数据发送完成后,关闭 DMA 传输并将传输标志置为 0,将变量 s_enumPlayerState 赋值为 WAV_PLAYER_STATE_FINISH 以进入播放完成状态。

⑤ 第 152～159 行代码:若为播放完成状态,则检测传输标志以判断是否已关闭传输,若未关闭则关闭 DMA 传输;其次打印播放结束提示信息,调用 f_close 函数关闭文件并释放内存;最后将变量 s_enumPlayerState 赋值为 WAV_PLAYER_STATE_IDLE 以进入空闲状态。

```
1.    void WavPlayerPoll(void)
2.    {
3.      ...
4.
```

```
5.      //空闲状态或暂停状态
6.      if((WAV_PLAYER_STATE_IDLE == s_enumPlayerState) || (WAV_PLAYER_STATE_PAUSE == s_enumPlayerState))
7.      {
8.          //终止 DMA 传输
9.          ...
10.         return;
11.     }
12.
13.     //重新播放
14.     if(WAV_PLAYER_STATE_RESTART == s_enumPlayerState)
15.     {
16.         //关闭文件
17.         ...
18.
19.         //切换到下一状态
20.         s_enumPlayerState = WAV_PLAYER_STATE_START;
21.     }
22.
23.     //开始播放
24.     if(WAV_PLAYER_STATE_START == s_enumPlayerState)
25.     {
26.         printf("WavPlayerPoll:开始播放录音\r\n");
27.
28.         //校验文件名
29.         ...
30.
31.         //打开 WAV 文件
32.         result = f_open(s_pWavFile, (const TCHAR *)s_arrWavFileName, FA_OPEN_EXISTING | FA_READ);
33.         ...
34.
35.         //读取第一批数据
36.         f_read(s_pWavFile, s_pAudioBuf1, WAV_BUF_SIZE, &s_iReadNum);
37.
38.         //获取 fmt 块
39.         fmt = (StructChunkFMT *)(s_pAudioBuf1 + sizeof(StructChunkRIFF));
40.
41.         //获取歌曲信息
42.         ...
43.
44.         //计算歌曲总长
45.         s_iSongAllTime = s_pWavFile->fsize / fmt->byteRate;
46.
47.         //清空录音时长记录
48.         ...
49.
```

```
50.       //配置 WM8978 和 I²S
51.       ...
52.
53.       //查找 Data Chunk 开头
54.       temp = 0;
55.       while(0x61746164 != *(u32 *)((u8 *)s_pAudioBuf1 + temp))
56.       {
57.         temp = temp + 4;
58.       }
59.
60.       //设置发送起始位置(要确保 4 字节对齐)
61.       s_iReadPos = temp + 8;
62.       while(0 != (s_iReadPos % 4))
63.       {
64.         s_iReadPos = s_iReadPos - s_iBitsPerSample / 8;
65.       }
66.       printf("WavPlayerPoll:查找 Data Chunk 成功,数据起始位置:%d\r\n", s_iReadPos);
67.
68.       //清空字节计数
69.       s_iReadNum = 0;
70.
71.       //设置文件读取位置
72.       f_lseek(s_pWavFile, s_iReadPos);
73.
74.       //标记尚未开启传输
75.       s_iTransmitFlag = 0;
76.
77.       //切换到下一状态
78.       s_enumPlayerState = WAV_PLAYER_STATE_PLAY;
79.     }
80.
81.     //正在播放
82.     if(WAV_PLAYER_STATE_PLAY == s_enumPlayerState)
83.     {
84.       //第一次读取音频数据时默认使用缓冲区 1
85.       if(0 == s_iTransmitFlag)
86.       {
87.         s_iNotUseBuf = s_pAudioBuf1;
88.         needReadFlag = 1;
89.       }
90.
91.       //获取未使用的缓冲区
92.       else
93.       {
94.         if(s_iNotUseBuf != (u8 *)I2SGetTransmitNotUsedMemoryAddr())
```

```
95.        {
96.            s_iNotUseBuf = (u8 *)I2SGetTransmitNotUsedMemoryAddr();
97.            needReadFlag = 1;
98.        }
99.        else
100.       {
101.           needReadFlag = 0;
102.       }
103.    }
104.
105.    //读取新一批数据
106.    if(1 == needReadFlag)
107.    {
108.      f_read(s_pWavFile, s_iNotUseBuf, WAV_BUF_SIZE, &s_iReadNum);
109.
110.      //记录读取位置
111.      s_iReadPos = s_iReadPos + s_iReadNum;
112.
113.      //更新播放时间
114.      s_iPlayTime = s_iReadPos / s_iBitRate;
115.
116.      //更新显示歌曲进度
117.      UpdataProgress(s_iPlayTime, s_iSongAllTime);
118.
119.      //最后一批数据缓冲区末尾清零操作
120.      if(s_iReadNum != WAV_BUF_SIZE)
121.      {
122.        for(i = s_iReadNum; i < WAV_BUF_SIZE; i++)
123.        {
124.          s_iNotUseBuf[i] = 0;
125.        }
126.      }
127.    }
128.
129.    //开启 DMA 双缓冲区传输
130.    if(0 == s_iTransmitFlag)
131.    {
132.      s_iTransmitFlag = 1;
133.
134.      //双通道发送数据
135.      ...
136.    }
137.
138.    //发送完成
139.    if(s_pWavFile->fptr >= s_pWavFile->fsize)
```

```
140.        {
141.            //终止 DMA 传输
142.            I2SEndDMATransmit();
143.            s_iTransmitFlag = 0;
144.
145.            //切换到下一状态
146.            s_enumPlayerState = WAV_PLAYER_STATE_FINISH;
147.            printf("WavPlayerPoll:文件发送完毕\r\n");
148.        }
149.    }
150.
151.    //完成
152.    if(WAV_PLAYER_STATE_FINISH == s_enumPlayerState)
153.    {
154.        //终止 DMA 传输
155.        if(0 != s_iTransmitFlag)
156.        {
157.            I2SEndDMATransmit();
158.            s_iTransmitFlag = 0;
159.        }
160.
161.        ...
162.
163.        //切换到下一状态
164.        s_enumPlayerState = WAV_PLAYER_STATE_IDLE;
165.    }
166. }
```

在 WavPlayerPoll 函数实现区后为 SetWavFileName 函数的实现代码,该函数将数组 name 中的变量一一赋值到数组 s_s_arrWavFileName 中,以设置录音文件名。

在 SetWavFileName 函数实现区后为 StartWavPlay 函数和 PauseWavPlay 函数的实现代码,通过对变量 s_enumPlayerState 赋值来切换播放器启动、暂停、继续和停止等状态。

在 PauseWavPlay 函数实现区后为 IsWavPlayerIdle 函数的实现代码,该函数将变量 s_enumPlayerState 是否为 WAV_PLAYER_STATE_IDLE 的结果返回,以判断播放器是否处于空闲状态。

在 IsWavPlayerIdle 函数实现区后为 GetWavTime 函数的实现代码,如程序清单 13 - 14 所示,该函数首先判断播放器状态,若不为空闲状态,则将当前歌曲播放时间和总时间赋给输出参数,否则将输出参数赋为 0。

程序清单 13 - 14

```
1.    void GetWavTime(u32 * currentTime, u32 * allTime)
2.    {
3.        if(WAV_PLAYER_STATE_IDLE != s_enumPlayerState)
4.        {
5.            * currentTime = s_iPlayTime;
```

```
6.        * allTime = s_iSongAllTime;
7.      }
8.    else
9.    {
10.       * currentTime = 0;
11.       * allTime = 0;
12.     }
13.   }
```

在 GetWavTime 函数实现区后为 GetWavPlayerState 函数的实现代码,该函数将包含播放器状态的变量 s_enumPlayerState 作为返回值返回。

13.3.3 Recorder 文件对

1. Recorder.h 文件

在 Recorder.h 文件的"枚举结构体"区,添加了录音相应状态的枚举声明,如程序清单 13-15 所示。

程序清单 13-15

```
1.    typedef enum
2.    {
3.      RECORDER_IDLE,        //空闲状态
4.      RECORDER_START,       //开始录音
5.      RECORDER_REV,         //接收音频数据
6.      RECORDER_PAUSE,       //暂停录音
7.      RECORDER_FINISH,      //完成录音
8.    }EnumRecorderState;
```

在"API 函数声明"区,声明了 7 个 API 函数,如程序清单 13-16 所示。InitRecorder 函数用于初始化录音机模块,RecorderPoll 函数用于进行录音轮询任务,StartEndRecorder 函数用于开始/继续/结束录音,PauseRecorder 函数用于暂停录音,IsRecorderIdle 函数用于判断录音机是否为空闲状态,GetRecordName 函数用于获取录音文件名称,GetRecordTime 函数用于获取录音时长。

程序清单 13-16

```
1.    void   InitRecorder(void);          //初始化录音机
2.    void   RecorderPoll(void);          //录音轮询任务
3.    void   StartEndRecorder(void);      //开始/继续/结束录音
4.    void   PauseRecorder(void);         //暂停录音
5.    u8     IsRecorderIdle(void);        //判断录音机是否为空闲状态
6.    char * GetRecordName(void);         //获取录音文件名称
7.    u64    GetRecordTime(void);         //获取录音时长
```

2. Recorder.c 文件

在 Recorder.c 文件的"内部函数声明"区,声明了 6 个内部函数,如程序清单 13-17 所示。

EnterRecordMode 函数用于激活录音，ExitRecordMode 函数用于退出录音模式，InitWaveHeaderStruct 函数用于初始化 WAV 头相应的结构体，GetNewRecName 函数用于获得新的文件名，CheckRecDir 函数用于校验录音机目录是否存在，若不存在则新建该目录，ShowRecordTime 函数用于显示录音时长。

程序清单 13 - 17

```
1.    static void EnterRecordMode(void);                              //激活录音模式
2.    static void ExitRecordMode(void);                               //退出录音模式
3.    static void InitWaveHeaderStruct(StructWavHeader * wavhead);     //初始化 WAV 头相应的结构体
4.    static void GetNewRecName(char * name);                         //获得新的文件名
5.    static void CheckRecDir(void);                    //校验录音机目录是否存在,若不存在则新建该目录
6.    static void ShowRecordTime(u32 time);                          //显示录音时长
```

在"内部函数实现"区，首先实现了 EnterRecordMode 函数，如程序清单 13 - 18 所示。EnterRecordMode 函数通过 WM8978.c 文件中的函数完成对 WM8978 芯片的配置，并通过 I2SConfig 等函数配置 I^2S，启动数据传输。

程序清单 13 - 18

```
1.    static void EnterRecordMode(void)
2.    {
3.        //配置 WM8978
4.        WM8978ADDACfg(0, 1);            //使能 ADC 输入,禁用 DAC 输出
5.        WM8978InputCfg(1, 0, 0);        //开启 MIC 录音,禁止 Line In 和 AUX 输入
6.        WM8978OutputCfg(0, 0);          //关闭放音输出
7.        WM8978MICGain(31);              //MIC 增益设置
8.        WM8978LineinGain(3);            //Line In 增益设置
9.        WM8978I2SCfg(2, 0);             //使用飞利浦标准,16 位采样率
10.
11.       //配置 I²S
12.       if(0 ! = I2SConfig(8000, DATA_LEN_16, CH_LEN_16))
13.       {
14.         printf("EnterRecordMode:不支持的采样率\r\n");
15.         while(1){}
16.       }
17.
18.       //触发 I²S 接收传输
19.       I2SDualDMATransmit16(s_arrSendBuf1, s_arrSendBuf2, SEND_BUF_SIZE / 2);
20.
21.       //I²S 接收数据
22.       I2SDualDMAReceive16(s_arrReceiveBuf1, s_arrReceiveBuf2, RECORDER_BUF_SIZE / 2);
23. }
```

在 EnterRecordMode 函数实现区后为 ExitRecordMode 函数的实现代码，该函数通过终止 I^2S 数据发送及接收以退出录音模式。

```
1.    static void ExitRecordMode(void)
2.    {
3.        //终止 I²S 接收数据
4.        I2SEndDMAReceive();
5.
6.        //终止 I²S 接收触发传输
7.        I2SEndDMATransmit();
8.    }
```

在 ExitRecordMode 函数实现区后为 InitWaveHeaderStruct 函数的实现代码,该函数通过对 StructWavHeader 类型的结构体中的成员变量赋值完成对 WAV 文件的设置。

在 InitWaveHeaderStruct 函数实现区后为 GetNewRecName 函数的实现代码,如程序清单 13 - 20 所示。该函数通过 while 语句检测并生成未使用的文件名称,首先通过 sprintf 函数命名后,并尝试通过 f_open 函数打开相同名称的文件,若成功打开则表示已存在同名文件,否则重新命名直到打开失败为止。

程序清单 13 - 20

```
1.    static void GetNewRecName(char * name)
2.    {
3.        static FIL s_fileRec;          //歌曲文件
4.        FRESULT    result;             //文件操作返回变量
5.        u32        index;              //录音文件计数
6.
7.        index = 0;
8.        while(index < 0xFFFFFFFF)
9.        {
10.         //生成新的名字
11.         sprintf((char * )name, "0:recorder/REC%d.wav", index);
12.
13.         //检查当前文件是否已经存在(若是能成功打开则说明文件已存在)
14.         result = f_open(&s_fileRec, (const TCHAR * )name, FA_OPEN_EXISTING | FA_READ);
15.         if(FR_NO_FILE == result)
16.         {
17.           break;
18.         }
19.         else
20.         {
21.           f_close(&s_fileRec);
22.         }
23.
24.         index ++ ;
25.       }
26.    }
```

在 GetNewRecName 函数实现区后为 CheckRecDir 函数的实现代码,该函数通过 f_

opendir 函数打开用于存放录音文件的文件夹,若打开失败,即该文件夹不存在,则通过 f_mkdir 函数创建,否则通过 f_closedir 函数将其关闭。

在 CheckRecDir 函数实现区后为 ShowRecordTime 函数的实现代码,该函数根据参数 time 计算对应的时分秒值并通过 sprintf 函数转换为字符串后显示在 LCD 上,为了避免频繁更新导致卡顿,每 500 ms 更新一次。

在"API 函数实现"区,首先实现 InitRecorder 函数,该函数通过将录音机状态设置为空闲状态完成对录音机的初始化。

在 InitRecorder 函数实现区后为 RecorderPoll 函数的实现代码,RecorderPoll 函数实现录音机的轮询任务,根据录音机当前状态执行不同的命令,如程序清单 13 - 21 所示。

① 第 6～9 行代码:若录音机处于空闲状态或暂停状态,则直接返回。

② 第 12～50 行代码:若处于开始录音状态,则校验路径并通过相应函数获取并保存录音文件名,然后通过 f_open 函数创建录音文件,在清除计数和清空进度条显示后通过 InitWaveHeaderStruct 函数初始化 WAV 文件相应块,最后使 WM8978 芯片进入录音模式并记录当前缓冲区,将变量 s_enumRecorderState 赋值为 RECORDER_REV,以切换到接收音频数据状态。

③ 第 53～73 行代码:若处于接收音频数据状态,则检测缓冲区以确认数据,若数据准备完成则保存缓冲区地址、将音频数据写入文件并更新音频数据量计数;否则直接更新时间显示。

④ 第 76～112 行代码:若处于完成录音状态,则更新时间后将文件大小以及音频数据量保存到 WAV 文件头,并将 WAV 文件头写入到文件中,最后通过 f_close 等函数关闭文件退出录音模式,将变量 s_enumRecorderState 赋值为 RECORDER_IDLE,进入空闲状态。

程序清单 13 - 21

```
1.    void RecorderPoll(void)
2.    {
3.      ...
4.
5.      //空闲状态或暂停状态
6.      if((RECORDER_IDLE = = s_enumRecorderState) || (RECORDER_PAUSE == s_enumRecorderState))
7.      {
8.        return;
9.      }
10.
11.     //开始录音
12.     if(RECORDER_START = = s_enumRecorderState)
13.     {
14.       printf("RecorderPoll:开始录音\r\n");
15.
16.       //校验路径
17.       CheckRecDir();
18.
19.       //获得新的录音文件名
20.       GetNewRecName(s_arrFileName);
```

```
21.
22.     //保存录音名到录音播放模块,用于录音播放,不用可删除
23.     SetWavFileName(s_arrFileName);
24.
25.     //创建录音文件,如果文件已存在,则它将被截断并覆盖
26.     f_open(&s_filfRec, (const TCHAR * )s_arrFileName, FA_CREATE_ALWAYS | FA_WRITE);
27.
28.     printf("RecorderPoll:成功创建录音文件:%s\r\n", s_arrFileName);
29.
30.     //清除计数
31.     s_iAudioByteCnt = 0;
32.
33.     //清空进度条显示
34.     ClearProgress();
35.
36.     //初始化 WAV 文件头
37.     InitWaveHeaderStruct(&s_structWavHeader);
38.
39.     //进入录音模式
40.     EnterRecordMode();
41.
42.     //记录当前 I²S 未使用的缓冲区
43.     s_pAudioBuf = (u8 * )I2SGetReceiveNotUsedMemoryAddr();
44.
45.     //切换到下一个状态
46.     s_enumRecorderState = RECORDER_REV;
47.
48.     //录音时长清零
49.     s_iSongTime = 0;
50.   }
51.
52.   //接收音频数据
53.   if(RECORDER_REV == s_enumRecorderState)
54.   {
55.     //I²S 双 DMA 切换了缓冲区,说明有一帧数据已准备好
56.     if(s_pAudioBuf != (u8 * )I2SGetReceiveNotUsedMemoryAddr())
57.     {
58.       //保存缓冲区地址
59.       s_pAudioBuf = (u8 * )I2SGetReceiveNotUsedMemoryAddr();
60.
61.       //将音频数据写到文件中
62.       f_write(&s_filfRec, s_pAudioBuf, RECORDER_BUF_SIZE, &writeNum);
63.
64.       //更新音频数据量计数
65.       s_iAudioByteCnt = s_iAudioByteCnt + RECORDER_BUF_SIZE;
```

```
66.        }
67.
68.        //记录时间
69.        s_iSongTime = s_iAudioByteCnt / 32000;
70.
71.        //更新时间显示
72.        ShowRecordTime(s_iSongTime);
73.    }
74.
75.    //完成录音
76.    if(RECORDER_FINISH = = s_enumRecorderState)
77.    {
78.        //记录时间
79.        s_iSongTime = s_iAudioByteCnt / 32000;
80.
81.        //更新时间显示
82.        ShowRecordTime(s_iSongTime);
83.
84.        //输出提示
85.        printf("RecorderPoll:完成录音\r\n");
86.
87.        //保存整个文件大小到 WAV 文件头
88.        s_structWavHeader.riff.chunkSize = s_iAudioByteCnt + 36;
89.
90.        //保存音频数据量到 WAV 文件头
91.        s_structWavHeader.data.chunkSize = s_iAudioByteCnt;
92.
93.        //将 WAV 文件头写入文件中
94.        f_lseek(&s_filfRec, 0); //偏移到文件起始位置
95.        result = f_write(&s_filfRec, (const void * )(&s_structWavHeader), sizeof(StructWavHeader),
             &writeNum);
96.        if(FR_OK ! = result)
97.        {
98.            printf("RecorderPoll:写入文件头失败\r\n");
99.        }
100.
101.        //关闭文件
102.        f_close(&s_filfRec);
103.
104.        //退出录音模式
105.        ExitRecordMode();
106.
107.        //进入空闲状态
108.        s_enumRecorderState = RECORDER_IDLE;
109.
```

```
110.        //打印提示
111.        printf("RecorderPoll:成功保存录音文件：%s\r\n", s_arrFileName);
112.    }
113. }
```

在 RecorderPoll 函数实现区后为 StartEndRecorder 函数和 PauseRecorder 函数的实现代码，这两个函数均通过对变量 s_enumRecorderState 赋值来控制录音的启动、暂停、继续和停止。

在 PauseRecorder 函数实现区后为 IsRecorderIdle 函数的实现代码，该函数通过将变量 s_enumRecorderState 是否为 RECORDER_IDLE 的结果返回，以判断录音机是否处于空闲状态。

在 IsRecorderIdle 函数实现区后为 GetRecordName 函数和 GetRecordTime 函数的实现代码，这两个函数分别将变量 s_arrFileName 和 s_iSongTime 返回。

13.3.4　AudioTop 文件对

1．AudioTop. h 文件

在 WavPlayer. h 文件的"API 函数声明"区，声明了两个 API 函数，如程序清单 13 - 22 所示。InitAudioTop 函数用于初始化音频模块，AudioTopTask 函数用于进行音频轮询任务。

程序清单 13 - 22

```
void InitAudioTop(void);        //初始化音频顶层模块
void AudioTopTask(void);        //音频顶层模块轮询任务
```

2．AudioTop. c 文件

在 AudioTop. c 文件的"枚举结构体"区，声明了音频状态机有关的枚举，如程序清单 13 - 23 所示。

程序清单 13 - 23

```
1.   //音频状态机
2.   typedef enum
3.   {
4.     AUDIO_IDLE,                //空闲
5.     AUDIO_RECORD,              //正在录音
6.     AUDIO_PLAY,                //正在播放录音
7.   }EnumAudioState;
```

在"内部函数声明"区，声明了 PlayCallback、RecordCallback 和 PauseCallback 等函数，如程序清单 13 - 24 所示，这些函数用于切换播放机录音机状态。

程序清单 13 - 24

```
static void PlayCallback(void);      //播放按钮回调函数，启动播放功能
static void RecordCallback(void);    //录音按钮回调函数，启动录音功能
static void PauseCallback(void);     //暂停按钮回调函数，暂停录音或播放
```

在"内部函数实现"区，实现了 PlayCallback、RecordCallback 和 PauseCallback 等函数，如程序清单 13 - 25 所示，这些函数作为回调函数，当 GUI 界面上的按钮按下后被调用。

程序清单 13 – 25

```
1.    static void PlayCallback(void)
2.    {
3.      //切换到播放录音
4.      if(((AUDIO_IDLE == s_enumAudioState) || (AUDIO_RECORD == s_enumAudioState)) && IsRecorderIdle())
5.      {
6.        StartWavPlay();
7.        s_enumAudioState = AUDIO_PLAY;
8.      }
9.
10.     else if(AUDIO_PLAY == s_enumAudioState)
11.     {
12.       StartWavPlay();
13.     }
14.   }
15.
16.   static void RecordCallback(void)
17.   {
18.     //切换到录音状态
19.     if(((AUDIO_IDLE == s_enumAudioState) || (AUDIO_PLAY == s_enumAudioState)) && IsRecorderIdle())
20.     {
21.       StartEndRecorder();
22.       s_enumAudioState = AUDIO_RECORD;
23.     }
24.
25.     //结束录音
26.     else if(AUDIO_RECORD == s_enumAudioState)
27.     {
28.       StartEndRecorder();
29.     }
30.   }
31.
32.   static void PauseCallback(void)
33.   {
34.     //播放录音状态
35.     if(AUDIO_PLAY == s_enumAudioState)
36.     {
37.       PauseWavPlay();
38.     }
39.
40.     //录音状态
41.     else if(AUDIO_RECORD == s_enumAudioState)
42.     {
43.       PauseRecorder();
44.     }
45.   }
```

在"API 函数实现"区，首先实现了 InitAudioTop 函数，如程序清单 13 – 26 所示。该函数调用 InitWM8978、InitRecorder 和 InitWavPlayer 等函数完成 WM8978 芯片、录音机和播放

器的初始化,并将上述的内部函数作为回调函数,赋给结构体 s_structGUIDev 相应的成员变量,最后通过 InitGUI 函数初始化 GUI 界面,并将音频状态机设置为空闲状态。

程序清单 13－26

```
1.    void InitAudioTop(void)
2.    {
3.      //初始化 WM8978 模块
4.      InitWM8978();
5.
6.      //不使用喇叭
7.      WM8978SPKvolSet(0);
8.
9.      //初始化录音机
10.     InitRecorder();
11.
12.     //初始化录音播放模块
13.     InitWavPlayer();
14.
15.     //设置回调函数
16.     s_structGUIDev.playCallback   = PlayCallback;   //播放
17.     s_structGUIDev.recordCallback = RecordCallback; //录音
18.     s_structGUIDev.pauseCallback  = PauseCallback;  //暂停
19.
20.     //初始化 GUI 界面设计,绘制背景、创建按键
21.     InitGUI(&s_structGUIDev);
22.
23.     //默认空闲状态
24.     s_enumAudioState = AUDIO_IDLE;
25.   }
```

在 InitAudioTop 函数实现区后为 AudioTopTask 函数的实现代码,该函数通过调用 GUITask 函数完成 GUI 任务,并根据音频状态机,完成录音或播放任务。

程序清单 13－27

```
1.    void AudioTopTask(void)
2.    {
3.      GUITask(); //GUI 任务
4.
5.      //播放录音状态
6.      if(AUDIO_PLAY == s_enumAudioState)
7.      {
8.        RecordPlayerPoll(); //录音播放轮询任务
9.      }
10.
11.     //录音状态
12.     else if(AUDIO_RECORD == s_enumAudioState)
13.     {
14.       RecorderPoll(); //录音轮询任务
15.     }
16.   }
```

13.3.5　ProcKeyOne.c 文件

在 ProcKeyDownKey1 函数中加入了切换喇叭音量的代码,如程序清单 13 - 28 所示。

程序清单 13 - 28

```
1.   void   ProcKeyDownKey1(void)
2.   {
3.       static u8 state = 0;
4.       state = 30 - state;
5.       WM8978SPKvolSet(state);
6.   }
```

13.3.6　Main.c 文件

在 Proc2msTask 函数中,添加了调用按键扫描函数 ScanKeyOne 的代码,通过检测 KEY$_1$ 以切换喇叭音量。并在 main 函数中加入调用 AudioTopTask 函数的代码,用于执行音频轮询任务,如程序清单 13 - 29 所示。

程序清单 13 - 29

```
1    int main(void)
2.   {
3.       InitHardware();         //初始化硬件相关函数
4.       InitSoftware();         //初始化软件相关函数
5.
6.       while(1)
7.       {
8.           Proc1msTask();      //1 ms 处理任务
9.           Proc2msTask();      //2 ms 处理任务
10.          Proc1SecTask();     //1 s 处理任务
11.          AudioTopTask();     //音频轮询任务
12.      }
13.  }
```

13.3.7　实验结果

下载程序并进行复位,可以观察到开发板上的 LCD 显示如图 13 - 4 所示的 GUI 界面。

单击屏幕中间的录音按钮,开始录音,GUI 界面如图 13 - 5 所示,串口助手显示"开始录音"。再次单击录音按钮停止录音,串口助手显示"录音完成"。

1. 耳机播放录音

将耳机插入 J$_{501}$ 耳机座,然后单击左侧的播放按钮开始播放录音,如图 13 - 6 所示,且串口助手显示开始播放录音并打印录音文件的路径、名称和码率等信息。

图 13 - 4　录音放音实验 GUI 界面　　图 13 - 5　开始录音 GUI 界面　　图 13 - 6　播放录音 GUI 界面

2. 喇叭播放录音

按 KEY₁ 按键开启喇叭,然后单击左侧的播放按钮也可以播放录音。录音播放结束后,串口助手显示"文件发送完毕"和"播放 Wav 结束",如图 13 - 7 所示。

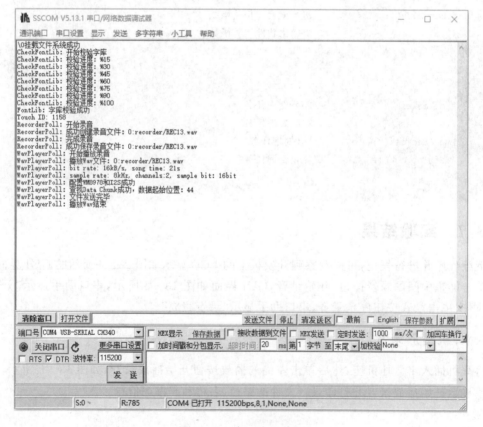

图 13 - 7　串口助手显示

本章任务

本实验通过咪头录音并将录音文件储存于 SD 卡中,GD32F4 蓝莓派开发板不仅可以通过咪头录音,还可以通过 LineIn 录音。现尝试在本章实验的基础上,通过 LineIn 录音,并通过按键切换咪头录音和 LineIn 录音。

本章习题

1. Chunk 由哪些部分组成？如何计算 Chunk 占用的空间大小？
2. 简述组成 WAV 文件的各个 Chunk 的内容及作用。
3. 简述 WM8978 芯片激活录音的步骤。

第 14 章　摄像头实验

在各类信息中,图像含有最丰富的信息。摄像头又称为电脑相机、电脑眼、电子眼等,是一种视频输入设备。作为机器视觉领域的核心部件,摄像头被广泛地应用在安防、探险、车牌检测等场合。摄像头采集的图像经过处理,可以在显示器上显示,本章将使用 LCD 进行显示。

14.1　实验内容

本章的主要内容是了解摄像头模块的工作原理,以及配置用于摄像头模块参数的 SCCB 协议,学习 OV2640 图像传感器的内部架构、功能原理和图像参数配置方法,掌握 OV2640 摄像头模块进行图像存储和读取的方法。最后基于 GD32F4 蓝莓派开发板设计一个摄像头实验,通过 LCD 显示摄像头的拍摄画面,并可以通过 LCD 上的 GUI 按键调整拍摄画面的色度、亮度等参数。

14.2　实验原理

14.2.1　OV2640 简介

摄像头按照输出信号的类型不同,可以分为数字和模拟摄像头;按照传感器的材料构成,又可以分为 CCD 和 CMOS 两种。CCD 的像素是由 MOS 电容组成的,读取电荷信号需要的电压较大。因此,CCD 的取像系统除了所需电源大外,外设消耗的功率也大。而 CMOS 取像系统只需要使用一个 3 V 或 5 V 的单电源,耗电量小,仅为 CCD 的 1/8~1/10。

VGA 是 Video Graphics Array 的缩写,是 IBM 在 1987 年推出的一种视频传输标准,具有分辨率高、显示速度快和颜色丰富等优点,因而在彩色显示器领域得到了广泛应用。从分辨率角度来看,VGA 常用于表示 640×480 的分辨率,一般用于便携式摄影设备。

OV2640 是 OmniVision 公司生产的一颗 1/4 英寸的 CMOS UXGA(1 632×1 232)200 万像素图像传感器。该传感器体积小且工作电压低,提供单片 UXGA 摄像头和影像处理器的所有功能。通过 SCCB 总线控制,可以采用整帧、子采样、缩放和取窗口等方式,输出各种分辨率下 8 bit 或 10 bit 的影像数据。UXGA 最高可达 15 帧/s(SVGA 可达 30 帧/s,CIF 可达 60 帧/s)。用户可以完全控制图像质量、数据格式和传输方式。所有图像处理功能包括伽马曲线白平衡、亮度、色度等。

14.2.2　摄像头接口电路原理图

GD32F4 蓝莓派开发板上预留了摄像头模块接口,接口电路原理图如图 14-1 所示。开发板上的 GD32F470IIH6 微控制器的 PB6 和 PB7 引脚分别连接到 OV2640 的 DCI_SCL(时钟引脚)和 DCI_SDA(数据引脚)。DCI_SCL 和 DCI_SDA 都有 4.7 kΩ 的上拉电阻,空闲状态时为高电平。PI5 引脚连接到 DCI_VSYNC 引脚,为帧同步信号;PA4 引脚连接到 DCI_HSYNC 引脚,为行同步信号。PB3 引脚连接到 OV2640 的复位引脚。PA6 引脚连接到 OV2640 的 PIXCLK,为像素时钟线。PA15 引脚连接到 OV2640 的 PWDN,为低功耗选择引脚。

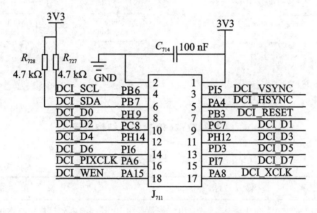

图 14-1　摄像头接口电路原理图

14.2.3　摄像头功能模块

如图 14-2 所示为 OV2640 模块的结构框图,包括通信、控制信号及时钟模块、控制模块、A/D 转换模块、感光阵列、数字信号处理(DSP)、缩放(Image Scaler)和 SCCB 接口(SCCB Interface)等功能模块。

摄像头的工作流程为:外部景象通过镜头传入,生成光学图像投射到图像传感器上,在感光矩阵处光信号转化成电信号,经过模拟信号处理(Analog Processing)及 A/D 转换后变为数字图像信号,再传入数字信号处理(DSP)芯片中转化为其他硬件可识别的信号,最后通过 D[9:0]传至其他显示硬件,得到最终显示图像。

下面简要介绍部分模块。

1. 控制模块

OV2640 控制模块根据寄存器配置的参数来运行,而参数则是由外部控制器通过 SCL 和 SDA 引脚写入到 SCCB 总线上的,SCL 与 SDA 使用的通信协议与 I^2C 十分类似,在 GD32F4 蓝莓派开发板中可以直接用 I^2C 硬件外设来控制。

2. 通信、控制信号及外部时钟模块

OV2640 通信、控制信号及外部时钟模块引脚说明如表 14-1 所列。

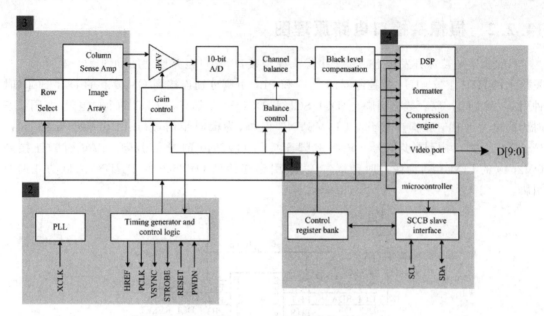

图 14 - 2 OV2640 模块的结构框图

表 14 - 1 模块引脚说明

引 脚	名 称	输入/输出	说 明
XCLK	工作时钟	输入	由主控器产生(由外部输入到摄像头),常用频率为 24 MHz
PCLK	像素时钟	输出	由 XCLK 产生,用于控制器采样图像数据以及设置寄存器的不同频率
HREF	行参考信号	输出	高电平时,像素数据依次传输;传输完一行数据时,输出一个电平跳变信号
VSYNC	场同步信号	输出	高电平时,各行像素数据依次传输;传输完一帧图像时,输出一个电平跳变信号
RSTB	复位信号	输入	低电平有效
PWDN	低功耗模式选择	输入	正常工作期间需拉低

注意:XCLK 用于驱动整个传感器芯片的时钟信号是外部输入到 OV2640 的信号;而 PCLK 是 OV2640 输出数据时的同步信号,是由 OV2640 输出的信号。XCLK 可以外接晶振或由外部控制器提供,而 PCLK 由 OV2640 输出。

3. 感光矩阵模块

光信号在感光矩阵模块中转化成电信号,经过各种处理,这些信号存储成由一个个像素点表示的数字图像。

4. 数据输出模块

数据输出模块包含了数字信号处理(DSP)单元、图像格式转换单元和压缩单元,该模块会根据控制寄存器的配置做基本的图像处理运算。转换之后的数据通过 D0～D9 输出，通常使用 8 条数据线传输，这里用到了 D0～D7。

14.2.4　SCCB 协议

SCCB 是 Serial Camera Control Bus 的缩写，是欧姆尼图像技术公司（OmniVision）开发的一种总线，并广泛应用于 OV 系列图像传感器上，通常使用 OV 的图像传感器都离不开 SCCB 总线协议。SCCB 协议与 I^2C 协议十分相似，在本实验中可以使用 GD32F4 蓝莓派开发板上的 I^2C 硬件外设来控制。

1. SCCB 简介

摄像头模块的所有配置，都是通过 SCCB 总线来实现的。SCCB 与 I^2C 类似，区别为 I^2C 每传输完 1 字节后，接收数据的一方都要发送一位确认数据，而 SCCB 一次传输 9 位数据，前 8 位数据为有用数据，第 9 位数据在写周期中无须关注，在读周期中为 NA 位。

SCCB 有两种工作模式，分别为一主多从和一主一从模式。在一主一从模式下，采用 SCL 与 SDA 两条线进行数据传输；而一主多从模式则有 SCL、SDA 和 SCCB_E 三条线，SCCB_E 为控制使能端，用于选中指定的从机进行通信。在本实验的 SCCB 传输中，采用一主一从的工作模式。

2. SCCB 时序分析

SCCB 时序图如图 14-3 所示，外部控制器通过 SCCB 总线传输来对 OV2640 寄存器配置参数，在本章实验中可以直接通过片上 I^2C 外设与 OV2640 通信。SCCB 与标准 I^2C 协议的区别在于 SCCB 每次传输只能写入或读取 1 字节数据，而 I^2C 协议支持突发读/写，即在一次传输中可以写入多字节的数据。除此之外，SCCB 的起始信号、终止信号及数据有效性与 I^2C 完全一致。

起始信号：在 SCL 为高电平时，SDA 出现一个下降沿，则 SCCB 开始传输。

终止信号：在 SCL 为高电平时，SDA 出现一个上升沿，则 SCCB 停止传输。

数据有效性：除了开始和停止状态以外，在数据传输过程中，当 SCL 为高电平时，必须保证 SDA 上的数据稳定，即 SDA 上的电平变换只能发生在 SCL 为低电平期间，SDA 信号在 SCL 为高电平时被采集。

3. OV2640 相关寄存器配置

OV2640 摄像头模块的功能和相关参数可通过寄存器配置，下面简要介绍一些常用的寄存器，其他更多寄存器的定义和介绍请参见《OV2640_datasheet》（位于本书配套资料包"09. 参考资料\14. 摄像头实验参考资料"文件夹下）第 11～23 页。

(1) ID 设置寄存器

如表 14-2 所列，对于厂商来说，每一款传感器都有唯一的 ID 地址，这两个寄存器可以用于读取传感器 ID，以便后面根据不同的传感器做出不同的配置。

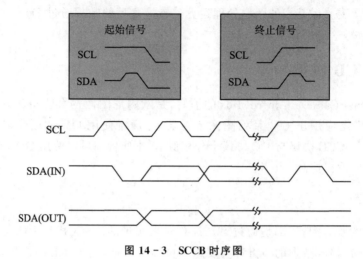

图 14-3 SCCB 时序图

表 14-2 ID 传感器寄存器

地　址	寄存器名称	默认值	读/写	描　述
0x0A (0xFF=01)	PIDH	0x26	只读	产品 ID 高位(只读)
0x0B (0xFF=01)	PIDL	0x41	只读	产品 ID 低位(只读)

如表 14-3 所列为制造商唯一的 ID 地址寄存器。

表 14-3 ID 地址寄存器

地　址	寄存器名称	默认值	读/写	描　述
0x1C (0xFF=01)	MIDH	0x7F	只读	制造商 ID 高位(只读=0x7F)
0x1D (0xFF=01)	MIDL	0xA2	只读	制造商 ID 低位(只读)

(2) 软复位寄存器

软复位寄存器的定义和描述如表 14-4 所列,上电之后,OV2640 内部所有寄存器会先进行复位。通过该寄存器可以设置 OV2640 的输出格式,如将图像输出格式设置为 UXGA、CIF 或 SVGA,以及控制输出格式开或关等。

(3) 对场和行的设置

在表 14-5 中,HREFST 为行起始控制,HREFEND 为行结束控制,分别用于设置画面的水平起始位置和结束位置。VSTRT 为场起始控制,VEND 为场结束控制,分别用于设置画面的垂直起始位置和结束位置。在 UXGA、SVGA、CIF 模式下默认值均不相同。

表 14 - 4　软复位寄存器的定义和描述

地　　址	寄存器名称	默认值	读/写	描　　述
0x12 (0xFF＝01)	COM7	0x00	可读可写	Bit[7]:SCCB 寄存器复位。 0:没有变化; 1:将所有寄存器重置为默认值。 Bit[6:4]:分辨率选择。 000:UXGA(全尺寸)模式; 001:CIF; 100:SVGA。 Bit[3]:保留。 Bit[2]:缩放模式。 Bit[1]:输出格式控制。 0:关; 1:开。 Bit[0]:保留

表 14 - 5　场和行的设置寄存器

地　　址	寄存器名称	默认值	读/写	描　　述
0x17 (0xFF＝01)	HREFST	11	可读可写	水平帧(HREF 列)始于 8MSBs(3LSBs 在 REG32[2:0](0x32))
0x18 (0xFF＝01)	HREFEND	75(UXGA), 43(SVGA,CIF)	可读可写	水平帧(HREF 列)终于 8MSBs(3LSBs 在 REG32[5:3](0x32))
0x19 (0xFF＝01)	VSTRT	01(UXGA), 00(SVGA,CIF)	可读可写	垂直帧(行)始于 8MSBs(2LSB 在 COM1[1:0](0x03))
0x1A (0xFF＝01)	VEND	97	可读可写	垂直帧(行)终于 8MSBs(2LSB 在 COM1[3:2](0x03))

如表 14 - 6 所列,HSize 和 VSize 用于设置画面的输出尺寸。

表 14 - 6　画面的输出尺寸寄存器

地　　址	寄存器名称	默认值	读/写	描　　述
0x51 (0xFF＝00)	HSize	40	可读可写	H_Size[7:0](真实值/4)
0x52 (0xFF＝00)	VSize	F0	可读可写	V_Size[7:0](真实值/4)

(4) 白平衡设置

如表 14 - 7 所列,在 COM8 寄存器中,AGC 为自动增益控制。该寄存器用于 AGC 及曝光控制的手动和自动模式选择,以及带通滤波器的开关。

白平衡是描述显示器中红、绿、蓝三原色混合后生成白色精确度的一项指标。有时在日光灯的房间里拍摄的影像会显绿,其原因就在于白平衡的设置。一般数码相机的白平衡设置都是自动进行的,然而自动设置的白平衡会在某些场景中削弱颜色,此时需要手动设置白平衡。

表 14-7 自动增益控制寄存器

地　址	寄存器名称	默认值	读/写	描　　述
0x13 (0xFF=01)	COM8	0xC7	可读可写	Bit[7:6]:保留。 Bit[5]:带通滤波器选择。 0:关; 1:开,设置最小曝光时间为 1/120 s。 Bit[4:3]:保留。 Bit[2]:AGC 自动/手动控制选择。 0:手动; 1:自动。 Bit[1]:保留。 Bit[0]:曝光控制。 0:手动; 1:自动

(5) 色度、亮度、特效、对比度设置

如表 14-8 所列,OV2640 的色度、亮度、特效及对比度都可通过 BPARRD 和 BPDATA 寄存器进行调节。更高的亮度会使画面更明亮,而高色彩饱和度会让画面看起来更生动,但副作用是噪点更大,肤色不准确。

表 14-8 色度、亮度、特效、对比度设置寄存器

地　址	寄存器名称	默认值	读/写	描　　述
0x7C	BPARRD[3:0]	0x00	可读可写	SDE 间接寄存器访问:地址
0x7D	BPDATA[3:0]	0x00	可读可写	SDE 间接寄存器访问:数据

(6) 自动曝光设置

如表 14-9 所列为自动曝光设置寄存器,在 AEW、AEB 及 VV 寄存器中,AGC 为自动增益控制,AEC 为自动曝光控制。当平均亮度大于 VV[7:4]或小于 VV[3:0]时,AEC/AGC 变化幅度较大。

表 14-9 自动曝光设置寄存器

地　址	寄存器名称	默认值	读/写	描　　述
0x24 (0xFF=01)	AEW	0x78	可读可写	AEC/AGC 操作的高亮度信号范围。 当平均亮度大于 AEW[7:0]时,自动模式下 AEC/AGC 值会降低
0x25 (0xFF=01)	AEB	0x68	可读可写	AEC/AGC 操作的低亮度信号范围。 当平均亮度小于 AEB[7:0]时,自动模式下 AEC/AGC 值增大

地　址	寄存器名称	默认值	读/写	描　述
0x26 (0xFF=01)	VV	0xD4	可读可写	快速长阈值模式:仅在 AEC/AGC 快速模式下有效(COM8[7]=1)。 Bit[7:4]:高阈值。 Bit[3:0]:低阈值

14.2.5　图像的存储和读取

本章实验使用的 OV2640 摄像头模块不带独立 FIFO(先入先出)芯片,本次通过 GD32F4xx 系列微控制器自带的 DCI 数字摄像头接口读取图像数据。

1. DCI 数字摄像头接口

DCI(Digital Camera Interface)数字摄像头接口是一个同步并行接口,可以从数字摄像头捕获视频和图像信息。它支持不同的颜色空间图像,例如 YUV/RGB;另外,支持压缩数据的 JPEG 格式图像。

数字摄像头接口包含信号处理单元、像素 FIFO、FIFO 控制器、窗口时序发生器、内嵌码同步检测器、DMA 接口和控制寄存器模块等,如图 14 - 4 所示。

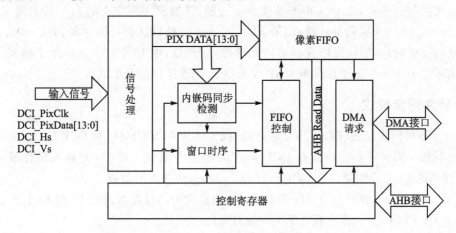

图 14 - 4　DCI 模块示意图

数字摄像头接口的引脚定义如表 14 - 10 所列。

表 14 - 10　DCI 引脚

名　称	位　宽	描　述
DCI_PixClk	1	DCI 像素时钟
DCI_PixData	14	DCI 像素数据
DCI_Hs	1	DCI 水平同步
DCI_Vs	1	DCI 垂直同步

信号处理单元根据外部输入信号产生相应的信号信息为其他的内部模块所用。为确保信

号处理单元工作正常,HCLK 的频率要高于像素时钟频率的 2.5 倍。

内嵌码同步检测用于内嵌码同步模式。DCI 使用内嵌码同步模式时,视频同步信息内嵌于像素数据,并无硬件水平或垂直同步信号(DCI_Hs 或 DCI_Vs)。DCI 通过内嵌码同步检测器从像素数据提取同步信息,然后根据这些信息重新恢复水平和垂直同步信号。

DCI 具有两种同步模式,内嵌码同步模式和硬件同步模式,本章实验使用硬件同步模式。

窗口时序模块具有图片剪裁功能。该模块通过来自 DCI 接口或内嵌码同步检测器的同步信号计算像素点的位置,然后根据寄存器 DCI_CWSPOS 和 DCI_CWSZ 的配置决定是否接收该像素点数据。

DCI 用一个 4 字节(32 位)FIFO 缓存接收到的数据。如果 DMA 模式使能,当 FIFO 为非空时,DMA 接口置位一个 DMA 请求。控制寄存器提供 DCI 和软件之间的接口。

2. 快照或连续捕获模式

DCI 支持两种捕获模式:快照和连续捕获。快照模式时只采集一帧的图像数据,连续采集模式会一直采集多个帧的数据,并且可以通过配置捕获频率来控制采集的数据量。

捕获模式通过 DCI_CTL 寄存器的 SNAP 位配置。正确配置之后,使能 DCI 并置位 DCI_CTL 寄存器的 CAP 位,DCI 开始检测帧开始信号。一旦检测到帧开始信号,DCI 开始捕获数据。在快照模式中,当一帧被捕获之后,DCI 自动停止捕获并清除 CAP 位。

若在连续捕获模式,则 DCI 将准备捕获下一帧,其捕获频率在 FR[1:0] 位域定义。如果 FR[1:0]=00,则 DCI 捕获每一帧;如果 FR[1:0]=01,则 DCI 将每隔一帧捕获一次。当 DCI 正在捕获数据的时候,软件可以在任意时间清除 CAP 位,但 DCI 并不立即停止捕获,而是在捕获当前帧之后停止。应通过读取 CAP 位来确认 DCI 停止是否生效。

3. 硬件同步模式

在 DCI 硬件同步模式(DCI_CTL 寄存器的 ESM 为 0),DCI_Hs 和 DCI_Vs 分别用来表示一行的开始和一帧的开始。DCI 在 DCI_PixClk 的上升沿或下降沿(时钟的极性通过 DCI_CTL 寄存器的 CKS 位配置),从 DCI_PixData[13:0],捕获像素数据。

如图 14-5 所示,假设 DCI_Hs 和 DCI_Vs 消隐期间的极性为高电平,则 DCI_PixData 线仅在 DCI_Hs 和 DCI_Vs 都为低电平期间是有效的。

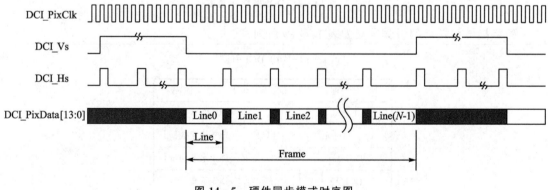

图 14-5 硬件同步模式时序图

DCI 控制寄存器(DCI_CTL)的结构、偏移地址和复位值,以及各个位的解释说明如图 14 - 6 所示和表 14 - 11 所列。

偏移地址:0x00
复位值: 0x 0000 0000
该存储器只能按字(32位)访问

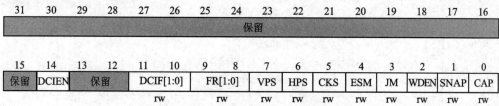

图 14 - 6　控制寄存器(DCI_CTL)

表 14 - 11　控制寄存器(DCI_CTL)

位/位域	名　称	描　述
14	DCIEN	DCI 使能。 0:DCI 禁止; 1:DCI 使能
11:10	DCIF[1:0]	DCI 数据格式。 00:每个像素时钟捕获 8 位数据; 01:每个像素时钟捕获 10 位数据; 10:每个像素时钟捕获 12 位数据; 11:每个像素时钟捕获 14 位数据
9:8	FR[1:0]	帧频率。 在连续捕获模式,FR 定义帧捕获频率。 00:捕获所有帧; 01:每隔一帧捕获一次; 10:每隔三帧捕获一次; 11:保留
7	VPS	垂直同步极性选择。 0:消隐期间低电平; 1:消隐期间高电平
6	HPS	水平同步极性选择。 0:消隐期间低电平; 1:消隐期间高电平
5	CKS	时钟极性选择。 0:下降沿捕获; 1:上升沿捕获

位/位域	名　称	描　述
4	ESM	内嵌码同步模式。 0：禁止内嵌码同步模式； 1：使能内嵌码同步模式
3	JM	JPEG 子模式。 0：禁止 JPEG 子模式； 1：使能 JPEG 子模式
2	WDEN	窗口使能。 0：禁止窗口功能； 1：使能窗口功能
1	SNAP	快照模式。 0：连续捕获模式； 1：快照模式
0	CAP	使能捕获。 0：禁止帧捕获； 1：使能帧捕获

4. DCI 初始化流程

① 配置相关引脚的复用功能，使能 DCI 时钟。要使用 DCI，首先要使能 DCI 的时钟。其次设置 DCI 的相关引脚为复用输出，以便连接 OV2640 模块。

② 设置 DCI 工作模式及 PCLK/HSYNC/VSYNC 等参数。针对 DCI 接口，本章实验中使用 8 位接口、快照模式，根据 OV2640 模块的输出时序图，设置 PCLK 为上升沿有效，HSYNC 和 VSYNC 为低电平有效，同时还要设置帧中断等参数。

③ 设置 DMA。DCI 数据一般采用 DMA 进行搬运，所以设置 DCI 相关参数后，需要设置 DMA，以便采集数据。

④ 启动 DCI 传输。最后，设置 DCI→CR 的最低位为 1，即可启动 DCI 捕获图像数据。

14.3　实验代码解析

14.3.1　DCI 文件对

1. DCI.h 文件

在 DCI.h 文件的"API 函数声明"区，声明了 3 个 API 函数，如程序清单 14-1 所示，分别为初始化数字摄像头接口驱动模块函数 InitDCI、注销数字摄像头接口驱动模块函数 DeInitDCI、显示一帧图像到屏幕上的函数 DCIShowImage。

程序清单 14-1

```
1.   //初始化数字摄像头接口驱动模块
2.   void InitDCI(u32 frameAddr, u32 frameSize, u32 x0, u32 y0, u32 width, u32 height, u32 mode);
3.
4.   //注销数字摄像头接口驱动模块
5.   void DeInitDCI(void);
6.
7.   //显示一帧图像到屏幕上
8.   void DCIShowImage(void);
```

2. DCI. c 文件

在 DCI. c 文件的"内部变量"区,声明了 7 个变量,如程序清单 14-2 所示,分别为帧地址变量、帧大小变量、图像显示信息变量、显示模式变量及获得一帧图像标志位变量。

程序清单 14-2

```
1.   static u32 s_iFrameAddr, s_iFrameSize;            //帧地址及帧大小
2.   static u32 s_iX0, s_iY0, s_iWidth, s_iHeight;     //图像显示信息
3.   static u32 s_iMode;   //显示模式,0:直接加载到显存;1:加载到临时缓冲区后再显示
4.   static u32 s_iGetFrameFlag;                       //获得一帧图像标志位
```

在"内部函数声明"区,声明了 3 个分别用于初始化 DCI 的 GPIO、配置 CKOut0 输出及配置 DCI 的函数,如程序清单 14-3 所示。

程序清单 14-3

```
static void ConfigDCIGPIO(void);      //初始化 DCI 的 GPIO
static void ConfigCKOut0(void);       //配置 CKOut0 输出
static void ConfigDCI(void);          //配置 DCI
```

在"内部函数实现"区,首先实现了 ConfigDCIGPIO 函数,如程序清单 14-4 所示。

① 第 4~7 行代码:使能 RCU 相关时钟,分别为 DCI、GPIOA、GPIOB、GPIOC、GPIOD、GPIOH 及 GPIOI 的时钟。

② 第 9~19 行代码:DCI 引脚初始化,初始化 DCI 的 D0~D7 引脚以及 DCI 水平同步信号 VSYNC、垂直同步信号 HSYNC、像素时钟 PIXCLK 的引脚,并将这些引脚设置为复用功能,推挽输出,最高输出速度超过 50 MHz。

程序清单 14-4

```
1.   static void ConfigDCIGPIO(void)
2.   {
3.     //使能 RCU 相关时钟
4.     rcu_periph_clock_enable(RCU_DCI);          //使能 DCI 时钟
5.     rcu_periph_clock_enable(RCU_GPIOA);        //使能 GPIOA 的时钟
6.     ...
7.     rcu_periph_clock_enable(RCU_GPIOI);        //使能 GPIOI 的时钟
8.
9.     //DCI D0
10.    gpio_af_set(GPIOH, GPIO_AF_13, GPIO_PIN_9);
```

```
11.    gpio_mode_set(GPIOH, GPIO_MODE_AF, GPIO_PUPD_NONE, GPIO_PIN_9);
12.    gpio_output_options_set(GPIOH, GPIO_OTYPE_PP, GPIO_OSPEED_MAX, GPIO_PIN_9);
13.
14.    ...
15.
16.    //DCI PIXCLK
17.    gpio_af_set(GPIOA, GPIO_AF_13, GPIO_PIN_6);
18.    gpio_mode_set(GPIOA, GPIO_MODE_AF, GPIO_PUPD_NONE, GPIO_PIN_6);
19.    gpio_output_options_set(GPIOA, GPIO_OTYPE_PP, GPIO_OSPEED_MAX, GPIO_PIN_6);
20.    }
```

在 ConfigDCIGPIO 函数实现区后为配置 CKOut0 输出函数 ConfigCKOut0 的实现代码，如程序清单 14-5 所示。

程序清单 14-5

```
1.    static void ConfigCKOut0(void)
2.    {
3.      rcu_periph_clock_enable(RCU_GPIOA);
4.      gpio_af_set(GPIOA, GPIO_AF_0, GPIO_PIN_8);
5.      gpio_mode_set(GPIOA, GPIO_MODE_AF, GPIO_PUPD_PULLUP, GPIO_PIN_8);
6.      gpio_output_options_set(GPIOA, GPIO_OTYPE_PP, GPIO_OSPEED_MAX,GPIO_PIN_8);
7.      rcu_ckout0_config(RCU_CKOUT0SRC_HXTAL, RCU_CKOUT0_DIV3);
8.    }
```

在 ConfigCKOut0 实现区后为 ConfigDCI 配置 DCI 函数的实现代码，如程序清单 14-6 所示。

① 第 6~8 行代码：使能 DCI、DMA1 时钟。

② 第 11~19 行代码：复位 DCI，判断 DCI 模式并配置到 DCI 参数结构体中。若为连续捕获模式，则持续将图像数据直接保存到 LCD 显存，若使用快照模式，则通过画点函数将图像显示到 LCD 上。

③ 第 20~25 行代码：根据参数配置 DCI。将 DCI 配置为上升沿捕获，起始低电平，捕获所有帧，每个像素时钟捕获 8 位数据。最后根据参数配置 DCI。

④ 第 26~33 行代码：使能 DCI NVIC 中断、FIFO 溢出中断并清除溢出中断标志位。如果使用快照模式，则使能帧结束中断，用以绘制一帧图像到 LCD 上并触发下一次捕获，最后清除帧结束中断标志位。

⑤ 第 36~56 行代码：配置 DMA。DCI 连续捕获模式下开启循环模式，快照模式下禁用循环模式，本章使用快照模式。禁用循环模式且外设、存储器的数据传输宽度都设置为 32 位时，传输的数据总量无需为存储器和外设的突发传输数据的整数倍。

⑥ 第 58~59 行代码：使能 DCI，开启传输。

程序清单 14-6

```
1.    static void ConfigDCI(void)
2.    {
3.      dci_parameter_struct dci_struct;
4.      dma_single_data_parameter_struct dma_single_struct;
5.
```

```
6.      //使能 RCU 相关时钟
7.      rcu_periph_clock_enable(RCU_DCI);       //使能 DCI 时钟
8.      rcu_periph_clock_enable(RCU_DMA1);      //使能 DMA1 时钟
9.
10.     //DCI 配置
11.     dci_deinit();
12.     if(0 == s_iMode)
13.     {
14.         dci_struct.capture_mode     = DCI_CAPTURE_MODE_CONTINUOUS;    //连续捕获模式,持续将图像数
                                                                         //据直接保存到 LCD 显存
15.     }
16.     else
17.     {
18.         dci_struct.capture_mode     = DCI_CAPTURE_MODE_SNAPSHOT;      //使用快照模式,通过画点函数
                                                                         //将图像显示到 LCD 上
19.     }
20.     dci_struct.clock_polarity    = DCI_CK_POLARITY_RISING;        //时钟极性选择
21.     dci_struct.hsync_polarity    = DCI_HSYNC_POLARITY_LOW;        //水平同步极性选择
22.     dci_struct.vsync_polarity    = DCI_VSYNC_POLARITY_LOW;        //垂直同步极性选择
23.     dci_struct.frame_rate        = DCI_FRAME_RATE_ALL;           //捕获所有帧
24.     dci_struct.interface_format  = DCI_INTERFACE_FORMAT_8BITS;    //每个像素时钟捕获 8 位数据
25.     dci_init(&dci_struct);                                        //根据参数配置 DCI
26.     nvic_irq_enable(DCI_IRQn, 2, 0);                              //使能 DCI NVIC 中断
27.     dci_interrupt_enable(DCI_INT_OVR);                            //使能 DCI FIFO 溢出中断
28.     dci_interrupt_flag_clear(DCI_INT_OVR);                        //清除溢出中断标志位
29.     if(0 != s_iMode)
30.     {
31.         dci_interrupt_enable(DCI_INT_EF);                         //帧结束中断使能,用以绘制一帧
                                                                     //图像到 LCD 上并触发下一次捕获
32.         dci_interrupt_flag_clear(DCI_INT_EF);                    //清除帧结束中断标志位
33.     }
34.
35.     //DMA 配置
36.     dma_deinit(DMA1, DMA_CH7);                                                //复位 DMA
37.     dma_single_struct.periph_addr        = (u32)&DCI_DATA;                    //设置外设地址
38.     dma_single_struct.memory0_addr       = (u32)s_iFrameAddr;                 //设置存储器地址
39.     dma_single_struct.direction          = DMA_PERIPH_TO_MEMORY;             //传输方向为外设到内存
40.     dma_single_struct.number             = s_iFrameSize / 4;                 //设置传输数据量
41.     dma_single_struct.periph_inc         = DMA_PERIPH_INCREASE_DISABLE;//禁止外设地址增长
42.     dma_single_struct.memory_inc         = DMA_MEMORY_INCREASE_ENABLE;//允许内存地址增长
43.     dma_single_struct.periph_memory_width = DMA_PERIPH_WIDTH_32BIT;   //传输数据宽度为 32 位
44.     dma_single_struct.priority           = DMA_PRIORITY_ULTRA_HIGH;   //超高优先级
45.     if(0 == s_iMode)
46.     {
```

```
47.          dma_single_struct.circular_mode = DMA_CIRCULAR_MODE_ENABLE;    //DCI 连续捕获模式下开启循环模式
48.      }
49.      else
50.      {
51.          dma_single_struct.circular_mode = DMA_CIRCULAR_MODE_DISABLE；//DCI 快照模式下禁用循环模式
52.      }
53.      dma_single_data_mode_init(DMA1, DMA_CH7, &dma_single_struct);       //根据参数配置 DMA 通道
54.      dma_channel_subperipheral_select(DMA1, DMA_CH7, DMA_SUBPERI1);      //绑定 DMA 通道与相应外设
55.      dma_flow_controller_config(DMA1, DMA_CH7, DMA_FLOW_CONTROLLER_DMA); //DMA 作为传输控制器
56.      dma_channel_enable(DMA1, DMA_CH7);                                  //使能 DMA 传输
57.
58.      dci_enable();                                                       //使能 DCI
59.      dci_capture_enable();                                               //开启传输
60.  }
```

在 ConfigDCI 实现区后为 DCI_IRQHandler 函数的实现代码,该函数为 DCI 中断服务函数,如程序清单 14-7 所示。

① 第 3～11 行代码:如果帧结束,则标记获得 1 帧数据并清除中断标志位。

② 第 13～19 行代码:如果 FIFO 缓冲区溢出,则抛弃当前帧,直接开启下一帧图像传输,清除 DCI 中断并初始化 DCI。

程序清单 14-7

```
1.      void DCI_IRQHandler(void)
2.      {
3.          //帧结束
4.          if(SET == dci_interrupt_flag_get(DCI_INT_FLAG_EF))
5.          {
6.              //标记获得 1 帧数据
7.              s_iGetFrameFlag = 1;
8.
9.              //清除中断标志位
10.             dci_interrupt_flag_clear(DCI_INT_EF);
11.         }
12.
13.         //FIFO 缓冲区溢出,抛弃当前帧,直接开启下一帧图像传输
14.         if(SET == dci_interrupt_flag_get(DCI_INT_FLAG_OVR))
15.         {
16.             dci_interrupt_flag_clear(DCI_INT_OVR);
17.             ConfigDCI();
18.         }
19.     }
```

在"API 函数实现"区,首先是 InitDCI 函数的实现代码,这个函数用于初始化数字摄像头接口驱动模块,如程序清单 14-8 所示。输入参数 frameAddr 为图像帧储存地址,可以是内部 SRAM,也可以是外部 SDRAM;frameSize 为 1 帧图像大小(按字节计算),x0、y0 为图像显示起点,width、height 为图像宽高(mode 非零时使用),mode 为 DCI 连续捕获模式或快照模式

选择。0 为连续捕获模式,建议横屏时使用,利用 DMA 直接将 DCI 接收到的数据传输到显存,无需额外的内存空间,刷新速度较快;1 为快照模式,将 DCI 接收到的数据保存到临时缓冲区,然后再通过画点函数将一帧图像绘制出来,速度较慢。

① 第 4~10 行代码:保存参数。

② 第 12~16 行代码:调用内部函数配置 DCI 的 GPIO 和 CK_OUT0 输出。

③ 第 19~20 行代码:开启 DCI 传输并清除获得一帧图像标志位。

程序清单 14-8

```
1.    void InitDCI(u32 frameAddr, u32 frameSize, u32 x0, u32 y0, u32 width, u32 height, u32 mode)
2.    {
3.      //保存参数
4.      s_iFrameAddr = frameAddr;
5.      s_iFrameSize = frameSize;
6.      s_iX0 = x0;
7.      s_iY0 = y0;
8.      s_iWidth = width;
9.      s_iHeight = height;
10.     s_iMode = mode;
11.
12.     //配置 DCI 的 GPIO
13.     ConfigDCIGPIO();
14.
15.     //配置 CK_OUT0 输出
16.     ConfigCKOut0();
17.
18.     //开启 DCI 传输
19.     s_iGetFrameFlag = 0;
20.     ConfigDCI();
21.   }
```

在 InitDCI 函数实现区后为 DeInitDCI 函数的实现代码,如程序清单 14-9 所示,该函数用于注销数字摄像头接口驱动模块。

程序清单 14-9

```
1.    void DeInitDCI(void)
2.    {
3.      //关闭 DMA 传输
4.      dma_channel_disable(DMA1, DMA_CH7);
5.
6.      //复位 DCI
7.      dci_deinit();
8.
9.      //禁止 DCI_XCLK 输出
10.     gpio_mode_set(GPIOA, GPIO_MODE_INPUT, GPIO_PUPD_PULLUP, GPIO_PIN_8);
11.   }
```

在 DeInitDCI 函数实现区后为 DCIShowImage 函数的实现代码,如程序清单 14-10 所示。该函数用于将一帧图像显示到屏幕上。判断是否为快照模式,在快照模式下,调用画点函数将一帧图像显示到屏幕上。

程序清单 14－10

```
1.    void DCIShowImage(void)
2.    {
3.      u32 x0, y0, x1, y1, x, y, i;
4.      u16 * frame;
5.
6.      if((0 ! = s_iMode) && (1 == s_iGetFrameFlag))
7.      {
8.        //将一帧图像显示到屏幕上
9.        x0 = s_iX0;
10.       y0 = s_iY0;
11.       x1 = x0 + s_iWidth − 1;
12.       y1 = y0 + s_iHeight − 1;
13.       i = 0;
14.       frame = (u16 * )s_iFrameAddr;
15.       for(y = y0; y <= y1; y++)
16.       {
17.         for(x = x0; x <= x1; x++)
18.         {
19.           LCDDrawPoint(x, y, frame[i++]);
20.         }
21.       }
22.
23.       //开启下一帧传输
24.       s_iGetFrameFlag = 0;
25.       ConfigDCI();
26.     }
27.   }
```

14.3.2　Camera 文件对

1. Camera. h 文件

在 Camera. h 文件的"API 函数声明"区,声明了 2 个 API 函数,如程序清单 14－11 所示,InitCamera 函数用于初始化摄像头模块,CameraTask 函数用于执行摄像头模块任务。

程序清单 14－11

```
1.    # ifndef _CAMERA_H_
2.    # define _CAMERA_H_
3.
4.    # include "DataType. h"
5.
6.    void InitCamera(void);        //初始化摄像头模块
7.    void CameraTask(void);        //摄像头模块任务
8.
9.    # endif
```

2．Camera. c 文件

在 Camera. c 文件的"宏定义"区，定义了 10 个常量，如程序清单 14 - 12 所示，分别为显示字符的最大长度、横坐标起点、纵坐标起点、横坐标终点、字体大小，以及照片的起始坐标和大小。

程序清单 14 - 12

```
1.    //字符串显示相关
2.    #define STRING_MAX_LEN (64)         //显示字符最大长度
3.    #define STRIGN_X0      (105)        //显示字符横坐标起点
4.    #define STRING_Y0      (747)        //显示字符纵坐标起点
5.    #define STRING_X1      (373)        //显示字符横坐标终点
6.    #define STRING_SIZE    (24)         //字体大小
7.
8.    //照片相关
9.    #define IMAGE_X0       (116)
10.   #define IMAGE_Y0       (195)
11.   #define IMAGE_WIDTH    (240)
12.   #define IMAGE_HEIGHT   (320)
13.   #define IMAGE_SIZE     (IMAGE_WIDTH * IMAGE_HEIGHT * 2)
```

在"内部变量"区，声明或定义了 11 个变量，如程序清单 14 - 13 所示，分别为图像帧首地址 s_iImageFrameAdd，字符串显示背景缓冲区 s_pStringBackground，字符串转换缓冲区 s_arrStringBuf[64]，GUI 设备结构体变量 s_structGUIDev，光照模式变量 s_arrLmodeTable，其余 4 个变量为摄像头参数变量：白平衡变量 s_iLightMode，色度变量 s_iColorSaturation，亮度变量 s_iBrightness 和对比度变量 s_iContrast。

程序清单 14 - 13

```
1.    static u32        s_iImageFrameAdd      = NULL;        //图像帧首地址
2.
3.    static u8 *       s_pStringBackground   = NULL;        //字符串显示背景缓冲区
4.    static char       s_arrStringBuf[64];                  //字符串转换缓冲区
5.
6.    static StructGUIDev s_structGUIDev;                    //GUI 设备结构体
7.
8.    //6 种光照模式（白平衡）
9.    const char * s_arrLmodeTable[5]  = {"自动","晴天","多云","办公室","家里"};
10.
11.   //7 种特效
12.   const char * s_arrEffectTable[7] = {"正常","负片","黑白","偏红","偏绿","偏蓝","复古"};
13.
14.   //摄像头参数
15.   static i32 s_iLightMode        = 0;     //白平衡(0~4)
16.   static i32 s_iColorSaturation  = 0;     //色度(-2~+2)
17.   static i32 s_iBrightness       = 0;     //亮度(-2~+2)
18.   static i32 s_iContrast         = 0;     //对比度(-2~+2)
19.   static i32 s_iEffects          = 0;     //特效(0~6)
```

在"内部函数声明"区，声明了 3 个内部函数，如程序清单 14 - 14 所示。

```
static void PreviouCallback(EnumGUIRadio item);          //前一项按钮回调函数
static void NextCallback(EnumGUIRadio item);             //下一项按钮回调函数
static void RadioChangeCallback(EnumGUIRadio item);      //单选切换按钮回调函数
```

在"内部函数实现"区,为前一项按钮回调函数 PreviouCallback 的实现代码,如程序清单 14 - 15 所示。NextCallback 函数以及 RadioChangeCallback 函数类似,请对照分析。下面以色度调节为例进行说明。

① 第 4 行代码:通过 if 语句判断是否进行色度调节。

② 第 6~13 行代码:如果色度变量大于 -2,则将色度变量值减 1;否则色度变量加 2。

③ 第 14~16 行代码:将参数信息写入缓冲区,显示信息,最后调用 OV2640 的色度设置函数更新设置。

程序清单 14 - 15

```
1.    static void PreviouCallback(EnumGUIRadio button)
2.    {
3.      //色度调节
4.      if(GUI_RADIO_COLOR == button)
5.      {
6.        if(s_iColorSaturation >- 2)
7.        {
8.          s_iColorSaturation = s_iColorSaturation - 1;
9.        }
10.       else
11.       {
12.         s_iColorSaturation =+ 2;
13.       }
14.       sprintf(s_arrStringBuf, "色度:% + d", s_iColorSaturation);
15.       s_structGUIDev.showInfo(s_arrStringBuf);
16.       OV2640ColorSaturation(s_iColorSaturation);
17.     }
18.
19.     //亮度调节
20.     else if(GUI_RADIO_LIGHT == button)
21.     {
22.       if(s_iBrightness >- 2)
23.       {
24.         s_iBrightness = s_iBrightness - 1;
25.       }
26.       else
27.       {
28.         s_iBrightness =+ 2;
29.       }
30.       sprintf(s_arrStringBuf, "亮度:% + d", s_iBrightness);
31.       s_structGUIDev.showInfo(s_arrStringBuf);
```

```
32.        OV2640Brightness(s_iBrightness);
33.      }
34.
35.      //对比度调节
36.      else if(GUI_RADIO_CONTRAST == button)
37.      {
38.        if(s_iContrast >-2)
39.        {
40.          s_iContrast = s_iContrast - 1;
41.        }
42.        else
43.        {
44.          s_iContrast =+2;
45.        }
46.        sprintf(s_arrStringBuf. "对比度:% + d", s_iContrast);
47.        s_structGUIDev.showInfo(s_arrStringBuf);
48.        OV2640Contrast(s_iContrast);
49.      }
50.
51.      //白平衡调节
52.      else if(GUI_RADIO_WB == button)
53.      {
54.        if(s_iLightMode > 0)
55.        {
56.          s_iLightMode = s_iLightMode - 1;
57.        }
58.        else
59.        {
60.          s_iLightMode = 4;
61.        }
62.        sprintf(s_arrStringBuf, "白平衡:% s", s_arrLmodeTable[s_iLightMode]);
63.        s_structGUIDev.showInfo(s_arrStringBuf);
64.        OV2640LightMode(s_iLightMode);
65.      }
66.    }
```

在"API 函数实现"区,首先实现了 InitCamera 函数,如程序清单 14 - 16 所示。该函数用于初始化摄像头模块。

① 第 4～38 行代码:初始化摄像头参数,然后开始初始化摄像头。如果摄像头未初始化成功,则在 LCD 上输出错误提示信息。

② 第 41～46 行代码:设置回调函数,然后初始化 GUI。

程序清单 14 - 16

```
1.    void InitCamera(void)
2.    {
3.      //初始化摄像头参数
```

```
4.     s_iLightMode        = 0;
5.     s_iColorSaturation = 0;
6.     s_iBrightness      = 0;
7.     s_iContrast        = 0;
8.
9.     //初始化摄像头
10.    if(InitOV2640() == 0)
11.    {
12.        //配置 OV2640
13.        DelayNms(50);
14.        OV2640RGB565Mode();
15.        OV2640OutSizeSet(IMAGE_WIDTH, IMAGE_HEIGHT);
16.        OV2640AutoExposure(0);
17.        OV2640LightMode(s_iLightMode);
18.        OV2640ColorSaturation(s_iColorSaturation);
19.        OV2640Brightness(s_iBrightness);
20.        OV2640Contrast(s_iContrast);
21.
22.        //设置图像显存地址为前景层首地址
23.        s_iImageFrameAdd = g_structTLILCDDev.foreFrameAddr;
24.        //配置 DCI
25.        InitDCI(s_iImageFrameAdd, IMAGE_SIZE, IMAGE_X0, IMAGE_Y0, IMAGE_WIDTH, IMAGE_HEIGHT, 1);
26.    }
27.    else
28.    {
29.        LCDShowString(30, 210, 200, 16, LCD_FONT_16,LCD_TEXT_NORMAL,LCD_COLOR_BLUE,LCD_COLOR_
           BLACK,"OV2640 Error!!");
30.        while(1);
31.    }
32.
33.    //为字符串背景申请内存
34.    s_pStringBackground = MyMalloc(SDRAMEX, (STRING_X1 - STRIGN_X0) * STRING_SIZE * 2);
35.    if(NULL == s_pStringBackground)
36.    {
37.        while(1);
38.    }
39.
40.    //设置回调函数
41.    s_structGUIDev.previousCallback    = PreviouCallback;
42.    s_structGUIDev.nextCallback        = NextCallback;
43.    s_structGUIDev.radioChangeCallback = RadioChangeCallback;
44.    s_structGUIDev.takePhotoCallback   = NULL;
45.
46.    InitGUI(&s_structGUIDev);
47. }
```

在 InitCamera 函数实现区后为 CameraTask 函数的实现代码,如程序清单 14 - 17 所示,分别调用 GUI 任务函数以及摄像头显示函数执行摄像头模块任务。

程序清单 14 - 17

```
1.  void CameraTask(void)
2.  {
3.    //GUI 任务
4.    GUITask();
5.
6.    //显示一帧图形到屏幕上
7.    DCIShowImage();
8.  }
```

14.3.3 SCCB 文件对

1. SCCB. h 文件

在 SCCB. h 文件的"宏定义"区,定义了一个常量,OV2640 的 ID 常量,如程序清单14 - 18 所示。OV2640 作为从机,ID 为 0x60 时用于写,ID 为 0x61 时用于读。

程序清单 14 - 18

```
#define SCCB_ID0x60
```

在"API 函数声明"区,声明了 3 个函数,分别为初始化 SCCB 接口函数 InitSCCB,写寄存器函数 SCCBWriteReg,读寄存器函数 SCCBReadReg,如程序清单 14 - 19 所示。

程序清单 14 - 19

```
void InitSCCB(void);                      //初始化 SCCB 接口
u8   SCCBWriteReg(u8 reg,u8 data);        //写寄存器
u8   SCCBReadReg(u8 reg);                 //读寄存器
```

2. SCCB. c 文件

在 SCCB. c 文件的"内部变量"区,声明了 1 个变量,如程序清单 14 - 20 所示。由于 SCCB 协议与 I^2C 十分类似,在本章实验中直接用 I^2C 硬件外设来控制。

程序清单 14 - 20

```
//I²C 通信设备结构体
static StructIICCommonDev s_structIICDev;
```

在"内部函数声明"区,声明了 6 个内部函数,如程序清单 14 - 21 所示。

程序清单 14 - 21

```
1.  static void ConfigIICGPIO(void);        //配置 I²C 的 GPIO
2.  static void ConfigSDAMode(u8 mode);     //配置 SDA 输入输出
3.  static void SetSCL(u8 state);           //时钟信号线 SCL 控制
4.  static void SetSDA(u8 state);           //数据信号线 SDA 控制
5.  static u8   GetSDA(void);               //获取 SDA 输入电平
6.  static void Delay(u8 time);             //延时函数
```

在"内部函数实现"区,为上述 6 个内部函数的实现代码,首先实现了 ConfigIICGPIO 函

数,如程序清单 14 - 22 所示。该函数用于配置 I²C 的相关 GPIO 为上拉推挽输出,并将初始电平拉高。

程序清单 14 - 22

```
1.   static void ConfigIICGPIO(void)
2.   {
3.      //使能 RCU 相关时钟
4.      rcu_periph_clock_enable(RCU_GPIOB);   //使能 GPIOB 的时钟
5.
6.      //SCL
7.      gpio_mode_set(GPIOB, GPIO_MODE_OUTPUT, GPIO_PUPD_PULLUP, GPIO_PIN_6);        //上拉输出
8.      gpio_output_options_set(GPIOB, GPIO_OTYPE_PP, GPIO_OSPEED_MAX,GPIO_PIN_6);  //推挽输出
9.      gpio_bit_set(GPIOB, GPIO_PIN_6);                                            //拉高 SCL
10.
11.     //SDA
12.     gpio_mode_set(GPIOB, GPIO_MODE_OUTPUT, GPIO_PUPD_PULLUP, GPIO_PIN_7);        //上拉输出
13.     gpio_output_options_set(GPIOB, GPIO_OTYPE_PP, GPIO_OSPEED_MAX,GPIO_PIN_7);  //推挽输出
14.     gpio_bit_set(GPIOB, GPIO_PIN_7);                                            //拉高 SDA
15.   }
```

ConfigSDAMode 函数的实现代码如程序清单 14 - 23 所示。该函数用于根据选择的模式 mode,将 I²C 引脚配置为上拉输入或上拉输出。

程序清单 14 - 23

```
1.   static void ConfigSDAMode(u8 mode)
2.   {
3.      rcu_periph_clock_enable(RCU_GPIOB);   //使能 GPIOB 的时钟
4.
5.      //配置成输出
6.      if(IIC_COMMON_OUTPUT == mode)
7.      {
8.         gpio_mode_set(GPIOB, GPIO_MODE_OUTPUT, GPIO_PUPD_PULLUP, GPIO_PIN_7);        //上拉输出
9.         gpio_output_options_set(GPIOB, GPIO_OTYPE_PP, GPIO_OSPEED_MAX,GPIO_PIN_7);  //推挽输出
10.     }
11.
12.     //配置成输入
13.     else if(IIC_COMMON_INPUT == mode)
14.     {
15.        gpio_mode_set(GPIOB, GPIO_MODE_INPUT, GPIO_PUPD_PULLUP, GPIO_PIN_7);         //上拉输入
16.     }
17.   }
```

SetSCL 函数的实现代码如程序清单 14 - 24 所示,该函数用于控制时钟信号线 SCL。由于与 SetSDA 以及 GetSDA 函数的实现代码相似,这里不再赘述。SetSCL 函数根据输入的 state 值来控制 SCL 的高低电平输出。

程序清单 14 - 24

```
1.    static void SetSCL(u8 state)
2.    {
3.      if(1 == state)
4.      {
5.        gpio_bit_set(GPIOB, GPIO_PIN_6);
6.      }
7.      else
8.      {
9.        gpio_bit_reset(GPIOB, GPIO_PIN_6);
10.     }
11.   }
```

在"API 函数实现"区,首先实现了 InitSCCB 函数,如程序清单 14 - 25 所示。该函数用于初始化 SCCB 接口。

① 第 4 行代码:调用内部函数 ConfigIICGPIO 初始化 I^2C 的 GPIO。

② 第 7~12 行代码:配置 I^2C 的设备 ID,设置 SCL、SDA 的电平值,获取 SDA 输入电平,配置 SDA 输入/输出方向以及延时函数。

程序清单 14 - 25

```
1.    void InitSCCB(void)
2.    {
3.      //初始化 I²C 的 GPIO
4.      ConfigIICGPIO();
5.
6.      //配置 I²C
7.      s_structIICDev.deviceID       = SCCB_ID;          //设备 ID
8.      s_structIICDev.SetSCL         = SetSCL;           //设置 SCL 电平值
9.      s_structIICDev.SetSDA         = SetSDA;           //设置 SDA 电平值
10.     s_structIICDev.GetSDA         = GetSDA;           //获取 SDA 输入电平
11.     s_structIICDev.ConfigSDAMode  = ConfigSDAMode;    //配置 SDA 输入/输出方向
12.     s_structIICDev.Delay          = Delay;            //延时函数
13.   }
```

在 InitSCCB 函数实现区后为 SCCBWriteReg 和 SCCBReadReg 函数的实现代码,SCCBWriteReg 函数的实现代码如程序清单 14 - 26 所示。这两个函数分别用于写寄存器和读寄存器,SCCBReadReg 函数代码与 SCCBWriteReg 函数相似,这里不再赘述。

程序清单 14 - 26

```
1.    u8 SCCBWriteReg(u8 reg, u8 data)
2.    {
3.      return IICCommonWriteBytes(&s_structIICDev, reg, &data, 1);
4.    }
```

14.3.4 Main.c 文件

在 Proc2msTask 函数中调用 CameraTask 函数,实现每 40 ms 处理一次摄像头任务,如程序清单 14 - 27 所示。

程序清单 14 - 27

```
1.    static  void  Proc2msTask(void)
2.    {
3.      static u8 s_iCnt = 0;
4.      if(Get2msFlag())   //判断 2 ms 标志位状态
5.      {
6.        //调用闪烁函数
7.        LEDFlicker(250);
8.
9.        //文件系统任务
10.       s_iCnt ++ ;
11.       if(s_iCnt > = 20)
12.       {
13.         s_iCnt = 0;
14.         CameraTask();
15.       }
16.
17.       Clr2msFlag();    //清除 2 ms 标志位
18.     }
19.   }
```

14.3.5 实验结果

将摄像头模块安装在开发板上,然后下载程序并进行复位。**注意**:请在开发板断电的情况下安装摄像头模块。复位完成后,可以看到 GD32F4 蓝莓派开发板 LCD 屏上显示如图 14 - 7 所示的 GUI 界面,并且可以显示摄像头拍摄的画面。单击 GUI 界面上的按钮调节白平衡、色度、亮度和对比度,使得拍摄的影像呈现出不同的效果,表示实验成功。

图 14 - 7 摄像头实验 GUI 界面

本章任务

学习完本章后,利用掌握的摄像头知识,参考本章实验原理中对于特效设置寄存器的介绍,完善摄像机的特效设置功能,利用 GUI 中的特效调节按钮进行特效转换,并通过 LCD 屏幕进行展示。其中,特效可以有普通、负片、黑白、偏红、偏绿、偏蓝和复古等模式。特效调节按钮的回调函数已连接,只需完善 OV2640SpecialEffects 函数即可。

本章习题

1. 摄像头按照内部传感器的不同可以分为哪些种类?其各自的特点是什么?
2. 简述 SCCB 和 I^2C 的异同。
3. DCI 有几种捕获模式?各自的区别是什么?
4. 简述 DCI 的初始化流程。

第15章　照相机实验

语音或图像信号中都包含很多的冗余信息,所以当利用数字方法传输或存储时,均可以进行数据压缩。在满足一定质量(信噪比的要求或主观评价得分)的条件下,用较少比特数表示图像或图像中所包含信息的技术,称为图像压缩,也称图像编码。图像编码技术在通信和电子领域应用广泛。本章将在"摄像头实验"的基础上,基于 OV2640 摄像头模块,实现照相机功能。

15.1　实验内容

本章的主要内容是了解不同的图片格式,学习 BMP 图片编码的原理,掌握存储 BMP 格式图片的方法。最后基于 GD32F4 蓝莓派开发板,在摄像头实验的基础上,通过截取屏幕图像实现照相机功能,并且使用蜂鸣器提示拍照成功。

15.2　实验原理

15.2.1　图片格式简介

图片文件格式即图像文件存放的格式,常用格式有 JPG、BMP、GIF 和 PNG 等。这几种图片格式区别如下。

1. 压缩方式不同

BMP 几乎不进行压缩,画质好,但是文件大,不利于传输。PNG 为无损压缩,能够保留相对多的信息,也可以把图像文件压缩到极限,便于传输。而 JPG 为有损压缩,压缩文件小,但是会导致画质损失。

2. 显示速度不同

JPG 在网页下载时只能由上到下依次显示图片,直到图片资料全部下载后,才能看到全貌。PNG 显示速度快,只需下载 1/64 的图像信息即可显示出低分辨率的预览图像。

3. 支持图像不同

JPG 和 BMP 图片无法保存透明信息,系统默认自带白色背景。而 PNG 和 GIF 格式支持透明图像的制作,透明图像在制作网页图像时,可以把图像背景设置为透明,用网页本身的颜色信息来代替透明图像的色彩。

15.2.2　BMP 编码简介

BMP 是 Bitmap 的缩写，即位图，是 Windows 操作系统中的标准图像文件格式，能够被多种 Windows 应用程序所支持。BMP 格式的特点是包含的图像信息较丰富，几乎不进行压缩，因而其不可避免的缺点是占用磁盘空间大。

BMP 文件由文件头（bitmap-file header）、位图信息头（bitmap-information header）、颜色信息（color table）和图像数据共 4 部分组成。

1. 文件头

文件头一共包含 14 字节，包括文件标识、文件大小和位图起始位置等信息。文件头位于位图文件的第 1～14 字节，其结构体定义如下：

```
typedef __packed struct
{
  u16 bfType;
  u32 bfSize;
  u16 bfReserved1;
  u16 bfReserved2;
  u32 bfOffBits;
}StructBMPFileHeader;
```

下面对文件头结构体中的变量进行简要介绍。

bfType：说明文件的类型，位于位图文件的第 1～2 字节。该值必须为 0x4D42，即字符'BM'的 ASCII 码值。

bfSize：说明位图文件大小，单位为字节，低位在前，位于位图文件的第 3～6 字节。

假设 bfSize 的第 3 字节为 0x82，第 4 字节为 0x21，则文件大小为 0x2182B＝8578B＝8 578/1 024 KB≈8.377 KB。

bfReserved1、bfReserved2：位图文件保留字，必须都为 0。

bfOffBits：位图数据的起始位置，头文件的偏移量，单位为字节，位于位图文件的第 11～14 字节。

2. 位图信息头

位图信息头用于说明位图的尺寸等信息，位于位图文件的第 15～54 字节，其结构体定义如下：

```
typedef __packed struct
{
  u32 biSize;
  u32 biWidth;
  u32 biHeight;
  u16 biPlanes;
  u16 biBitCount;
```

```
    u32 biCompression;
    u32 biSizeImage;
    u32 biXPelsPerMeter;
    u32 biYPelsPerMeter;
    u32 biClrUsed;
    u32 biClrImportant;
 }StructBMPInfoHeader;
```

下面对位图信息头结构体中的变量进行简要介绍。

biSize：信息头所占字节数，通常为 40 字节，即 0x00000028，位于文件的第 15～18 字节。

biWidth、biHeight：位图的宽度和高度，分别位于文件的第 19～22 字节和第 23～26 字节。

biPlanes：目标设备的级别，通常为 1，位于文件的第 27～28 字节。

biBitCount：说明比特数/像素数，即每个像素所需的位数，其一般取值为 1、4、8、16、24 或 32，位于文件的第 29～30 字节。

biCompression：说明图像数据压缩的类型，位于文件的第 31～34 字节，可以为以下几种类型：BI_RGB，没有压缩；BI_RLE8，每个像素 8 比特的 RLE 压缩编码，压缩格式由 2 字节组成（重复像素计数和颜色索引）；BI_RLE4，每个像素 4 比特的 RLE 压缩编码，压缩格式由 2 字节组成；BI_BITFIELDS，每个像素的比特由指定的掩码决定。

biSizeImage：位图的大小，以字节为单位，没有压缩时可以为 0，位于文件的第 35～38 字节。

biXPelsPerMeter、biYPelsPerMeter：表示位图水平分辨率和垂直分辨率，单位为像素/米。分别位于文件的第 39～42 字节和第 43～46 字节。

biClrUsed：表示位图实际使用的调色板中的颜色数，位于文件的第 47～50 字节，为 0 说明使用所有调色板项，则颜色数为 2 的 biBitCount 次方。

biClrImportant：位图显示过程中对图像显示重要的颜色索引的数目，位于文件的第 51～54 字节。

3. 颜色信息

颜色信息又称调色板，用于说明位图中的颜色，有若干个表项，每一个表项为一个 s_structRGBQuad 结构体，用于定义一个颜色，每种颜色都由红绿蓝三种颜色组成。表项数目由信息头中的 biBitCount 决定，当 biBitCount 为 1 时，有两个表项，此时图最多有两种颜色，默认情况下是黑色和白色，可以自定义；当 biBitCount 为 4 或 8 时，分别有 16 或 32 个表项，表示位图最多有 16 或 256 种颜色；当 biBitCount 为 16、24 或 32 时，没有颜色信息项。

```
typedef __packed struct
{
    u8 rgbBlue;          //指定蓝色强度
    u8 rgbGreen;         //指定绿色强度
    u8 rgbRed;           //指定红色强度
    u8 rgbReserved;      //保留,设置为 0
}s_structRGBQuad;
```

GD32F4 蓝莓派开发板的 LCD 显示屏为 16 位色,因此 biBitCount 的值设置为 16,表示位图最多有 65 536(2^{16})种颜色,每个色素用 16 位(2 字节)表示。这种格式称为高彩色,或增强型 16 位色、64K 色。

当成员变量 biCompression 取值不同时,代表不同的情况。当 biCompression 为 BI_RGB 时,没有调色板,其位 0～4 表示蓝色强度,位 5～9 表示绿色强度,位 10～14 表示红色强度,位 15 保留,设为 0。在本章实验中,biCompression 的取值为 BI_BITFIELDS,原调色板的位置被 3 个双字类型的变量占据,称为红、绿、蓝掩码,分别用于描述红、绿、蓝分量在 16 位中所占的位置。常用的颜色数据格式有 RGB555 和 RGB565。在 RGB555 格式下,红、绿、蓝的掩码分别为 0x7C00、0x03E0、0x001F;在 RGB565 格式下,分别为 0xF800、0x07E0、0x001F。在读取一个像素之后,可以分别用掩码与像素值进行与运算,某些情况下还要再进行左移或右移操作,从而提取出所需的颜色分量。

这种格式的图像使用起来较为复杂,不过因为其显示效果接近于真彩,而图像数据又比真彩图像小得多,多被用于游戏软件。

4. 图像数据

图像数据是定义位图的字节阵列。位图数据记录了位图的每一个像素值,顺序为:行内扫描从左到右,行间扫描从下到上。

当 biBitCount=1 时,8 个像素占 1 字节;当 biBitCount=4 时,2 个像素占 1 字节;当 biBitCount=8 时,1 个像素占 1 字节;当 biBitCount=8 时,1 个像素占 2 字节;当 biBitCount=24 时,1 个像素占 3 字节,按顺序分别为 B、G、R。Windows 规定一个扫描行所占的字节数必须是 4 的倍数(即以 long 为单位),不足的以 0 填充。

15.2.3 BMP 图片的存储

1. 创建位图文件

最开始应该先创建 BMP。先给位图文件申请内存,并创建位图文件,将位图文件信息存储在指定路径下。

2. 初始化位图文件

完善位图文件的文件头、信息头和掩码信息。本章选用 RGB565 格式,于是掩码信息分别为 0xF800、0x07E0 和 0x001F。

3. 保存 BMP 图像数据

从 LCD 的 GRAM 中读取数据并保存到位图文件中,读入一行文件存储一次,顺序为行内从左到右,行间从上到下。

4. 关闭文件

调用 f_close 将文件关闭,释放动态内存。只有在调用 f_close 之后,文件才会真正保存在文件系统中。

15.3 实验代码解析

15.3.1 BMPEncoder 文件对

1. BMPEncoder.h 文件

在 BMPEncoder.h 文件的"宏定义"区,定义了 6 个常量,如程序清单 15-1 所示,分别是图像数据缓冲区长度、BMP 文件名(含路径)最大长度以及图像数据压缩的类型。

程序清单 15-1

```
1.  #define BMP_IMAGE_BUF_SIZE (1024) //图像数据缓冲区长度(按16位),缓冲区长度要大于屏幕宽度
2.  #define BMP_NAME_LEN_MAX   (128)  //BMP文件名字(含路径)最大长度
3.
4.  //图像数据压缩的类型
5.  #define BI_RGB       (0)          //没有压缩RGB555
6.  #define BI_RLE8      (1)
                //每个像素8 bit的RLE压缩编码,压缩格式由2字节组成(重复像素计数和颜色索引)
7.  #define BI_RLE4      (2)          //每个像素4 bit的RLE压缩编码,压缩格式由2字节组成
8.  #define BI_BITFIELDS (3)          //每个像素的比特由指定的掩码决定
```

在"枚举结构体"区,声明了 4 个结构体,如程序清单 15-2 所示,分别为 BMP 头文件 StructBMPFileHeader、BMP 信息头 StructBMPInfoHeader、彩色表 s_structRGBQuad 及位图头文件信息 StructBMPInfo,用于储存 BMP 文件信息。

程序清单 15-2

```
1.  //BMP头文件(14字节)
2.  typedef __packed struct
3.  {
4.      u16 bfType;        //文件标识,规定为0x4D42,字符显示就是 'BM'
5.      u32 bfSize;        //文件大小,占4字节
6.      u16 bfReserved1;   //保留,必须设置为0
7.      u16 bfReserved2;   //保留,必须设置为0
8.      u32 bfOffBits;     //从文件开始到位图数据(bitmap data)开始之间的偏移量
9.  }StructBMPFileHeader;
10.
11. //BMP信息头(40字节)
12. typedef __packed struct
13. {
14.     u32 biSize;        //位图信息头的大小,一般为40
15.     u32 biWidth;       //位图的宽度,单位:像素
16.     u32 biHeight;      //位图的高度,单位:像素
17.     u16 biPlanes;      //颜色平面数,一般为1
18.     u16 biBitCount;    //比特数/像素数,其值为1、4、8、16、24、或32
19.     u32 biCompression; //图像数据压缩的类型。其值可以是下述值之一:
```

```
20.     //BI_RGB:没有压缩;
21.     //BI_RLE8:每个像素 8 bit 的 RLE 压缩编码,压缩格式由 2 字节组成(重复像素计数和颜色索引)
22.     //BI_RLE4:每个像素 4 bit 的 RLE 压缩编码,压缩格式由 2 字节组成
23.     //BI_BITFIELDS:每个像素的比特由指定的掩码决定
24.     u32 biSizeImage;              //位图数据的大小,以字节为单位,当用 BI_RGB 格式时,可以设置为 0
25.     u32 biXPelsPerMeter;          //水平分辨率,单位:像素/米
26.     u32 biYPelsPerMeter;          //垂直分辨率,单位:像素/米
27.     u32 biClrUsed;                //调色板的颜色数,为 0 则颜色数为 2 的 biBitCount 次方
28.     u32 biClrImportant;           //重要的颜色数,0 代表所有颜色都重要
29.   }StructBMPInfoHeader;
30.
31.   //彩色表
32.   typedef __packed struct
33.   {
34.     u8 rgbBlue;                   //指定蓝色强度
35.     u8 rgbGreen;                  //指定绿色强度
36.     u8 rgbRed;                    //指定红色强度
37.     u8 rgbReserved;               //保留,设置为 0
38.   }s_structRGBQuad;
39.
40.   //位图头文件信息
41.   typedef __packed struct
42.   {
43.     StructBMPFileHeader bmFileHeader;    //BMP 头文件
44.     StructBMPInfoHeader bmInfoHeader;    //BMP 信息头
45.     u32                 rgbMask[3];      //RGB 掩码
46.     u8                  reserved1;       //保留,使得头文件信息 4 字节对齐
47.     u8                  reserved2;       //保留,使得头文件信息 4 字节对齐
48.   }StructBMPInfo;
```

在"API 函数声明"区,声明了 2 个 API 函数,如程序清单 15 - 3 所示。BMPEncodeWithRGB565 函数的功能为对屏幕指定区域进行截图并进行 BMP 编码,ScreeShot 函数的功能为对整个 LCD 屏幕进行截图。

程序清单 15 - 3

```
1.   //区域截图
2.   u32 BMPEncodeWithRGB565(u32 x0, u32 y0, u32 width, u32 height, const char * path, const char * prefix);
3.
4.   //截图
5.   void ScreeShot(void);
```

2. BMPEncoder. c 文件

在 BMPEncoder. c 文件中的"内部函数声明"区,声明了 2 个内部函数,如程序清单 15 - 4 所示,分别为校验目标是否存在的 CheckDir 函数和用于获取新文件名的 GetNewName 函数。

程序清单 15 - 4

```
static void CheckDir(char * dir);                          //校验目标是否存在,若不存在则新建该目录
static void GetNewName(char * dir, char * prefix, char * name); //获得新的文件名
```

在"内部函数实现"区,实现了 CheckDir 函数,如程序清单 15-5 所示。

① 第 6 行代码:通过 f_opendir 函数打开指定路径下的文件,并将其存储在指定的目录下。

② 第 7～14 行代码:通过 if 语句判断目录是否为空,若为空则创建一个新目录,否则关闭指定文件。

程序清单 15 - 5

```
1.    static void CheckDir(char * dir)
2.    {
3.      DIR      recDir;       //目标路径
4.      FRESULT result;        //文件操作返回变量
5.
6.      result = f_opendir(&recDir, dir);  //用来打开指定的路径下的文件,并将其存在指定的目录下
7.      if(FR_NO_PATH == result)
8.      {
9.        f_mkdir(dir);        //创建一个新目录
10.     }
11.     else
12.     {
13.       f_closedir(&recDir);
14.     }
15.   }
```

在 CheckDir 函数实现区后为 GetNewName 函数的实现代码,如程序清单 15-6 所示。

① 第 8～12 行代码:为图片文件申请内存。

② 第 15～29 行代码:在 while 循环中,生成新的图片名称,用 f_open 函数判断文件是否存在,若能成功打开,则说明文件已存在;若不能成功打开,则说明文件不存在,跳出 while 循环,释放内存。

程序清单 15 - 6

```
1.    static void GetNewName(char * dir, char * prefix, char * name)
2.    {
3.      FIL *    recFile;      //图片文件
4.      FRESULT result;        //文件操作返回变量
5.      u32      index;        //图片文件计数
6.
7.      //为 FIL 申请内存
8.      recFile = MyMalloc(SRAMIN, sizeof(FIL));
9.      if(NULL == recFile)
10.     {
11.       printf("GetNewRecName:申请内存失败\r\n");
12.     }
13.
```

```
14.    index = 0;
15.    while(index < 0xFFFFFFFF)
16.    {
17.        //生成新的名字
18.        sprintf((char *)name, "%s/%s%d.bmp", dir, prefix, index);
19.
20.        //检查当前文件是否已经存在(若是能成功打开则说明文件已存在)
21.        result = f_open(recFile, (const TCHAR *)name, FA_OPEN_EXISTING | FA_READ);
22.        if(FR_NO_FILE == result)
23.        {
24.            break;
25.        }
26.        else
27.        {
28.            f_close(recFile);
29.        }
30.
31.        index++;
32.    }
33.
34.    //释放内存
35.    MyFree(SRAMIN, recFile);
36. }
```

在"API 函数实现区"区,首先实现了 BMPEncodeWithRGB565 函数,如程序清单 15 - 7
所示。该函数的功能是将屏幕截图并生成 BMP 文件到指定位置。

① 第 18~27 行代码:在内部内存池中,为位图文件、数据缓冲区、位图文件名(含路径)及
BMP 文件头信息申请内存。如果内存申请失败,则跳转到函数返回位置,并释放动态内存。

② 第 30~42 行代码:校验路径并生成新的文件名,通过 f_open 函数创建位图文件,如果
创建位图文件失败,则跳转到函数返回位置,释放动态内存。

③ 第 45~79 行代码:计算数据区大小,完善 BMP 文件的基本信息,包括文件头、信息头、
RGB 掩码及保留区。FatFs 每次写入的数据量必须为 4 字节对齐,否则下次写入相同文件将
会卡死,所以 BMP 文件头信息必须为 4 字节对齐。

④ 第 82~134 行代码:将 bmpInfo 中的 BMP 头文件信息写入到位图文件中。然后读取
屏幕数据并保存到文件中,每读入一行像素数据就写入 FatFs 一次,不足 4 字节的用 0 补齐。
最后需要关闭文件,文件才能真正保存。

程序清单 15 - 7

```
1.  u32 BMPEncodeWithRGB565(u32 x0, u32 y0, u32 width, u32 height, const char * path, const char * prefix)
2.  {
3.      FIL *           bmpFile;         //位图文件
4.      u16 *           imageBuf;        //数据缓冲区
5.      char *          bmpName;         //位图文件名(含路径)
6.      StructBMPInfo * bmpInfo;         //BMP 文件头信息
7.      FRESULT         result;          //文件操作返回变量
```

```
8.    u32            writeNum;        //成功写入数据量
9.    u32            dataSize;        //数据区大小(字节)
10.   u32            row;             //按 4 字节对齐的列数
11.   u32            i, x, y;         //循环变量
12.   u32            ret;             //返回值
13.
14.   //预设返回值
15.   ret = 0;
16.
17.   //申请内存
18.   bmpFile  = MyMalloc(SRAMIN, sizeof(FIL));
19.   imageBuf = MyMalloc(SRAMIN, BMP_IMAGE_BUF_SIZE * 2);
20.   bmpName  = MyMalloc(SRAMIN, BMP_NAME_LEN_MAX);
21.   bmpInfo  = MyMalloc(SRAMIN, sizeof(StructBMPInfo));
22.   if((NULL == bmpFile) || (NULL == imageBuf) || (NULL == bmpName))
23.   {
24.      printf("BMPEncode:申请动态内存失败\r\n");
25.      ret = 0;
26.      goto BMP_ENCODE_EXIT_MARK;
27.   }
28.
29.   //校验路径,若路径不存在则新建路径
30.   CheckDir((char * )path);
31.
32.   //生成新的文件名
33.   GetNewName((char * )path, (char * )prefix, bmpName);
34.
35.   //创建位图文件
36.   result = f_open(bmpFile, (const TCHAR * )bmpName, FA_CREATE_ALWAYS | FA_WRITE);
37.   if(FR_OK != result)
38.   {
39.      printf("BMPEncode:创建文件失败\r\n");
40.      ret = 2;
41.      goto BMP_ENCODE_EXIT_MARK;
42.   }
43.
44.   //计算数据区大小
45.   row = width;
46.   while(0 != (row % 2))
47.   {
48.      row++;
49.   }
50.   dataSize = row * height * 2;
51.
52.   //完善文件头
```

```
53.    bmpInfo ->bmFileHeader.bfType        = 0x4D42;                         //BM 格式标志
54.    bmpInfo ->bmFileHeader.bfSize        = dataSize + sizeof(StructBMPInfo); //整个 BMP 大小
55.    bmpInfo ->bmFileHeader.bfReserved1   = 0;                              //保留区 1
56.    bmpInfo ->bmFileHeader.bfReserved2   = 0;                              //保留区 2
57.    bmpInfo ->bmFileHeader.bfOffBits     = sizeof(StructBMPInfo);          //到数据区的偏移
58.
59.    //完善信息头
60.    bmpInfo ->bmInfoHeader.biSize        = sizeof(StructBMPInfoHeader);    //信息头大小
61.    bmpInfo ->bmInfoHeader.biWidth       = width;                         //BMP 的宽度
62.    bmpInfo ->bmInfoHeader.biHeight      = height;                        //BMP 的高度
63.    bmpInfo ->bmInfoHeader.biPlanes      = 1;              //标设备说明颜色平面数,总被设置为1
64.    bmpInfo ->bmInfoHeader.biBitCount    = 16;                            //BMP 为 16 位色 BMP
65.    bmpInfo ->bmInfoHeader.biCompression = BI_BITFIELDS;//每个像素的比特由指定的掩码决定
66.    bmpInfo ->bmInfoHeader.biSizeImage   = dataSize;      //BMP 数据区大小
67.    bmpInfo ->bmInfoHeader.biXPelsPerMeter = 8600;        //水平分辨率,像素/米
68.    bmpInfo ->bmInfoHeader.biYPelsPerMeter = 8600;        //垂直分辨率,像素/米
69.    bmpInfo ->bmInfoHeader.biClrUsed     = 0;             //没有使用到调色板
70.    bmpInfo ->bmInfoHeader.biClrImportant = 0;            //没有使用到调色板
71.
72.    //RGB 掩码
73.    bmpInfo ->rgbMask[0] = 0x00F800;     //红色掩码
74.    bmpInfo ->rgbMask[1] = 0x0007E0;     //绿色掩码
75.    bmpInfo ->rgbMask[2] = 0x00001F;     //蓝色掩码
76.
77.    //保留区
78.    bmpInfo ->reserved1 = 0;
79.    bmpInfo ->reserved2 = 0;
80.
81.    //将文件读/写指针偏移到起始地址
82.    f_lseek(bmpFile, 0);
83.
84.    //写入 BMP 头文件信息
85.    result = f_write(bmpFile, (const void * )bmpInfo, sizeof(StructBMPInfo), &writeNum);
86.    if((FR_OK ! = result) || (writeNum ! = sizeof(StructBMPInfo)))
87.    {
88.      printf("BMPEncode:写入头文件信息失败\r\n");
89.      f_close(bmpFile);
90.      ret = 3;
91.      goto BMP_ENCODE_EXIT_MARK;
92.    }
93.
94.    //读取屏幕数据并保存到文件中
95.    y = y0 + height - 1;
96.    while(1)
```

```
97.     {
98.        //读入一行数据到缓冲区,每读入一行就存入文件一次
99.        i = 0;
100.       for(x = x0; x < (x0 + width); x++)
101.       {
102.          imageBuf[i++] = LCDReadPoint(x, y);
103.       }
104.
105.       //4 字节对齐,用 0 填充空位
106.       while(0 != (i % 2))
107.       {
108.          imageBuf[i++] = 0x0000;
109.       }
110.
111.       //保存一行数据到文件中
112.       result = f_write(bmpFile, (const void * )imageBuf, i * 2, &writeNum);
113.       if((FR_OK != result) && (writeNum != i * 2))
114.       {
115.          printf("BMPEncode:写入像素数据失败\r\n");
116.          f_close(bmpFile);
117.          ret = 4;
118.          goto BMP_ENCODE_EXIT_MARK;
119.       }
120.
121.       //判断是否读完
122.       if(y0 == y)
123.       {
124.          break;
125.       }
126.       else
127.       {
128.          y = y - 1;
129.       }
130.    }
131.
132.    //关闭文件
133.    f_close(bmpFile);
134.    printf("BMPEncode:成功保存图像:% s\r\n", bmpName);
135.
136.    //函数返回位置,返回前要释放动态内存
137.    BMP_ENCODE_EXIT_MARK:
138.    MyFree(SRAMIN, bmpFile);
139.    MyFree(SRAMIN, imageBuf);
140.    MyFree(SRAMIN, bmpName);
141.    MyFree(SRAMIN, bmpInfo);
142.    return ret;
143. }
```

在 BMPEncodeWithRGB565 函数后为截图函数 ScreeShot 的实现代码,如程序清单 15-8 所示。

程序清单 15 - 8

```
1.    void ScreeShot(void)
2.    {
3.        BMPEncodeWithRGB565(0, 0,
4.        g_structTLILCDDev.width[g_structTLILCDDev.currentLayer],
5.        g_structTLILCDDev.height[g_structTLILCDDev.currentLayer],
6.        "0:/photo",
7.        "ScreeShot");
8.    }
```

15.3.2　Camera.c 文件

在 Camera.c 文件的"包含头文件"区,添加了 ♯include "BMPEncoder.h"和 ♯include "Beep.h"。

在"内部函数声明"区,添加了拍照回调函数 TakePhotoCallback 的声明代码,如程序清单 15 - 9 所示。

程序清单 15 - 9

```
static void TakePhotoCallback(void);              //拍照回调函数
```

在 RadioChangeCallback 函数后为拍照回调函数 TakePhotoCallback 的实现代码,如程序清单 15 - 10 所示。

程序清单 15 - 10

```
1.    static void TakePhotoCallback(void)
2.    {
3.        //蜂鸣器响起 100 ms
4.        BeepWithTime(100);
5.
6.        //截取屏幕图像并保存到 SD 卡中
7.        ScreeShot();
8.    }
```

在"API 函数实现"区的 InitCamera 函数中,将 TakePhotoCallback 设置为拍照按钮的回调函数,如程序清单 15 - 11 所示。

程序清单 15 - 11

```
1.    void InitCamera(void)
2.    {
3.        ...
4.
5.        //设置回调函数
6.        ...
7.        s_structGUIDev.takePhotoCallback    = TakePhotoCallback;
8.
9.        //初始化 GUI
10.       InitGUI(&s_structGUIDev);
11.   }
```

15.3.3 实验结果

将摄像头模块安装在开发板上,并插入 SD 卡,然后下载程序并进行复位。**注意**:请在开发板断电的情况下安装摄像头模块。下载完成后,开发板上的 LCD 屏显示如图 15 - 1 所示的 GUI 界面。单击屏幕的拍照按钮,即可将拍摄画面存入 SD 卡中,且蜂鸣器鸣叫一次表示拍摄成功,拍摄的照片存储在 SD 卡根目录下的 photo 文件夹中。

图 15 - 1　照相机实验 GUI 界面

本章任务

本章实验实现了照相机功能,通过 GUI 界面上的拍照按钮进行拍照。在本章实验的基础上,修改代码实现通过按键拍照。具体要求如下:按下 KEY$_1$ 按键拍摄照片,拍照成功后摄像头画面静止且显示拍到的照片,然后按下 KEY$_2$ 按键恢复摄像头实时采集的图像画面。

本章习题

1. 试分析 JPEG、BMP 和 PNG 这 3 种图像编码格式的优缺点。
2. 简述 BMP 文件的组成。
3. 在 BMP 编码中,biBitCount 选择不同的数值会有怎样的差异?
4. 简述存储 BMP 格式图片的流程。

第 16 章   IAP 在线升级应用实验

当产品在发布之后,需要更新或升级程序时,有一种方式是将产品收回、拆解及重新烧录代码,但这样会大大降低用户体验。因此,一个合格的产品,不仅需要实现应有的功能,还需要最大程度地简化程序更新的步骤。本章将学习通过 SD 卡进行 IAP 应用升级。IAP,即在程序中编程。相对于通过 GD - Link 和 J - Link 等工具烧录程序,IAP 可通过存储设备或通信接口连接产品后直接更新程序,极大地简化了更新程序的步骤。

16.1   实验内容

本章实验的主要内容是学习通过 IAP 实现微控制器程序的在线升级,首先了解 ICP 和 IAP 两种不同的微控制器编程方式的区别,以及二者对应的程序执行流程,进而掌握 IAP 的原理,最后,根据本章实验中介绍的用户程序生成方法,基于 GD32F4 蓝莓派开发板设计一个 IAP 在线升级应用实验。在这个应用实验中,先将 Bootloader 程序烧录进微控制器中,然后将用户程序存放于 SD 卡的固定路径下,最后通过 Bootloader 将 SD 卡中的用户程序下载到微控制器的 Flash 中,以实现用户程序对应的功能。

16.2   实验原理

16.2.1   微控制器编程方式

微控制器编程方式根据代码下载方法不同可分为两种,分别是在线编程(ICP,In Circuit Programming)和在程序中编程(IAP,In Application Programming)。

ICP 编程,即通过 JTAG 或 SWD 等接口下载程序到微控制器中,ICP 编程首先将 Boot0 拉高,Boot1 拉低,然后触发芯片复位。芯片复位后跳转到系统存储器的位置,即 0x1FFF B000(芯片硬件自带的 Bootloader)执行引导装载程序,将 JTAG 或 SWD 等接口传输的程序下载到 Flash 中。

IAP 编程需要两份程序代码,通常将第一份程序代码称为 Bootloader 程序,第二份程序代码称为用户程序,Bootloader 程序不执行正常的功能,而是通过某种接口(如 USB、UART 或 SDIO 接口)获取用户程序,用户程序才是真正的功能代码,两份代码都存储于主闪存存储器中。Bootloader 程序一般存储于主闪存存储器的最低地址区,即从 0x0800 0000 开始,而用户程序存储地址相对于闪存的最低地址区存在一个相对偏移量 X。**注意**:如果 Flash 容量足够,则可以实现设计多个用户程序。IAP 编程中闪存的空间分配情况如图 16 - 1 所示。在中断向量表中最先存放的为栈顶地址,通常占 4 字节。

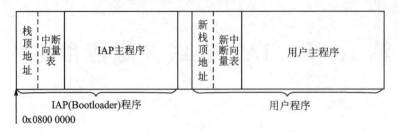

图 16 - 1   闪存分配

16.2.2   程序执行流程

1. ICP 编程

如图 16 - 2 所示,由于闪存物理地址的首地址为 0x0800 0000,因此通过 ICP 下载的程序从 0x0800 0000 开始。首先存储的区域为栈顶地址,其次从 0x0800 0004 开始存储中断向量表,在中断向量表之后,开始存储用户程序,用户程序中包含了中断服务程序。

ICP 程序的运行流程为:①根据复位中断向量跳转至复位中断服务程序并执行,复位微控制器;②复位结束后,先调用 SystemInit 函数进行系统初始化,包括 RCU 配置等,然后执行 __main 函数,__main 函数是编译系统提供的一个函数,负责完成库函数的初始化和初始化应用程序执行环境,完成后自动跳转到 main 函数开始执行;③当出现中断请求时,程序将在中断向量表中查找对应的中断向量;④根据查找到的中断向量,跳转到对应的中断服务程序并执行;⑤当中断服务程序运行结束后,跳转到 main 函数继续运行。

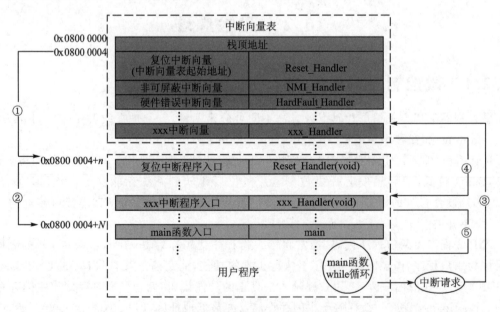

图 16 - 2   ICP 程序执行流程

2. IAP 编程

如图 16 - 3 所示，通过 IAP 编程方式下载程序时，闪存中存放着 Bootloader 程序及用户程序。相对于 ICP 编程方式下载的程序，IAP 编程方式在 Bootloader 程序执行后，开始执行具有新栈顶地址和中断向量表的用户程序。

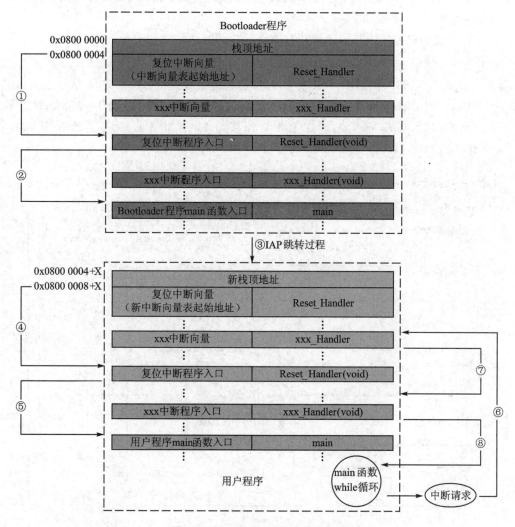

图 16 - 3　Bootloader 程序执行流程

Bootloader 程序的运行流程起初与 ICP 程序相同：①根据复位中断向量跳转至复位中断服务程序并执行，复位微控制器。②复位结束后调用 SystemInit 和 __main 函数，然后跳转到 main 函数执行。不同之处在于，Bootloader 程序在 main 函数中会执行相应的语句，跳转到用户程序中继续执行。③检查是否需要更新用户程序，如果需要更新则首先执行用户程序更新操作，不需要更新则进行下一步。④跳转至用户程序的复位中断服务程序并执行。⑤复位结束后调用 SystemInit 和 __main 函数，然后跳转到用户程序的 main 函数中执行。⑥～⑦当发生中断时，程序将在中断向量表中查找对应的中断向量，再根据相对偏移量 X，跳转至用户程序对应的中断服务程序并执行。⑧当中断程序运行结束后，跳转至用户程序的 main 函数继续运行。

Bootloader 程序的下载必须通过 ICP 编程进行,当需要更新用户程序时,可直接通过存储设备或通信接口传输数据完成。

16.2.3 用户程序生成

用户程序同样是一个完整的工程,与 ICP 编程方式所需要的工程相同,但用户程序需要经过特定的配置,配置步骤如下:

步骤 1:设置用户程序的起始地址和存储空间。

如图 16 - 4 所示,单击工具栏的 按钮,在弹出的 Options for Target 'Target 1' 对话框中,打开 Target 标签页,选中 IROM1 选项,并将起始地址设置为 0x8040000,大小为 0x70000(即 448 KB),此时,Bootloader 程序存放地址为 Flash 的起始地址,即 0x08000000;用户程序代码存放地址即为 Flash 起始地址加上相对偏移量 X(这里将偏移量 X 设置为 40000),即 0x08040000。

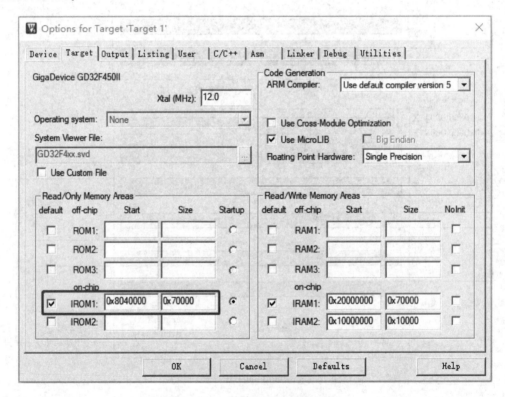

图 16 - 4　设置地址及存储空间

步骤 2:设置中断向量表偏移量。

在用户程序的 main 函数执行硬件初始化前,加入如程序清单 16 - 1 所示的代码,即可设置相对偏移量 X 为 0x40000,否则会导致 App 跳转失败。

程序清单 16 - 1

```
nvic_vector_table_set(FLASH_BASE,0x40000);
```

步骤 3:设置.bin 文件生成。

通过步骤 1 和步骤 2 即可生成用户程序,但 MDK 默认生成的文件为. hex 文件,. hex 文件通常通过 ICP 编程方式下载至微控制器,不适合作为 IAP 的编程文件,需要生成相应的. bin 文件。

在 Keil μVision5 软件安装目录的"ARM\ARMCC\bin"目录下,包含了格式转换工具 fromelf. exe,通过该工具可完成. axf 文件到. bin 文件的转换。如图 16-5 所示,在 Options for Target 'Target 1' 对话框中,打开 User 标签页,选中 Run♯1 选项,并在对应的 User Command 栏中添加格式转换工具 fromelf. exe 路径、. bin 文件存放路径和用户程序路径,3 个路径之间通过空格隔开,本章实验例程的对应地址为"D:\GD32\keil5\ARM\ARMCC\bin\ fromelf. exe -- bin -o ../Bin/App. bin ../project/Objects/GD32KeilPrj. axf"。**注意:**在添加格式转换工具 fromelf. exe 的路径时,需按照计算机的 Keil μVision5 软件的安装路径来设置。

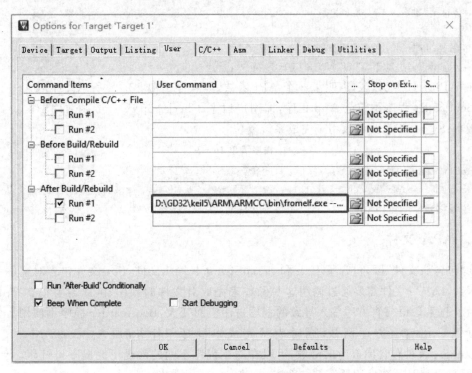

图 16-5　. bin 文件转换设置

最后编译程序,等待编译完成后,在步骤 3 设置的. bin 文件存放路径("../Bin/App. bin",即为工程所在路径下的 Bin 文件夹)中即可看到新生成的. bin 文件,. bin 文件被命名为 App. bin。

16.3　实验代码解析

16.3.1　IAP 文件对

1. IAP. h 文件

在 IAP. h 文件的"宏定义"区,定义了 APP 起始地址 APP_BEGIN_ADDR、Bin 文件信息

储存地址 APP_VERSION_BEGIN_ADDR、.bin 文件最大长度 MAX_BIN_NAME_LEN 及
数据缓冲区的长度 FILE_BUF_SIZE,如程序清单 16-2 所示。

程序清单 16-2

```
1.   //APP 起始地址
2.   #define APP_BEGIN_ADDR (0x08040000)
3.
4.   //Bin 文件版本信息储存地址,为 App 起始页的上一扇区
5.   #define APP_VERSION_BEGIN_ADDR (APP_BEGIN_ADDR - 64)
6.
7.   //.bin 文件最大长度(含路径)
8.   #define MAX_BIN_NAME_LEN 64
9.
10.  //数据缓冲区长度,大小为 32 KB
11.  #define FILE_BUF_SIZE FLASH_SECTOR_SIZE/4
```

在"API 函数声明"区,声明了 3 个 API 函数,如程序清单 16-3 所示。GotoApp 函数用
于从 Bootloader 程序跳转至 App 程序,即用户程序;CheckAppVersion 函数用于检验 App 程
序的版本;SystemReset 函数用于完成系统复位。

程序清单 16-3

```
void GotoApp(u32 appAddr);            //跳转到 App
void CheckAppVersion(char * path);    //指定目录下 App 版本校验,若发现 App 版本有更新则自动更新
void SystemReset(void);               //系统复位
```

2. IAP. c 文件

在"包含头文件"区,包含了 ff. h 和 SerialString. h 等头文件,ff. c 文件包含对文件系统的
操作函数,IAP. c 文件需要通过调用这些函数来完成对文件的操作,因此需要包含 ff. h 头文
件。为了避免 C 语言官方库编入导致的程序占用空间变大,Bootloader 程序不使用 printf 或
sprintf 等 C 语言官方库函数,同时为了完成串口打印任务,加入 SerialString 文件对,
SerialString. c 文件包含串口输出函数,可以在减少程序空间的前提下完成串口打印,而 IAP. c
文件需要输出相应信息,因此需要包含 SerialString. h 头文件。

在"内部函数声明"区,声明了 3 个内部函数,如程序清单 16-4 所示。SetMSP 函数用于
设置主栈指针,其中前缀 __asm 表示该函数将调用汇编程序;IsBinType 函数用于判断文件是
否为. bin 文件;CombiPathAndName 函数用于将参数中的路径和名称组合。

程序清单 16-4

```
__asm static void SetMSP(u32 addr);                          //设置主栈指针
static u8    IsBinType(char * name);                         //判断是否为.bin 文件
static void CombiPathAndName(char * buf, char * path, char * name);   //将路径和名字组合在一起
```

在"内部函数实现"区,首先实现了 SetMSP 函数,如程序清单 16-5 所示。SetMSP 函数
具有前缀 __asm,表示该函数调用汇编程序,其中,MSR 指令为通用寄存器到状态寄存器的传
送指令;BX 指令用于跳转到指定的目标地址。MSP 为主堆栈指针;r0 为通用寄存器,用于保
存并传入函数参数;r14 为链接寄存器,保存着函数的返回地址。因此,SetMSP 函数将 addr
参数传入主堆栈指针中,然后通过 BX 返回。

```
1.   __asm static void SetMSP(u32 addr)
2.   {
3.     MSR MSP, r0
4.     BX r14
5.   }
```

在 SetMSP 函数实现区后为 IsBinType 函数的实现代码,该函数根据传入的文件名地址,检测标识后缀的".”的位置,然后检测后缀是否为 BIN、Bin 或 bin,若是,则返回 1 表示该文件为 . bin 文件,否则返回 0。

在 IsBinType 函数实现区后为 CombiPathAndName 函数的实现代码,如程序清单 16 - 6 所示。由于 f_open 函数打开文件需要提供完整路径,因此需要先通过 CombiPathAndName 函数将文件的所在路径与文件名进行组合。该函数先通过 while 语句检测路径或文件名字符串是否为空,以及 buf 大小是否超过最大长度,然后将路径和文件名按顺序存储在 buf 数组中。

程序清单 16 - 6

```
1.    static void CombiPathAndName(char * buf, char * path, char * name)
2.    {
3.      u32 i, j;
4.
5.      //保存路径到 buf 中
6.      i = 0;
7.      j = 0;
8.      while((0 != path[i]) && (j < MAX_BIN_NAME_LEN))
9.      {
10.       buf[j++] = path[i++];
11.     }
12.     buf[j++] = '/';
13.
14.     //将名字保存到 buf 中
15.     i = 0;
16.     while((0 != name[i]) && (j < MAX_BIN_NAME_LEN))
17.     {
18.       buf[j++] = name[i++];
19.     }
20.     buf[j] = 0;
21.   }
```

在"API 函数实现"区,首先实现 GotoApp 函数,该函数用于跳转至 App 程序,如程序清单 16 - 7 所示。GotoApp 函数首先获取复位中断服务函数的地址,并检查栈顶地址是否合法,若合法则输出相应信息后获取 App 复位中断服务函数地址,并通过 SetMSP 函数设置App 主栈指针,最后通过 appResetHandler 函数跳转至 App。

程序清单 16 - 7

```
1.    void GotoApp(u32 appAddr)
2.    {
3.        //App 复位中断服务函数
4.        void ( * appResetHandler)(void);
5.
6.        //延时变量
7.        u32 delay;
8.
9.        //检查栈顶地址是否合法.
10.       if(0x20000000 == (( * (u32 * )appAddr) & 0x2FF80000))
11.       {
12.           //输出提示正在跳转中
13.           PutString("跳转到 App...\r\n");
14.           PutString(" ---- Leyutek(COPYRIGHT 2018 - 2021 Leyutek. All rights reserved. ) -----\r\n");
15.           PutString("\r\n");
16.           PutString("\r\n");
17.
18.           //延时等待字符串打印完成
19.           delay = 10000;
20.           while(delay -- );
21.
22.           //获取 App 复位中断服务函数地址,用户代码区第二个字为程序开始地址(复位地址)
23.           appResetHandler = (void ( * )(void))( * (u32 * )(appAddr + 4));
24.
25.           //设置 App 主栈指针,用户代码区的第一个字用于存放栈顶地址
26.           SetMSP( * (u32 * )(appAddr));
27.
28.           //跳转到 App
29.           appResetHandler();
30.       }
31.       else
32.       {
33.           PutString("非法栈顶地址\r\n");
34.           PutString("跳转到 App 失败!!! \r\n");
35.           PutString(" ---- Leyutek(COPYRIGHT 2018 - 2021 Leyutek. All rights reserved. ) -----\r\n");
36.           PutString("\r\n");
37.           PutString("\r\n");
38.       }
39.   }
```

在 GotoApp 函数实现区后为 CheckAppVersion 函数的实现代码,如程序清单 16 - 8 所示。CheckAppVersion 函数用于完成 App 版本的校验,由于 App 存储于 SD 卡中,因此校验前需要先挂载文件系统。App 的版本与其修改日期有关。

① 第 9～51 行代码:通过 f_opendir 函数打开指定路径后,再通过 while 语句搜索该路径

下的.bin 文件并获取文件相应信息,根据信息计算文件修改时间后,再计算版本号,并将计算出的版本号与微控制器内部用户程序版本号比较,若版本不一致则更新 App 程序。

　　② 第 54～107 行代码:通过 CombiPathAndName 函数将.bin 文件路径与.bin 文件名合并后打开该.bin 文件,设置.bin 文件数据写入的 Flash 地址后,以该地址为首地址,通过 while 语句将.bin 文件中的数据逐一读出并写入 Flash 中。等待文件读取完毕后跳出循环。

　　③ 第 109～116 行代码:完成.bin 文件的读/写后,通过 FlashWriteWord 函数将该文件的版本记录~Flash 中,以便下一次 App 检查更新时进行版本校验,最后关闭打开的文件及目录。

程序清单 16－8

```
1.   void CheckAppVersion(char * path)
2.   {
3.       …
4.
5.       PutString("开始搜索 Bin 文件并校验 App 版本\r\n");
6.       PutString(" － －Bin 文件目录:"); PutString(path); PutString("\r\n\r\n");
7.
8.       //打开指定路径
9.       result = f_opendir(&direct, path);
10.      if(result != FR_OK)
11.      {
12.        PutString("路径:"); PutString(path); PutString(" 不存在\r\n");
13.        PutString("校验结束\r\n\r\n");
14.        return;
15.      }
16.
17.      //在指定目录下搜索 App Bin 文件
18.      while(1)
19.      {
20.        result = f_readdir(&direct, &fileInfo);
21.        if((result != FR_OK) || (0 == fileInfo.fname[0]))
22.        {
23.          PutString("没有查找到 Bin 文件\r\n");
24.          PutString("请检查 Bin 文件是否已经放入指定目录\r\n\r\n");
25.          return;
26.        }
27.        else if(1 == IsBinType(fileInfo.fname))
28.        {
29.          year  = ((fileInfo.fdate & 0xFE00) >> 9 ) + 1980;
30.          month = ((fileInfo.fdate & 0x01E0) >> 5 );
31.          …
32.          break;
33.        }
34.      }
35.
```

```
36.    //校验 App 版本
37.    appVersion = ((u32)fileInfo.fdate << 16) | fileInfo.ftime;
38.    localVersion = *(u32 *)APP_VERSION_BEGIN_ADDR;
39.    if(appVersion == localVersion)
40.    {
41.      PutString("当前 App 为版本与本地 App 版本一致,无需更新\r\n\r\n");
42.      return;
43.    }
44.    else if(appVersion < localVersion)
45.    {
46.      PutString("请注意,当前 App 并非最新版本\r\n\r\n");
47.    }
48.    else
49.    {
50.      PutString("当前 App 为最新版本,需要更新\r\n\r\n");
51.    }
52.
53.    //将路径和 Bin 文件名组合到一起
54.    CombiPathAndName(s_arrName, path, fileInfo.fname);
55.
56.    //开始更新
57.    PutString("开始更新\r\n");
58.
59.    //打开文件
60.    result = f_open(&s_fileBin, s_arrName, FA_OPEN_EXISTING | FA_READ);
61.    if(result != FR_OK)
62.    {
63.      PutString("打开 Bin 文件失败\r\n");
64.      PutString("更新失败\r\n\r\n");
65.      return;
66.    }
67.
68.    //读取 Bin 文件数据并写入到 Flash 的指定位置
69.    flashWriteAddr = (u32)APP_BEGIN_ADDR;
70.    s_iLastProcess = 0;
71.    s_iCurrentProcess = 0;
72.    while(1)
73.    {
74.      //输出更新进度
75.      s_iCurrentProcess = 100 * s_fileBin.fptr / s_fileBin.fsize;
76.      if((s_iCurrentProcess - s_iLastProcess)>= 5)
77.      {
78.        s_iLastProcess = s_iCurrentProcess;
79.        PutString("更新进度:"); PutDecUint(s_iCurrentProcess, 1); PutString("\r\n");
80.      }
```

```
81.
82.        //读取 Bin 文件数据到数据缓冲区
83.        result = f_read(&s_fileBin, s_arrBuf, FILE_BUF_SIZE, &s_iReadNum);
84.        if(result !=   FR_OK)
85.        {
86.          PutString("读取 Bin 文件数据失败\r\n");
87.          PutString("更新失败\r\n\r\n");
88.          return;
89.        }
90.
91.        //将读取到的数据写入 Flash 中
92.        if(s_iReadNum > 0)
93.        {
94.          FlashWriteWord(flashWriteAddr, (u32 *)s_arrBuf, s_iReadNum / 4);
95.        }
96.
97.        //更新 Flash 写入位置
98.        flashWriteAddr = flashWriteAddr + s_iReadNum;
99.
100.       //判断文件是否读完
101.       if((s_fileBin.fptr >= s_fileBin.fsize) || (0 == s_iReadNum))
102.       {
103.         PutString("更新进度:%%100\r\n");
104.         PutString("更新完成\r\n\r\n");
105.         break;
106.       }
107.     }
108.
109.   //保存 App 版本到 Flash 的指定位置
110.   FlashWriteWord(APP_VERSION_BEGIN_ADDR, &appVersion, 1);
111.
112.   //关闭文件
113.   f_close(&s_fileBin);
114.
115.   //关闭目录
116.   f_closedir(&direct);
117. }
```

在 CheckAppVersion 函数实现区后为 SystemReset 函数的实现代码,如程序清单 16 - 9 所示。SystemReset 函数在关闭所有中断后,调用 NVIC_SystemReset 函数完成系统复位,以完成微控制器各个寄存器的复位。由于本实验通过 SD 卡完成 IAP 升级并且自动校验 .bin 文件的版本,因此本实验无需调用 SystemReset 函数。但该函数十分必要,当完成 IAP 升级后,由于 Bootloader 程序中使用到的串口和定时器等外设未恢复到默认值,此时若运行用户程序,可能导致运行结果出错等问题。

```
1.    void SystemReset(void)
2.    {
3.        __set_FAULTMASK(1);          //关闭所有中断
4.        NVIC_SystemReset();          //系统复位
5.    }
```

16.3.2　Main.c 文件

在 main 函数中调用了 CheckAppVersion 和 GotoApp 函数,如程序清单 16 - 10 所示,这样就实现了从 Bootloader 程序到 App 程序的升级。

程序清单 16 - 10

```
1.    int main(void)
2.    {
3.        FATFs fs_my[2];
4.        FRESULT result;
5.
6.        InitHardware();              //初始化硬件相关函数
7.        InitSoftware();              //初始化软件相关函数
8.
9.        PutString("\r\n");
10.       PutString("\r\n");
11.       PutString("-------------------- Bootloader V1.0.0 --------------------\r\n");
12.
13.       //挂载文件系统
14.       result = f_mount(&fs_my[0], FS_VOLUME_SD, 1);
15.
16.       //挂载文件系统失败
17.       if (result != FR_OK)
18.       {
19.           PutString("挂载文件系统失败\r\n");
20.       }
21.
22.       //挂载系统成功,校验 App 版本,若发现新版本 App 则更新 App 程序
23.       else
24.       {
25.           PutString("挂载文件系统成功\r\n");
26.           CheckAppVersion("0:/UPDATE");
27.       }
28.
29.       //卸载文件系统
30.       f_mount(&fs_my[0], FS_VOLUME_SD, 0);
31.
32.       //跳转至 App
33.       GotoApp(APP_BEGIN_ADDR);
34.
35.       //跳转失败,进入死循环
36.       while(1);
37.   }
```

16.3.3　实验结果

首先将"16. IAP_App\Bin"文件夹中的 App. bin 文件复制到 SD 卡的 UPDATE 文件夹中。

然后下载 Bootloader 程序并进行复位,若开发板未插入 SD 卡,则串口助手显示信息如图 16-6 所示。

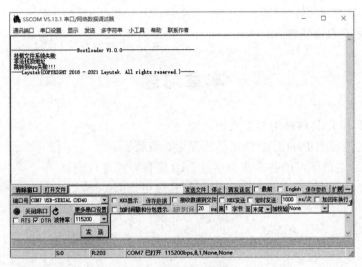

图 16-6　SD 卡未插入

若插入 SD 卡,此时将进行 IAP 在线升级,用户程序被自动加载到微控制器的 Flash 中,串口助手显示信息如图 16-7 所示。

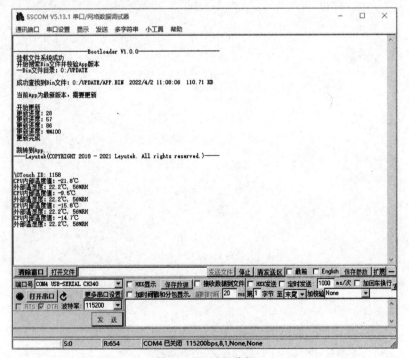

图 16-7　IAP 升级

此时 LCD 屏显示与温湿度监测实验相同,实验现象和操作可参考温湿度监测实验。

本章任务

本章实验实现了自动校验版本并更新程序,现尝试将自动更新改为手动更新。在 Bootloader 程序中,实现复位后通过 KEY$_1$ 按键启动程序更新,长按 KEY$_1$ 按键直到蜂鸣器鸣叫后,自动进行用户程序更新。

本章习题

1. 简述 ICP 和 IAP 两种编程方式的区别。
2. 分别简述通过 ICP 和 IAP 烧录的程序运行流程。
3. 将第 16 章之前学习的各个实验通过 IAP 编程方式进行烧录。
4. 设置多个 App 程序,并可通过按键控制具体更新哪一个 App。

参考文献

[1] 陈朋,等.基于 ARM Cortex‐M4 的单片机原理与实践.北京:机械工业出版社,2018.

[2] 温子祺,等.ARM Cortex‐M4 微控制器原理与实践.北京:北京航空航天大学出版社,2016.

[3] 姚文祥.ARM Cortex‐M3 与 Cortex‐M4 权威指南.北京:清华大学出版社,2015.

[4] 张洋,刘军,严汉宇.原子教你玩 STM32(库函数版).北京:北京航空航天大学出版社,2013.

[5] 陈启军,余有灵,张伟,等.嵌入式系统及其应用.北京:同济大学出版社,2011.

[6] 刘火良,杨森.STM32 库开发实战指南.北京:机械工业出版社,2013.

[7] 杨百军,王学春,黄雅琴.轻松玩转 STM32F1 微控制器.北京:电子工业出版社,2016.

[8] 肖广兵.ARM 嵌入式开发实例:基于 STM32 的系统设计.北京:电子工业出版社,2013.

[9] 刘军.例说 STM32.北京:北京航空航天大学出版社,2011.

[10] 蒙博宇.STM32 自学笔记.北京:北京航空航天大学出版社,2012.